Technology and Cases of
Environmental Bioremediation

环境生物修复

技术与案例

李素英 / 主编

中国电力出版社
CHINA ELECTRIC POWER PRESS

内 容 提 要

本书对国内外生物修复技术进行了综述和总结。全书共分 7 章，首先对生物修复的基本概念和原理作了详细的介绍；然后对植物、微生物和综合技术应用于大气、水体和土壤环境污染修复作了较全面的阐述；最后，综合应用生物修复的原理，以案例方式讲解了典型环境问题的生物修复工程，以便于读者根据实际需要来选择适用的生物修复技术。

本书可供环境保护、资源管理、生物技术领域的科研人员、教师、学生、管理干部和企业工程师等参考。

图书在版编目(CIP)数据

环境生物修复技术与案例/李素英主编. —北京：中国电力出版社，2015.1（2019.8重印）
ISBN 978-7-5123-5459-3

Ⅰ.①环… Ⅱ.①李… Ⅲ.①环境生物学-研究 Ⅳ.①X17

中国版本图书馆 CIP 数据核字(2014)第 007405 号

中国电力出版社出版发行

北京市东城区北京站西街 19 号　100005　http：//www.cepp.sgcc.com.cn
责任编辑：未翠霞　联系电话：010—63412611
责任印制：蔺义舟　责任校对：罗凤贤
三河市百盛印装有限公司印刷·各地新华书店经售
2015 年 1 月第 1 版·2019 年 8 月第 4 次印刷
787mm×1092mm　1/16·12.5 印张·297 千字
定价：**35.00** 元

前　言

　　大气、水体、土壤环境污染严重，采用常规废水、废气及垃圾堆埋来处理这种大面积受污染的环境，结果通常难尽人意。近年来，各国科学家陆续成功地研究开发出可用于治理大面积污染环境的生物修复技术。与其他工程措施相比，生物修复技术具有费用低、可以就地处理、对周围环境干扰少等许多优点，已引起国内外环境污染研究领域专家们的广泛关注。

　　生物修复（Bioremediation）是指利用特定的生物吸收、转化、清除或降解环境污染物，从而修复被污染环境或消除环境中污染物，实现环境净化、生态效应恢复的生物措施。它是一种低耗、高效和环境安全的环境生物技术。这种技术的最大特点是可以对大面积的污染环境进行治理，目前所处理的对象主要是石油污染及农田农药污染。生物修复最成功的例子是20世纪80年代末对阿拉斯加海岸线的石油污染的生物修复，经处理后，使得近百千米海岸的环境得到改善。

　　本书对国内外生物修复技术进行了综述和总结。本书共分7章。第一到三章对生物修复的基本概念与原理作了详细的介绍；第四到六章为生物修复技术的分支系统，包括大气污染的生物修复、水体污染的生物修复和土壤污染的生物修复；第七章总结了生物修复的实践技术和典型案例，强调生物修复技术的应用性和可操作性。

　　本书由李素英担任主编，常英担任副主编，参加编写的人员还有刘芳、王海欧、王鑫厅。具体编写分工为：第一章和第三章，李素英；第二章，常英；第四章，李素英、常英；第五章，王海鸥；第六章，王鑫厅；第七章，刘芳、王海鸥。本书初稿资料收集与校对，还得到了任丽娟、王冉、曹瑞、胡亮亮、于敬、刘斌和于海军的帮助，本书的顺利完成与他们的奉献是分不开的。在此，向以上人员表示由衷地感谢。

　　本书可供环境保护、资源管理、生物技术领域的科研人员、教师、学生、管理干部和企业工程师等参考。

　　由于编者水平有限，书中难免存在不足和疏漏之处，谨请各位读者批评指正，以使本书不断完善。

编　者

目　　录

第一章

■■ 绪 论 ■■

    环境问题是目前人类生存和发展过程中所面临的重大问题。针对环境问题，人类已开始采取一系列的修复措施，主要有物理方法、化学方法及生物方法三大类。人类最早采用的是化学修复技术，但是化学修复技术的成本较高、耗能相对较大。随着生产技术的进步，人类追求低能耗、高效率的方法来去除环境中的污染物。从国内和国外众多资料可看出，生物修复技术正逐渐成为利用生物技术处理环境污染的一种有效方法。这种方法在国外较早获得关注，最近几年，国内也开始重视起来，并且取得了一些实用的科研成果。

    本章主要从生物修复的基本概念及其产生和发展入手，阐明生物修复的内涵、治理环境污染的原理及其应用前景。随着生物技术的快速发展，生物修复技术将在污染环境的治理中显示出显著的优势，而且会在预防环境污染等方面起到越来越重要的作用，这将成为一种既经济又有效的污染环境的治理方法。

第一节 生物修复的概念与特点

    随着环境污染的日益恶化，人们对受损环境的修复技术也逐渐重视起来。生物修复（Bioremediation）技术是 20 世纪 80 年代以来出现和发展起来的清除和治理环境污染的生物工程技术，主要是利用生物（特别是微生物）催化降解污染物，从而修复被污染环境或消除环境中污染物的一个受控或自发进行的过程（张玉等，2008）。

一、生物修复的概念

    最初人们大多采用微生物修复受损的环境，所以生物修复被认为是生物（特别是微生物）催化降解环境污染物，减少或最终消除环境污染的受控或自发过程（吕晓龙，2008）。金振辉认为，生物修复技术是利用生物体或其制品降解污染物，减少毒性或转化为无毒产品，富集和固定有毒物质的环境生物技术，大尺度生物修复技术还包括生态系统调控等。这种生物技术主要可以应用于水产规模化养殖和工厂化养殖污染、石油污染、重金属污染、城市排污以及海洋其他废物（水）的处理等工作（池银花，2006）。

    其后，李静等提出生物修复技术主要是利用自然环境中生息的微生物或投加的特定微生物，在人为促进工程化条件下分解污染物，修复受污染的环境（温志良等，1999）。胡庆昊在《应用于污染环境治理的生物修复技术》中认为生物修复就是利用特定的生物（包括微生物-土著或外源微生物以及植物等）在一定的条件下进行消除或富集环境污染物，从而达到对污染环境进行恢复的生物过程（Wilessc，1993）。在大多数情况下，微生物修复主要是利用天然存在的或特别培养的微生物，在可调控环境条件下将有毒污染物转化为无毒物质的处理技术（Ronald，Matlas，1995）。简单地说，生物修复即利用微生物降解环境中有毒有害物质，消除污染者，减少其浓度的修复方法（滑丽萍等，2005）。但随着时间和技术的成熟，生物修复技术在生物的选择上逐渐扩展到植物，甚至是动物。沈德中指出，生物修复是指利用天然存在的或特别培养的生物（植物、微生物和原生动物）在可调控环境条件下将有毒污染物转化为无毒物质的处理技术（金建祥，2004）。

生物修复技术大多应用于土壤污染治理、地下水污染治理、海洋污染治理等，所以沈定华认为生物修复技术是利用生物新陈代谢的方法将土壤、地下水和海洋中的有毒有害污染物吸收、转化或分解并从环境中去除的一种技术（李章良、孙佩石，2003）。也有学者从其他方面考虑，如胥思勤认为生物修复是指采用工程化方法，利用微生物，将土壤、地下水和海洋中有毒有害污染物就地降解成二氧化碳和水，或转化成为无害物质的方法（胡庆昊、朱亮，2002）。黄胜和等（2010）在《环境保护与循环经济》中提到生物修复技术是利用生物体或其制品降解污染物、减少毒性或转化为无毒产品、富集和固定有毒物质的环境生物技术，大尺度生物修复技术还包括生态系统调控等。

在多年的研究中，生物技术在治理污染的地下水方面的应用较多。地下水生物修复技术是指利用天然存在或特别培养的生物通过生物降解作用将有毒污染物转化为无毒物质的处理技术。目前，地下水生物修复技术主要有泥炭生物屏障法、生物注射法、植物修复法、有机黏土法和生物反应器法等（沈德中，2002）。

在污染土壤的治理中，生物修复是一种新方法。利用生物削减、净化土壤中的重金属或降低重金属毒性（金振辉等，2008）。在土壤重金属污染方面，生物修复技术主要指利用生物的生命代谢活动减少存在于环境中的有毒有害物质的浓度或使其完全无害化，从而使污染了的环境能够部分或者完全恢复到原始状态的过程（沈定华等，2004）。这种技术主要通过两种途径来达到对土壤中重金属的净化作用：①通过生物作用改变重金属在土壤中的化学形态，使重金属固定或解毒，降低其在土壤环境中的移动性和生物可利用性；②通过生物吸收、代谢达到对重金属的削减、净化与固定作用（黄胜和等，2010）。在污染土壤治理中，生物修复技术是运用现代生物技术，使土壤的有害污染物得以去除，土壤质量得以提高或改善的一种修复方法（张飒等，2012）。温志良认为生物修复是指利用微生物或植物的生命代谢活动，将土壤环境中的危害性污染物降解成二氧化碳和水或其他无公害物质的工程技术。还有学者认为，生物修复技术是利用生物的生命代谢活动降低环境中有毒有害物质的浓度或使其完全无害，从而使污染的土壤部分地或完全地恢复到原始状态。生物修复技术包括微生物修复和植物修复（Boopathy，2000）。在《土壤污染的生物修复技术研究进展》中，李章良等认为生物修复是利用生物的生命代谢活动减少环境中有毒有害有机物质的浓度或使其完全无害化，从而使受有机污染的土壤环境能部分地或完全地恢复到原始状态。

利用生物的生命代谢活动来减少污染环境中的有毒有害物质的浓度或使其无害化，从而使污染了的环境能够部分或完全地恢复到原初状态的过程（Gujraletal，1956）。生物修复是利用生物的生命代谢活动减少存在于环境中有毒有害物质的浓度或使其完全无害化，使污染了的环境能部分或完全恢复到原始状态的过程。陈玉成（2003）认为生物修复是利用生物，特别是微生物催化降解有机机物，从而修复被污染环境或消除环境中污染物的一个受控或自发进行的过程。

目前，大多数人共同认可的定义为：生物修复是指（天然的或是接种的）将土壤、地表及地下水或海洋中危险性污染物现场去除或降解的工程技术系统。

二、生物修复的特点

生物修复是一类低耗、高效和环境安全的生物技术，主要依靠细菌、真菌甚至高等植物以及细胞游离酶的自然代谢过程降解、去除环境中的污染物（周启星等，2004）。虽然生物修复技术产生只有 30 多年的历史，但是生物修复技术的发展势头是其他修复技术不能相比的。

现代或传统的化学修复主要是通过添加化学药剂清除和降低环境中的污染物质。即针对污染物的特点，选择适合的化学药剂，利用药剂的化学性质与污染物进行化学作用，从而达到去除污染物质的目的。但是，投入了大量的化学物质可能对生态系统产生负面影响，而且我们对生态系统的最终行为和环境效应了解地还不是很透彻，大规模的实地应用还十分有限。

物理修复是最传统的修复方法，主要是利用污染物与环境之间的各种物理特性差异来去除环境中的污染物质。物理修复具有很多优点，如快捷、积极、高效、修复时间短、操作简单等。但是与生物修复技术相比，物理修复有很多不足之处，如修复效果不尽如人意、消耗人力物力较多、所需费用较高、有可能引起二次污染等。

相比之下生物修复技术具有以下优点。

（1）生物修复技术对环境影响不大。生物修复主要是自然过程的强化，它最终的产物是水、二氧化碳和脂肪酸等，不会对环境产生二次污染或使污染转移，遗留下来的问题较少。生物修复法与化学法、物理法相比，能达到无害化，永久地消除污染物的污染隐患。

（2）生物修复可以在现场作业，节约了大量费用。其费用与传统的物理、化学法相比，只是它们费用的 30%～50%。例如，日本在处理污染土壤时利用生物修复技术的设备投资极少，其费用大约只有每平方米 4000 日元，但是采用高温燃烧、清洗或加热挥发等处理技术时成本要大大提高，每平方米的费用大概要 5 万～10 万日元。美国环境中心对一万多吨的污染土壤修复成本的研究结果表明，使用异位生物修复技术，成本为每吨 230～300 美元，而燃烧法的成本为每吨 740 美元。与异位生物修复技术相比，原位生物修复技术的成本会更低，但是原位生物修复技术的影响因素多，工艺条件不易控制。在 20 世纪 80 年代，采用生物修复技术处理污染土壤每平方米只需 100～250 美元。而采用焚烧填埋每平方米则需要 250～1000 美元。

（3）最大限度降低污染物浓度。生物修复技术可以把污染物的残留浓度降到最低。在经过生物修复处理过的污染土壤中，BTX（苯、甲苯、二甲苯等）总浓度会降到 $0.05～0.10\ mg/L$，甚至低于检测限。

（4）生物修复技术可以同时处理受污染的地下水和土壤。同时，生物修复技术和其他处理技术相结合使用，可以处理复合性污染。

（5）可用于其他污染处理技术不能处理的场地。例如，受污染的土壤位于公路或建筑物下方不能挖掘搬运时，可以采用原位生物修复技术进行处理，所以生物修复技术在应用范围上有很大优势。

当然，生物修复技术也有一定的局限性。

（1）条件苛刻。生物修复技术与其他处理技术相比，科技含量较高，运作必须符合场地的特殊条件，生物的代谢活动易受环境变化的影响。

（2）处理时间长。生物修复主要的运作机理是生物的新陈代谢。生物特别是高等动植物的生长繁殖需要经历一定的生命周期才能完成其代谢活动，所以需要用较长的时间。

（3）特定的生物只能利用、吸收、降解、转化特定的化学物质，状态稍有变化的物质就很可能被同一生物酶破坏。

（4）生物不能去除环境中的所有污染物。污染物的低生物有效利用性及难降解性等常使生物修复不能进行。

第二节　生物修复的产生与发展

环境污染的修复技术有物理方法、化学方法和生物方法三大类。物理、化学方法在治理污染时具有一定的局限性，这使得人们大力地开发运用生物修复技术。虽然生物修复技术也有一定的局限性，但是生物在污染物的吸收、转运、降解、转化、固定等过程中能发挥强大的作用，而且生物修复具有投资少、运行费用低廉、终产物少等优点。这使得生物修复具有很大的发展潜力，是环境污染治理和修复的理想方法。

本节对生物修复的产生和发展做初步归纳总结。

一、生物修复技术的产生

生物修复最早起源于有机污染物的治理方面，最早的生物修复从微生物利用开始。人们运用微生物制作发酵食品已经有几千年的历史，利用厌氧或好氧微生物处理污染水体也有一百多年的历史，可是利用生物修复技术处理污染现场的有机物却只有 30 多年的历史。

近些年，由于石油泄漏和部分污染物的不合理处置和工业三废的大量排放，使得大面积的土壤和许多水体遭到严重污染。大部分污染物仅靠土壤和水体的自净能力是很难在短时间内被去除干净的，甚至有些污染物经过物理和化学方法处理后，还会生成更难降解的有毒有害物质，给人类和动植物的生存带来更加严重的危害。

20 世纪 70 年代中期是近代生物修复的萌芽阶段。当时欧美一些国家开始研究用微生物、植物治理污染的水体和土壤，在研究中发现生物修复的处理效果要明显优于化学、物理的处理方法。起初，生物修复的应用范围很小，只是处于试验阶段。

生物修复的第一阶段是小规模使用生物修复技术处理污染物质，它的基础研究源于 30 多年前，集中在地下水环境、土壤和地面水体中的石油生物降解的实验室研究。到了 20 世纪 80 年代以后，前人的基础研究成果被应用到大规模的环境污染治理上，并且取得了很大的成功，这使得生物修复技术逐渐成为一种新的生物治理技术。1972 年，利用微生物修复技术清理美国宾夕法尼亚州 Ambler 管线泄漏的汽油，这是生物修复技术的首次资料记载，也是应用生物修复技术进行大面积污染治理的开端。

生物修复的第二阶段是从 1989 年开始的，当时美国阿拉斯加海域受到大面积的石油污染，为了处理污染，生物修复技术首次被大规模使用。1989 年 3 月，超级油轮 Exxon Valdez 号的 42 000m³ 的原油在 5 个小时内全部泄漏到美国的阿拉斯加海岸，这个海岸是美国最原始、最敏感的海岸，原油泄漏影响 1450 多千米的海岸线。由于原油量过大致使常规的净化方法不起作用，Exxon 公司和美国国家环境保护局马上就开始了著名的"阿拉斯加研究计划"，即利用生物修复技术来清除漏油污染。在修复过程中，对部分受污染的海岸有控制地使用两种亲油性微生物肥料，然后采样分析添加营养物质促进生物降解原油的效果。加入微生物肥料后，受污染的海滩上的沉积物表面和次表面的异养菌和石油降解菌的数量增加了一到两个数量级，石油污染物的降解速度提高了 2～3 倍，使得原油净化时间缩短了将近两个月。这个项目表明，在石油泄漏不久，就出现了石油的生物降解；营养物质的加入并没有引起水体的富营养化，附近的海洋水体环境没有受到影响。此后，生物修复技术成为人们可以接受的治理漏油的有效方法。在美国阿拉斯加海岸的石油泄漏治理中，生物修复技术得到了成功应用，并最终得到了美国政府环保部门的认可。所以，阿拉斯加海岸的漏油事件成为生物修复技术发展的里程碑。

除此之外，还有两个生物修复工程也证明了生物修复技术的成功：其一为二氯乙烯、三氯乙烯、四氯乙烯和 BTEX（弗吉尼亚 Fuffolk 一个工厂的排放物）污染地下水、土壤的生物修复工程；其二为密歇根 Grayling 一个空军基地的柴油储蓄罐管道破裂造成深层土壤和水体高浓度污染治理工程。这两个工程分别经过 16 和 13 个月的生物处理运行后，地下水和土壤的污染物浓度都已达到密歇根州自然资源局规定的标准。

从 21 世纪初到现在，是生物修复技术的快速发展阶段。近些年来，世界很多国家开始关注特种功能微生物的利用。例如，已经成功分离出多种可降解石油污染物的特异微生物，包括真菌、细菌、菌团和酵母；降解塑料制品四亚甲基丁二酸（tetra methylene succinate）的高温菌类；降解卤化有机物的假单胞菌等。人们大力开发新的超级微生物可以大大加快生物降解污染物的效率，为生物修复的发展奠定了坚实的基础。

二、生物修复技术的发展

美国从 20 世纪 90 年代初开始庞大的地下水、土壤、海洋等环境污染治理项目，称为"超基金项目"。早在 20 世纪 80 年代中期，其他发达国家就开始了生物修复的初步研究，并成功地完成了一些实际的处理项目。它们的生物修复技术可以与美国并驾齐驱，德国、荷兰位于欧洲前列，在整个欧洲从事生物修复技术研究的公司和机构大约有上百个。

世界上不同国家在生物修复方面的开发研究重点所不同。

（1）美国侧重于不同污染土地和水体的修复和整治，尤其侧重外源有机污染物的治理，这些毒物多是来源于军事工业及军事用品的生产。

（2）日本将研究的重点放在解决全球性环境修复上，主要体现在以生物氢气为动力的研究和利用微生物对大气中二氧化碳的固定，这可以减轻和消除工业革命造成的大气中二氧化碳浓度急剧升高的问题。

（3）欧美国家主要是对传统废物处理系统进行强化和改进，从而更好地处理化学污染物，并提高对污染物的降解能力。

我国的生物修复还处在刚刚起步阶段，在过去的几年中主要是研究追踪国际上生物修复技术的发展，大范围应用的实例还非常少。最早的生物修复是应用在石油废物的处理以及农药的有机污染治理上。随着我国生物修复研究的深入，生物修复技术又应用在土壤、地下水等环境污染的治理上。生物修复已经从细菌修复发展到真菌修复、植物修复、动物修复，由有机污染物的生物修复发展到无机污染物的生物修复。

现在，利用微生物修复技术治理污染的研究受到世界各国的重视，发展迅速，研究也日益广泛。例如，在极地现场通过接种抗寒微生物混合菌种来修复北极冻原地带的油滴污染土壤，经过一年的修复后，土壤中的油污染浓度降低到原来的 1/20。如果在堆肥时加入经过驯化的降解菌，就可以加大对多环芳烃的降解作用。经过实验证明，生物修复技术完全可以应用在污染物的治理上，且在很多领域上取得了相当可观的成就。

由于微生物反应具有多样性和温和性，通过强化微生物代谢分解作用来控制微生物降解难降解的污染物是生物修复技术中的关键技术，在发达国家生物修复技术已经得到相当大的重视，未来的发展前景广阔。

生物修复技术是 20 世纪 80 年代迅速发展起来的一项治理环境污染的技术。大量实践证明，应用生物修复技术去除环境中的污染物可以节约大量的投资，对周围环境影响小，可以原地进行修复，能最大限度地去除环境中的污染物质。随着生物修复技术的不断发展进步和基因工程的出现，将会使这一技术应用于更多的环境污染治理。虽然我国的生物修复技术起步较晚，但未来的发展前景广阔。

第三节　生物修复技术的类型

生物修复技术可以划分为以下四大类型。

一、微生物修复

从狭义上来说，生物修复，是指通过微生物的作用清除土壤和水体中的污染物，或使污染物无害化的过程。它包括自然的和人为控制条件下的污染物降解或无害化过程。例如，微生物通过带电荷的细胞表面吸附重金属离子，或通过摄取必要的营养元素主动吸收重金属离子，将重金属离子富集在细胞表面或内部。

1. 微生物的吸收

微生物可以直接吸持重金属。由于个体微小，微生物能直接吸附固定金属离子，如微生物多肽，多糖，糖蛋白上的官能团—COOH、—NH$_2$、—SH、—OH、—PO$_4$ 等对重金属离子的固定作用。微生物吸收的主要过程包括胞外沉积、胞外络合及积聚、结合。其次，微生物的代谢产物（如微生物分泌磷酸根、富里酸、腐殖酸，产硫细菌产生 H$_2$S 等），能在土壤中与重金属结合形成不溶性的化合物，使重金属对植物的可利用度减小。此外，微生物还可以直接将重金属吸收在细胞内，不断积聚，进行金属离子的络合或其他配位反应，使重金属的移动性能降低（何炎森、李瑞美，2003；俞慎等，2003）。

2. 微生物转化

微生物转化是利用土壤中的某些微生物对重金属的吸收、沉淀、氧化和还原等作用，降低土壤中重金属毒性的技术（王宏树等，1987）。

微生物转化包括以下几个方面。

（1）通过微生物的氧化还原作用降低重金属自身毒性，如微生物将 Cr^{6+} 转变成 Cr^{3+}。

（2）微生物还可以像植物一样将离子态的 As、Hg、Sc 等还原成单质态使之挥发，然后集中收集。

（3）微生物可以完成甲基化、去甲基化过程。

（4）分泌有机酸可以改变根际 pH 值；调节重金属离子在土壤胶体上的吸附特征，还可以产生不溶性盐钝化重金属。

（5）微生物可以产生硫化物钝化重金属。

有些微生物具有嗜重金属性。在实践中，可以利用微生物这一特征进行重金属污染土壤的净化，这已经成为一种去除重金属的行之有效的方法，多个国家都在广泛研究与探索。细菌还可以产生特殊的酶，对 Cd、Co、Ni、Mn、Zn、Pb 和 Cu 等有亲和作用，以此来还原重金属。例如，柠檬酸杆菌产生的酶能使 Pb、Cd 形成难溶性磷酸盐（夏星辉、陈静生，1997）。细菌、放线菌比真菌对重金属更敏感，革兰氏阳性菌可吸收 Cd、Co、Ni、Pb 等。一般来说，微生物对重金属的氧化还原等作用也能降低重金属的毒性（李荣林等，2005）。

二、植物修复

植物修复是利用植物能忍耐或超积累某种或某些重金属的特性来修复重金属污染土壤的技术的总称。植物修复过程包括对污染物的吸收和清除，也包括对污染物的原位固定及分解转化，即植物根系过滤技术、植物萃取技术、植物挥发技术、植物固定技术、根际降解技术（韦朝阳、陈同斌，2001）。它是解决重金属污染问题的一个很有前景的方法，这一修复方法已经在全球得到了迅速的发展和应用。

1. 植物固定

植物固定方法主要是利用耐重金属植物或超积累植物降低土壤中重金属的移动性，从而降低重金属被淋滤到地下水或者通过空气扩散使其进一步污染环境的可能性。在植物固定中，植物主要有两种作用：①保护受污染土壤不受侵蚀，通过减少土壤渗漏来防止有毒重金属污染物淋失；②通过根部积累和沉淀或根表吸收来加强土壤中金属污染物的固定（周启星，1999）。例如，Cunningham 等研究发现部分植物可降低土壤中 Pb 的生物有效性，缓解 Pb 对环境中生物的毒害作用。另外，植物还可以通过改变根际环境来改变污染物的化学形态，从而降低或消除重金属污染物的化学和生物毒性作用。植物固定并不是彻底清除土壤中的重金属，而是暂时将其固定，使其对环境中的生物不产生毒害作用，并没有彻底解决环境中的重金属污染问题。所以，植物固定主要适合于土壤质地黏重、有机质含量高的受污染土壤的修复。

2. 植物萃取

植物萃取（又称为植物提取技术）是植物修复的主要途径。植物萃取主要是利用重金属超积累植物从土壤中吸取一种或多种重金属，并将重金属转移、储存到植物的地上部分，然后通过收割植物地上部分进行集中处理，以使土壤中重金属含量降低到可接受水平的一种方法。常用作萃取的植物包括各种野生超积累植物或某些高产的农作物，如芸苔属植物：印度芥菜、油菜、杨树、苎麻等。目前主要去除污染土壤中的重金属 Pb、Cd 等。植物萃取技术的关键是所用植物必须具有生长快、生物量大和抗病虫害能力强的特点，并能够对多种重金属有较强的富集能力。

3. 植物挥发

植物挥发是利用植物的吸收、积累和挥发，减少土壤中一些挥发性污染物，即植物将污染物吸收到体内后，将其转化为气态物质释放到大气中，达到修复重金属污染土壤的目的（Sillanp，Virkntyt，1999）。

Rugh 等研究表明，如果把源于细菌中的汞抗性基因转入植物体中，就可以使植物具有在通常情况下会中毒的汞浓度条件下正常生长的能力。而且这种植物还可以将土壤中吸取的汞还原成挥发性的单质汞，通过植物的蒸腾作用挥发到大气中。例如，水稻、花椰菜、卷心菜、胡萝卜和一些水生植物，具有较强的吸收和挥发土壤或水中 Se 的能力。将毒性较强的无机硒转变为基本无毒的二甲基硒。海藻能吸收并挥发砷，即把 $(CH_3)_2AsO_3$ 挥发出体外。植物挥发技术不要求收获和处理含污染物的植物体，这是一种有很大开发潜力的植物修复技术。但是这种方法将污染物转移到大气中，对人类和其他生物具有一定的风险（龙新宪，2002）。

4. 根系过滤

根系过滤技术（又称植物过滤技术）是指利用耐重金属植物或超累积植物庞大的根系过滤、吸收、沉淀、富集污水或土壤中的重金属元素后，将植物收获并进行妥善处理，达到修复受重金属污染土壤或水体的目的。陆生植物、半水生植物和水生植物均可以作为根系过滤植物。植物的幼苗对重金属的去除作用明显，因为植物幼苗根系表面积与体积的比值较大，生长迅速，吸附有毒离子的能力强，所以清除重金属的效果较明显。目前常用的植物大多是各种耐盐的野草，如加克拉莎草、印度芥菜、弗吉尼亚盐角草、盐地鼠尾粟、向日葵及各种水生植物。

5. 超累积植物

无论是植物萃取、挥发还是植物固定、根系过滤作用，植物本身的特性才是决定污染治理效率的关键。所以，寻找与筛选适宜的植物始终是植物修复研究的一项重要任务。能够富集重金属元素的植物也不断被人们发现。

目前，普遍认为重金属含量超过一般植物 100 倍的植物属于超累积植物，即 Cr、Co、Ni、Cu、Pb 含量应在 1000 mg/kg 以上，Mn、Zn 含量应在 10 000 mg/kg 以上。现已发现 As、Cd、Co、Cu、Mn、Ni、Se 和 Zn 等元素的超累积植物达 700 多种，其中半数以上属于 Ni 超累积植物。

总而言之，植物修复技术的关键是寻找适当的超积累植物或耐金属植物。以后，关于植物修复技术的研究重点将主要放在以下几个方面：①寻找、筛选、引种、培育超积累植物；②分子生物学和基因工程技术的应用；③加强植物修复技术的实践性环节；④加强对超积累植物的机理及其回收的处理研究。

三、动物修复

动物修复在国外产生较早，我国关于动物修复的研究还处在探索阶段。这一方法主要是将生长在污染土壤中的植物体、果实等投喂给动物，通过分析动物发生的变异来研究污染土壤的污染状况；也可以把污染土壤直接投喂给动物，如蚯蚓、线虫等进行研究。土壤中的蚯蚓可以吸收或富集土壤中的残留农药，并通过代谢作用把部分农药分解为低毒或无毒产物。在土壤中还有很多的小动物群，如跳虫、蜈蚣、蜘蛛、土蜂等，都可以对土壤中的农药有一定的吸收和富集作用，可以去除土壤中的部分农药。

四、生态修复

生态修复主要是利用培育的生物或培养接种微生物的生命活动，对污染物进行转移、转化及降解，从而去除环境中的污染物。实际上，这是对环境恢复力和自净能力的强化。开发生态技术是环境治理的研究热点。现在开发的生态技术，主要是按照仿生学的原理对自然界恢复能力和自净能力的强化，即按照自然界自身的规律来恢复自然环境。这是人类与环境和谐相处的、合理的、符合逻辑的治理环境污染的思路，同时也是一个新的技术。

第四节　生物修复案例及分析

一、河道污水的生物修复

案例一：广州河道污水的生物修复

广州白云区利用河道生物修复技术治理河道污染效果比较显著。白云区每天向河道内排入超过 5000t 的生活和工业废水，为了解决这一问题当地环保部门选择了 2300m 的河道作为试点（图 1-1）。这些河道主要排入的是石井工业区的工业废水和红星、庆丰等村的生活污水，选取的河段在最近十多年来都是臭气熏天的状态，河道里积成了 1.3m 厚的黑臭淤泥。

图 1-1　受污染的河道
(a) 淤塞的河道；(b) 污水在河道中流淌；
(c) 河道中泥浆水和正常水体交汇；(d) 生活垃圾的肆意堆放

开始时，很多村民都说这些河道治理不了，就是治理也没用，这个河道多少年都是这样。但是，从 2003 年 7 月末开始，研究人员取底泥、氧化塘、扩增底泥微生物、全河段撒底泥土著微生物，采取水体生物修复、人工增氧及生态修复河道等一系列的措施，使黑臭水体逐渐由黑色变为白色。氧化塘是治理河道的主体，其中的生物种群主要有细菌、藻类、原生动物、后生动物等，这个系统主要是依靠藻类的光合作用和水表面风力搅动自然供氧，利用河道的淤泥提供生物生长所必需的营养物质。8 月 5 日，下游潮汐河道已经基本消除了黑臭的味道，并逐渐由黑色转为绿色，河道内也发现了零星的小鱼。到 8 月 10 日，河道里的水质已基本稳定，水体颜色和潮汐水体基本一致，呈现出碧绿色，透明度最高达到 60cm 左右，并且在此后的时间里水体透明度逐步增加（图 1-2），最终使 5000t 的黑水变为绿水，这在很大程度上减少了黑臭水体向珠江水系的排放。这正是应用了生物修复技术，实现了广州人所梦想的河道美景。

图 1-2　治理后的水体水质

白云区河道实验的成功，使人们治理河道的思维有了巨大变革。生物修复技术与传统的大规模挖泥清淤有着本质的区别，生物修复技术把让人掩鼻的污染黑泥当作治污的介质，维护了水与泥的生态原貌，使生态系统尽可能保持原始状态。

广州河道的成功修复充分表明生物修复技术在污染环境治理上是可行的。这一技术避免了底泥的挖掘、转移等，节约了大量的人力、物力、财力，充分利用生物之间的物质转化，从而实现污水的无害化、资源化和再利用。

在此次治理中，主要是应用了微生物去除河底的淤泥和水体中的有机污染物质和重金属。微生物通过自身的吸收作用将有机物质当作自身的营养物质，人们向河里注入氧气为微生物提供自身氧化作用所需要的氧气，人们把污染的河水当作氧化塘，运用人工和自然相结合的方法。通过化验分析底泥成分，然后投加相应的微生物和土著微生物，这样既可以恢复受污染的水体，也避免了因治理引发的河水二次污染。治理中扩增底泥微生物加速分解底泥中的有机物，同时利用微生物的吸收和转化去除水中的重金属物质。开始阶段，微生物是去污的主体，经过一段时间，藻类和原生动物开始出现。藻类通过光合作用向水中释放氧气，同时吸收水中的有机物质作为自身生长的营养物质，藻类的出现大大改善了河水的环境。再过一段时间，小型动物开始出现，通过生物系统的富集作用，水中的有毒物质被大量地富集到植物和动物体内，这样水中的污染物质就被大量地去除并且不会再次回到水体之中，杜绝了水体的二次污染。同时，原生动物的出现，遏制了藻类的大肆生长，这是生物之间的自然平衡作用。这样，在处理污染的同时又保持了生态系统的正常运转，符合可持续发展的国家战略。

从这次治理中可以看出，微生物修复具有以下优点。

（1）费用省，仅为现有环境工程技术的几分之一，如采用生物清淤比机械清淤的费用将节省80%以上。

（2）环境影响小，不会形成二次污染或导致污染物的转移。

（3）可最大限度地降低污染物浓度，使受污染水体的水质达到国家质量标准。

二、太湖水污染的生物修复

案例二：太湖水污染的生物修复

太湖水污染一直都是大家关注的焦点，特别是近年来人们不断向湖内排放大量的废弃的污染物，使得太湖水质急剧下降。自古以来，太湖流域就是富庶之地，但是，随着工业化、城市化进程步伐的加快，太湖区域内人口剧增，人口的增长势必导致生活污水排放量的迅速增大。同时，基础设施的建设速度赶不上人口增长所需要的排污管线的需求，由于排污管道铺设不健全、处理设施跟不上城市化进程的步伐，致使污水未经处理或只经过简单的处理就排入太湖中。污水中含有大量的 N、P 等物质，使得水体富营养化严重，蓝藻泛滥，水质恶化严重，湖水中不时飘出恶臭气体。但是在前些年，太湖却是另一幅美景（图1-3）。

但是，由于近河人们不合理地开发和利用太湖，致使太湖水质发生巨变，原来的荷花碧水被大批的蓝藻所取代，而想根除蓝藻相当不易，这一现象被人们形象地比喻为太湖除不掉的"皮肤病"（图1-4）。2007 年 5 月 29 日，太湖流域无锡地区发生的大面积蓝藻爆发事件，是 20 世纪 80 年代以来最为严重的一次，湖面上犹如铺上了一层厚厚的绿地毯，水源污染严重，导致居民无水可用，致使超市里的桶装纯净水被抢购一空，这给人民的生产生活带来极大的不便。究其根本原因，无外乎是水体的富营养化和局部水域的有机物污染，使太湖大部

图 1-3　太湖美景

(a)　　　　　　　　　　　　　　　　(b)

图 1-4　太湖污染

(a) 污染的太湖水面；(b) 太湖附近受污染河道

分水域丧失了饮用功能，水环境形势异常严峻。

　　根据太湖的具体情况，相关部门采取了一系列治理措施，其中很多方面用到了生物修复技术。例如，在水中种植大量的芦苇等植物吸收并固定水中的 N、P 等元素，在水中投放驯化的、能进行光合作用的浮游微生物，浮游微生物向水中释放氧气，可从根本上解决水体富营养化问题。经过不懈的努力和相关政策的实施，现在的太湖水质已经有所改变（图 1-5）。

　　从这次太湖污水治理中可以看出，藻类和微型动物在水体的生物修复中也发挥着重要作用，通过藻类光合作用释氧，可使严重污染后缺氧的水体恢复至好氧状态，这为微生物降解污染物提供了必要的电子受体，使好氧性菌对污染物的降解能顺利地进行。另外，水生植物根系部分还会栖生一些小型动物，它们通过吞噬藻类和一些病原微生物，间接地对水体起到净化作用。

　　在治理太湖水污染中，植物修复的效果最为明显，研究人员选用一些根系发达的植物，利用植物根系过滤作用吸收、沉淀、富集污水中的重金属，并将重金属储存在植物体内，人们通过收获这些植物并进行相应的处理，就可以去除水中的重金属污染物质，使太湖水达到标准。除了重金属之外，太湖水质恶化的主要原因是水体富营养化，水中的 N、P 等营养物质含量严重超标，这也是发生赤潮的主要原因。研究人员在入湖的河道里种植水生植物，如芦苇、蒲草等耐水性植物，这些植物的幼苗通过根系吸收水中的营养物质，然后把这些营养物质转化为自身生长所需的营养物质，这样既去除了水中多余的营养物质，同时也使植物本身得到了供给。以前太湖水的治理总是治了就好，但是很快又恢复原状，治理只是治标不治本。出现这种情况的主要原因是，经过多年的积累，湖中底泥里积累了大量的有机物质和富

(a)　　　　　　　　　　　　　　　(b)

(c)

图 1-5　修复后的太湖

（a）修复的河道；（b）修复的湖面；（c）治理后的太湖湿地

营养化元素，这些底泥中的营养物质含量远远超过了水中营养物质的含量，传统的物理、化学处理方法只能去除水中的营养物质，水中的营养物质被去除后使水体暂时恢复正常值，但是底泥中的营养物质会慢慢向水中扩散，致使水体的富营养化现象重复出现。但是，利用植物修复，就会杜绝这一现象的发生。在水中种植植物，植物的根系会直接从淤泥中摄取养分，在去除污染物的同时，保护了湖底的原始状态。利用植物去除底泥中的污染物质可以在原位修复，免去了使用大型机械挖掘底泥的费用，同时也节约了传统去污处理的场地，这样可以大大节省开支，有利于当地生态的恢复和持续发展。

　　运用生物修复技术可以实现立体化修复，摒弃传统物理、化学方法处理污染物质的单一性，避免了环境修复后反弹的现象，在治理污染的同时还对当地环境进行了绿化，使当地的自然环境有所恢复。在治理中还发现当地的生态系统得到了很大恢复，食物链也逐渐变多，生物多样性得到强化。例如，水中的微生物增加使原来稀有的原生动物和浮游植物得到恢复，数量增多，同时必然引起食物链等级发生一定变化。

　　生物修复在实践中得到了验证，它是可以恢复受损环境的，而且效果明显优于传统的修复方法，太湖水的成功治理大大鼓舞了人们对生物修复的信心，也为生物修复日后的发展提供了科学依据。

第五节　生物修复的前景及应用

一、生物修复的前景

　　生物修复在环境工程领域中应用十分广泛，而且十分重要，从经济和环境共同发展角度来看具有很大的诱惑力。

　　生物修复优于传统的物理和化学修复方法，具有广阔的应用前景，如果能和物理修复、化学修复方法组成统一的修复技术体系，就会更好地发挥其优势作用，解决人类所面临的、最困难的环境有机污染和重金属污染问题。生物修复与传统去除污染物结合的、最经济有效的方法是，首先用生物修复技术将污染物处理到较低的水平，然后采用费用较高的物理或化学方法处理残余的污染物。随着生物技术的快速发展，生物修复的可行性和有效性逐步提高，生物修复将被更多环保人士接受和采纳。可是，在进行生物修复之前，必须对地点状况和存在的污染物进行详细的实地考察。除此之外，微生物活性很容易受环境条件影响，在有些状况下生物修复技术不能将污染物全部去除。所以，今后应主要发展解决安全使用基因工程菌和从根本上清除污染的生物修复技术。

在生物修复中，植物修复理论与技术在环境污染削减控制领域相当重要，从而带动了很多新兴环保产业的发展。为了充分地了解植物修复的原理，更好地利用植物，我们必须对植物生物学、分子生物学有更深的理解。目前，已有一些前沿研究，利用植物、菌类或动物的基因来改良植物，进而利用这类植物对特定污染物进行修复。通过绿色植物系统来转移、降解或保持污染物，使植物修复成为修复污染的土壤、沉积物、水和空气的一种新兴技术。它不仅具有很大的美学价值，而且造价低廉，只需要太阳能驱动就可以去除大部分环境污染物，特别是对于浅层轻度污染的区域去除污染效果十分有效。所以，植物修复的市场前景相当乐观。

生物修复技术是一种环境友好的替代转换技术，在国内外受到日益广泛的重视。从科学的角度客观地看，生物修复技术本身是一项十分复杂的系统工程，要使生物修复技术成功并广泛地应用，应尽可能解决其中涉及的技术难题，以尽早实现生物修复研究的技术转换。

二、生物修复的应用

1. 生物修复在矿业废弃地的应用

最近几年，我国对矿业废弃地的污染治理与土地复垦工作相当重视，而且在这方面的研究获得了很大成效。赵景逵和白中科归纳了关于废弃煤矿的土地复垦和生态重建理论以及实践方法，主要说明了各种因地制宜的修复方法。黄铭洪等（2003）系统地总结了有色金属废弃矿地生态恢复理论和相关技术应用的最新研究成果。例如，不同重金属在植物中的迁移、转化和积累规律，筛选出多种能够适应不同尾矿生态恢复的超积累植物。

2. 生物修复在垃圾填埋场的应用

垃圾填埋场是环境污染的重要源头之一，主要原因是垃圾填埋场会产生大量的垃圾渗滤液和填埋气体，这些液体和气体对大气和地表地下水系会造成十分严重的污染。我国的城市生活垃圾产量非常大，由于基础设施不完善，对生活垃圾的无害化处理程度很低，所以对环境造成的污染和破坏严重。据不完全统计，我国城镇生活垃圾日产量人均为 $0.7\sim1.0kg$，并且每年都有持续增长的趋势。我国大中小城市的生活垃圾年产量近 2000 万 t，可是垃圾的利用效率却很低，部分地方甚至是不做任何处理地直接堆放在野外。我国的大中城市仅采用简单填埋的方式处理城市垃圾，这样做不仅占用了大量土地，还会污染水源和土壤环境，危害人类身体健康。研究发现，调节渗滤液的氮磷比可以大大提高藻类净化污染物的效果，增加磷肥可以降低氮磷比，有利于微生物去除有机物、铵态氮和重金属等，所以在渗滤液中适当地补充磷可以大大提高生物净化效果。经过对比不同质地的土壤对渗滤液的净化效果，发现黏土和壤土的净化效果最好。在垃圾填埋场，种植狗牙草等可以促进有机氮、磷和重金属的吸收利用。

3. 生物修复污染湿地

目前，我国许多河流湖泊水体受到了很大污染，而且污染还在继续加剧。我国的淡水资源总量大，但是人均占有量少，属于严重缺水的国家，所以水污染治理工作显得特别重要和迫切。人工湿地是生物修复污染水体的重要技术之一，湿地修复的基本原理是利用湿地水体中的微生物和湿地植物降解、吸收和截流污染水体中的污染物，从而修复污染的水体。植物是人工湿地的重要组成部分，而且植物对全氮污染的修复效果十分显著。在深圳白泥坑人工湿地的研究中发现，在湿地里栽种芦苇、灯心草、蒲草等耐污能力强、茎叶茂盛、根系发达、抗病能力强的植物，可以有效地去除湿地中的污染物。

参 考 文 献

[1-1]　张玉，韦鹏，张晟南，等．地下水水环境污染特征及其生物修复技术[J]．国土资源（增刊），2008：93-95.

[1-2]　吕晓龙．土壤重金属污染生物修复技术研究[A].2010 中国环境科学学会学术年会论文集（第四卷）[C].2010.

[1-3]　池银花．土壤重金属污染及其生物修复技术的应用[J]．福建农业科技，2006(3)：62-64.

[1-4]　温志良，毛友发，陈桂珠．重金属污染生物恢复技术研究[J]．环境科学动态，1999，3：15-17.

[1-5]　Wilessc. Bioremediation of soil contaminated with polynuclear aromatic hydrocarbons[J]. Enviorn Pollut，1993，81：229-249.

[1-6]　Ronald, Matlas. Bioremediation of petroleum biodegradation. Bio Sci [J]，1995，45(5)：332- 338.

[1-7]　滑丽萍，郝红，李贵宝，等．河湖底泥的生物修复研究进展[J]．中国水利水电科学研究院学报，2005，3(2)：124-129.

[1-8]　金建祥．生物修复技术在地表水污染处理中的应用[J]．宝鸡文理学院学报（自然科学版），2004，24(3)：23-26.

[1-9]　李章良，孙佩石．土壤污染的生物修复技术研究进展[J]．生态科学，2003，2(2)：45-47.

[1-10]　胡庆昊，朱亮．应用于污染环境治理的生物修复技术[J]．陕西环境，2002，9(6)：36-39.

[1-11]　李静，张甲耀，夏盛林，等．污染地下水的生物修复技术[J]．农业环境保护，1997，16(6)：283-285.

[1-12]　沈德中．污染环境的生物修复[M]．北京：化学工业出版社，2002.

[1-13]　金振辉，刘岩，陈伟洲，等．海洋环境污染生物修复技术研究[J]．海洋湖沼通报，2008.

[1-14]　沈定华，许昭怡，于鑫，等．土壤有机污染生物修复技术影响因素的研究进展[J]．土壤，2004，36(5)：463-467.

[1-15]　黄胜和，赵珂．生物修复在治理海洋环境污染中的应用[J]．环境保护与循环经济，2009.

[1-16]　张飒，刘芳，苏敏，等．地下水污染生物修复技术研究进展[J]．水科学与工程技术，2012.

[1-17]　R Boopathy. Factorslimiting bioremediation technologies[J]. Bioresource Technology，2000(74)：63-67.

[1-18]　胥思勤，王焰新．土壤及地下水有机污染生物修复技术研究进展[J]．工程与技术，2007.

[1-19]　Gujraletal M L. Bioremediation technologies [J]. J. Indian Med. Profess，1956，3：1098.

[1-20]　陈玉成．污染环境修复工程[M]．北京：化学工业出版社，2003.

[1-21]　周启星，宋玉芳，孙铁珩．生物修复研究与应用进展[J]．自然科学进展，2004，14(7).

[1-22]　何炎森，李瑞美．重金属污染与土壤微生物研究概况[J]．福建热作科技，2003；28(4)：41-43.

[1-23]　俞慎，何振立，黄昌勇．重金属胁迫下土壤微生物和微生物过程研究进展[J]．应用生态学报，2003，14 (4)：618-622.

[1-24] 王宏树，窦争霞，剑树范．日本土壤的重金属污染及其对策[J]．农业环境保护，1987，6(6)：33-36.

[1-25] 夏星辉，陈静生．土壤重金属污染治理方法研究进展[J]．环境科学，1997，(3)：72-75.

[1-26] 李荣林．李优琴．沈寿国，等．重金属污染的微生物修复技术[J]．江苏农业科学，2005，(4).

[1-27] 韦朝阳，陈同斌．重金属污染植物修复技术的研究与应用现状[J]．地球科学进展，2001，17(6)：833-839.

[1-28] 周启星．土壤有益及有害元素平衡[M]．北京：中国环境科学出版社，1999，26-27.

[1-29] Sillanp M，Virkntyt J．用电动纠正法去除土壤中重金属研究[J]．中国水土保持，2000，7：20.

[1-30] 龙新宪，杨肖娥，倪并钟．重金属污染土壤修复技术研究的现状与展望[J]．应用生态学报，2002，13(6)：757-762.

[1-31] 黄铭洪．环境污染与生态恢复．北京：科学出版社，2003：305.

[1-32] 赵景逵，白中科．刍议中国土地复垦与生态重建的特殊性[A]．新世纪 新机遇 新挑战——知识创新和高新技术产业发展(下册)[C]．2001.

第二章

■■■ 环境的微生物修复原理 ■■■

在生物修复中，微生物起到主导作用。涉及生物修复的微生物种类繁多，主要有细菌、真菌和原生动物等几大类。这些微生物的生长、繁殖、代谢以及它们之间的相互作用是自然界物质循环的重要组成部分，对生物修复的影响很大。

第一节　用于生物修复的微生物

环境微生物修复技术是指通过微生物的作用清除土壤和水体中的污染物，或是使污染物无害化的过程。它包括自然和人为控制条件下的污染物降解或无害化的过程。主要有三方面内容组成：利用土著微生物代谢能力的技术、活化土著微生物分解能力的方法、添加具有高速分解难降解化合物能力的特定微生物（群）的方法。

用于生物修复的微生物主要有土著微生物、外来微生物、基因工程菌及其他微生物。

1. 土著微生物

由于微生物种类多，代谢类型多样，对污染物降解潜力巨大，故目前在大多数生物修复工程中应用的都是土著微生物。虽说目前大量出现的各种人工合成有机物对这些土著微生物具有"异生性"，但是由于微生物具有巨大的变异能力和适应性强的特点，故这些难降解的，甚至是有毒的有机化合物都已陆续找到能够分解它们的微生物。美国对 124 个污染地点使用的生物修复技术中有 96 处（占 77%）使用的是土著微生物。

环境中往往同时存在多种污染物，而单一微生物的降解能力通常是不够的。实验表明，很少有单一微生物具有降解所有污染物的能力，污染物的降解通常是分步进行的，在这个过程中需要多种酶系和多种微生物的协同作用，一种微生物的代谢产物可以成为另一种微生物的底物。因此，在实际应用中，必须考虑多种微生物的相互作用。土著微生物具有多样性，群落中的优势菌种会随着污染物的种类、环境温度等条件发生相应的变化。在污染物的现场处理中，需要考虑接种多种微生物或者激发当地多样的土著微生物。

2. 外来微生物

在天然受污染的环境中，当合适的土著微生物生长过慢、代谢活性不高，或者由于污染物毒性过高造成微生物数量下降时，可人为接种一些适宜该污染物降解的与土著微生物有很好相容性的高效菌。微生物接种是把一些与土著微生物群落有关的、具有独特或专性代谢功能的微生物引入污染处理现场的过程，是微生物修复的重要环节。例如，光合细菌（photosynthetic bacteria，PSB）在有光照缺氧的环境中能利用光能进行光合作用和同化二氧化碳，与绿色植物不同的是，它们的光合作用是不产氧的。光合细菌细胞内只有一个光系统，即 PSI，光合作用的原始供氢体不是水，而是 H_2S（或一些有机物），这样它进行光合作用的结果就是产生 H_2，分解有机物，同时固定空气的分子氮生成氨。光合细菌在自身的同化代谢过程中，又完成了产氢、固氮、分解有机物三个自然界物质循环中极为重要的化学过程。这些独特的生理特性使它们在生态系统中的地位极为重要。目前广泛使用的 PSB 菌剂多为红螺菌科（Rhodospirillaceae）光合细菌的混合菌群，它们在厌氧光照及好氧黑暗条件下都能以小分子有机物为基质，进行代谢和生长，因此对有机物具有很强的降解和转化能力。日本 Anew 公司研制的 EM 生物制剂，由光合细菌、乳酸菌、酵母菌、放线菌等约 10 个属 80 多种微生物组成，已被用于污染河道的生物修复。美国 CBS 公司开发的复合菌剂，内含光合细菌、酵母菌、乳酸菌、放线菌等多种微生物，将其应用于成都府南河、重庆桃花溪等严重有机污染的河道治理的试验，发现对水体的 COD、BOD、NH、—N、TP 及底泥的有机质有一定的降解转化效果。

3. 基因工程菌

将目的基因导入细菌体内使其表达，产生所需要的蛋白的细菌称为基因工程菌。土壤生态系统中，石油烃降解菌普遍存在，但在天然土壤中石油烃降解菌一般只占细菌总数的 $0.13\% \sim 0.50\%$，而且对污染物的降解速率慢，处理效率低。Murygina 等（2000）的试验表明，在对油污土壤进行一段时间的降解后，系统中微生物的活性开始下降，数量逐渐减少，而投加一些适宜石油污染土壤中污染物降解的且与土著微生物有很好相容性的高效菌，在一定程度上会增加微生物的活性。但是对于日益增多的大量人工合成化合物，加入高效降解菌就显得有些不足。采用基因工程技术，从土壤中筛选出对烃类有强降解力的微生物进行培养驯化或基因接种，定向地构建出高效降解工程菌就具有了重要的实际意义。用于生物修复的基因工程菌具有以下优点：①基因工程菌对自然界的微生物和高等生物不构成有害的威胁，且有一定的寿命；②基因工程菌进入净化系统后，需要一段适应期，但比土著菌的驯化期要短得多；③基因工程菌降解污染物功能下降时，可以重新接种；④目标污染物可能杀死大量土著菌，而基因工程菌容易生存，得以发挥功能。

Chapracarty 等为消除海洋石油污染，将假单胞菌中的不同菌株（CAM、PCT、SAL、NAH）中 4 种降解性质粒结合转移至一个菌中，构建出一株能同时降解芳香烃、多环芳烃、萜烃和脂肪烃的"超级细菌"。该细菌能将浮油在数小时内消除，而使用天然菌要花费 1 年以上的时间。该菌已取得美国专利，在污染降解工程菌的构建历史上是第一个里程碑。

近年来对石油烃类降解微生物的研究已进入分子水平，利用分子生物学技术可对石油烃降解菌进行生物生态分析和基因测序。目前应用的技术主要有 DNA 杂交、PCR 扩增、指示基因、16S 和 23Sr DNA 分子克隆技术、荧光原位杂交技术（FISH）、变性梯度电泳技术（DGGE）、温度梯度电泳技术（TGGE）、微生物呼吸醌分析技术、微电极探测技术等。基因工程菌以其高效、易控制、低抑制性而受到青睐。印度的 Mishra 等考察了基因重组菌的原油降解效果、存活能力及其稳定性，将编码荧光酶的 Lux 基因的质粒导入重组菌，尤其关注质粒的丢失情况。试验证明，Lux-PCR 的扩增插入序列是稳定的，在 $-70\,^{\circ}\!C$ 甘油中保存一年后插入子仍保持其稳定性。

尽管利用遗传工程提高微生物生物降解能力的工作已取得了巨大的成功，但是目前美国、日本和其他大多数国家对工程菌的实际应用有严格的立法控制。在美国，工程菌的使用受到"有毒物质控制法"（TSCA）的管制。因此，尽管已有许多关于工程菌的实验室研究，但至今还未见大规模现场应用的报道。这种现状受到美国一些科学家的抨击，如美国微生物学会和工业微生物学会以及全国研究理事会都认为，从科学的观点来看，决定是否可以将一种微生物施用于环境中主要基于该微生物的生物学特性（如致病性等），而不是它的来源。他们指出过分严格的立法和不切实际的科学幻想宣传，阻碍了现代环境微生物技术在污染治理中的推广应用。虽然许多环境保护主义者因害怕发生环境灾难而反对将遗传工程菌释放到环境中的观点是可以理解的，但因噎废食而放弃微生物遗传工程技术这一20世纪辉煌的科学成就也绝不是科学的和实际的态度。

4. 其他微生物

这些生物包括藻类和微型动物等。在污染水体的生物修复中，通过藻类的放氧，使严重污染后缺氧的水体恢复至好氧状态，这为微生物降解污染物提供了良好的电子受体，使好氧性异养细菌对污染物的降解能顺利进行。微型动物则通过吞噬过多的藻类和一些病原微生物，间接地对水体起净化作用。

第二节　微生物修复的影响因素

一、非生物因子对微生物修复的影响

每个微生物对影响生长和代谢的非生物因子都有一定的耐受范围。如果某一环境中有几种参与修复的微生物，就比在同一环境中只有一种修复微生物的耐受范围要宽。但如果环境条件超出了所有定居微生物的耐受范围，微生物的修复作用就会停止。非生物因子有温度、pH值、水分（土壤中）、溶解氧、营养物质、共存物质（盐分、毒物、其他基质等）。

（一）物理化学因子

1. 温度

温度是一个十分重要的因素。温度可改变微生物的代谢速率。一般来说，生物反应速率在微生物所能容忍的温度范围内，随着温度的升高而增大；但也会出现相反的情况，如气候转凉降解代谢反而加快，关键在于决定代谢活动的限制因子是什么，如在寡营养的湖泊中，2,4-D在秋冬季的降解速率反而加快。产生这一现象的原因是落叶进入湖水带来了丰富的微生物，微生物生物量增加的影响超过了低温所带来的不利影响。

温度还能影响有机污染物的吸附状态，土壤吸附态有机化合物的解吸对温度也很敏感。例如，土壤中历史残留物EDB（1,2-二溴乙烷）解吸时需要的表面激活熵是66kJ/mol，当环境温度从25℃上升至40℃时，EDB的解吸速率增加7倍。Hulscher等（2004）的实验结果也证实，加热能够提高河流沉积物中氯苯的解吸速率。此外，温度还能影响有机污染物的物理状态，使得一部分污染物在自然生态系统温度变化的范围内发生固-液相的转换。另外，温度也能影响污染物的溶解度，这一点对于石油烃类污染物的生物降解十分重要，因为大多数石油烃类化合物只是微溶的。

2. pH值

环境pH值会影响到微生物的生长和代谢。环境pH值变化会引起微生物细胞表面特性的变化，从而引起细胞体生理生化过程的变化，最终导致微生物代谢与生长的变化。大多数细菌、藻类和原生动物的最适pH值在6.5～7.5之间，它们对pH值的适应范围为4～10。细菌一般要求周围环境为中性或偏碱性，某些细菌，如氧化硫硫杆菌和极端嗜酸菌在酸性环境中生活，其最适pH值为3，在pH值达1.5后仍可生活。放线菌在中性和偏碱性环境中生长，以pH值为7～8最适宜。酵母菌和霉菌要求在酸性或偏酸性的环境中生活，最适pH

值在 3~6，有的在 5~6，其生长极限在 1.5~10。一些在环境治理工程中应用的微生物对 pH 值适应能力很强，一般在 pH 值为 6~9 之间均能较好地发挥作用。另一方面，微生物的生长代谢对 pH 值的变化有一定的缓冲作用。

pH 值还可以影响污染物的毒性，如 pH 值对硝基苯类化合物的毒性有明显影响。硝基酚类，硝基苯胺类在不同 pH 值条件下呈现不同的状态，pH 值较低时它们主要以化合态存在，而在 pH 值较高时主要以游离态存在。一般认为游离态硝基苯类化合物的毒性比化合态更大。因此在细胞生长允许范围内，适当提高 pH 值有利于硝基苯类化合物的生物降解。

土壤 pH 值也是影响吸附态有机污染物解吸的重要因素。Brusseau 等（1991）的研究发现，酸化土壤悬浮物可以加速卤化物脂肪烃的解吸，1h 的解吸率由天然 pH 值时的 13% 增加到 pH 值＜2 时的 80%。

3. 湿度

湿度是一个重要的生态因子。对某些生活在水环境中的微生物而言，不会受到湿度变化的影响；但是，对于一些在非水生环境中生活的微生物，湿度则是十分重要的。湿度不仅包括空气中的湿度，也包括微生物栖息的环境的湿度，如土壤环境中土壤颗粒表面的水分和土壤的含水率都会影响到微生物的生长和代谢。当微生物附着于某个固体表面时，其表面的水膜是微生物运动的介质，如果缺少这个介质，微生物就失去了运动的可能，使种群失去了相互影响的机会，因此，在干旱的环境中微生物群落中各种群不存在相互竞争。

土壤湿度对土壤中有机物的锁定具有很大的影响。早在 1964 年，Bailey 和 White（1964）就指出土壤水分含量变化影响甲基溴、三氯硝基甲烷、滴滴涕、狄氏剂、六六六等物质的生物可利用性。Makeyeva（1989）指出土壤干湿交替使土壤表面积减小，而且由于有机质胀缩作用导致土壤凝结性下降，从而影响污染物的生物可利用性。在污染物加入的不同时期改变土壤的湿度，其残留性质不同。

4. 氧化还原电位

环境中氧化还原电位（E_h）的变化为 -400~$820mV$。各种微生物要求的 E_h 不同。一般好氧微生物 E_h 在 $100mV$ 以上能正常生长，适宜的 E_h 为 300~$400mV$，兼性厌氧微生物在 E_h 为 $100mV$ 以上时进行好氧呼吸，在 E_h 为 $100mV$ 以下时进行无氧呼吸。专性厌氧微生物要求 E_h 为 -250~$-200mV$。

氧化还原电位受氧分压的影响：氧分压高，氧化还原电位高；氧分压低，氧化还原电位低。

5. 电子受体

微生物氧化还原反应的最终电子受体主要分为三类，即溶解氧、有机物分解的中间产物和无机酸根（如硝酸根和硫酸根），其中主要为溶解氧。

氧可以作为电子受体，用以增加生物修复活动。例如，烃类等几类化合物的降解，氧气是仅有的或优先的电子受体，即只有在好氧条件下才能发生转化作用或是只有专性好氧菌才能进行最迅速的转化作用。当氧气扩散受到限制时，原油和其他烃类的降解速率就受到影响。受汽油或石油污染的地下水，水相中的氧气会迅速消耗，接着降解变缓，最后停止。因此，典型的修复策略是增加氧气的供应量，如强制供气、供纯氧或添加过氧化氢等。

有时有机物的生物降解不需要分子氧的供应，在厌氧条件下可由有机物、硝酸盐、硫酸盐或 CO_2 作为电子受体。如果环境中的硝酸盐或硫酸盐耗尽，降解反应就会停止，需要重新补充电子受体。许多厌氧细菌，如反硝化细菌和甲烷菌，利用酸、铁和钼可以破坏许多种脂肪族和芳香族有机化合物，包括天然的和人工的。人们正在努力尝试利用厌氧细菌来消除有硝酸盐存在的、受石油污染的地下水。

BTEX 是苯、甲苯、乙苯和二甲苯的统称，存在于原油和石油产品中，其作为化工原料，广泛应用于农药、塑料及合成纤维等制造业。BTEX 已成为地下水中普遍存在的污染物。BTEX 的生物修复项目往往集中在如何克服无机养分和电子受体供应不足两个方面。实验表明，在存在电子受体的情况下，BTEX 能够发生厌氧微生物降解，降解作用能够更有效地去除 BTEX 污染物。Dou 等（2008）指出，从受汽油污染的土壤中浓缩出来的混合细菌在硝酸盐和硫酸盐存在的条件下可以有效地降解 BTEX。降解速率是甲苯＞乙苯＞二甲苯＞邻二甲苯＞苯＞二甲苯。Drzyzga 等（1993）做了一个沉积柱的研究，证明在硫酸盐还原条件下氯污染和镍污染沉积物的生物修复。利用补充硫酸盐作为电子受体来刺激硫酸盐还原菌的活性，从而维持以乳酸为电子受体（有或没有甲醇）的复杂的厌氧活动，成功地将 PCE 和 TCE 完全脱卤成甲烷和乙烷。继续添加硫酸盐后，硫化物的含量增加，这表明硫酸盐还原菌活性增加。因此，可以推论，在还原硫酸盐的条件下刺激微生物的活性对重金属的沉淀和有机氯化物的完全脱氯有积极作用。关于在生物修复中以硝酸盐作为刺激物，Lee 等指出，磷酸三乙酯（TEP）和硝酸根离子对柴油的生物降解最有效，所需条件是 TEP 能够被有效地传递到目标区域且少于磷酸二氢钾中磷的流失。

6. 金属元素

金属能抑制各种细胞过程，其影响常常是因为浓度依赖性。金属微生物毒性通常会涉及特定的化学反应，如 Cu、Ag、Hg 等金属，通常具有很强的毒性，特别是离子的毒性；而 Pb、Ba、Fe 金属，对微生物水平的向良性具有一定的影响。在植物和较肥沃土壤的微生物体内可以找到一定数量的金属营养元素。生物生长必需的主要是无机氮和磷等营养物质，但微量的 K、Ca、S、Mg、Fe、Mn 也是生物生长必需的。对于微生物来说，这些金属的可用性和/或毒性，通常依赖于 pH 值，在 pH 值较高时，这些金属变得越来越具有移动性/可用性。有毒化合物无论是低浓度还是高浓度的污染物，都会给生物修复带来困难。毒性可以阻碍或者减缓代谢反应。

此外，环境中的盐分、压力等都会影响微生物的代谢活性。想改变这些因子一般是不切实际的，经济上也是不可行的。但是了解诸因子在不同强度下对有机物降解速率的影响是有益的。

（二）微生物营养盐

1. 碳源

碳源对细菌和真菌的生长很重要。在土壤、沉积物或水体中通常含碳量很高（1％），但是许多碳以微生物不可利用的或缓慢利用的络合形式存在，所以经常出现碳源成为微生物生长限制因子的情况。如果进入环境的有机污染物浓度较高，碳源不会成为生长的限制因子，但若较低时就会成为限制因子。有时污染物浓度看起来很低，实际并非如此，这是由于环境中的污染物未均匀混合或者是以 NAPLs（非水溶相液体）的形式存在。

2. 氮和磷

尽管环境中 N、P 的含量很低时生物降解速率也很低，但降解仍然可以继续。这可能与营养物的再生有关，即无机营养物被微生物同化为细胞后，再经过细胞溶解或原生动物消化后又转化为无机物。在这种情况下，降解速率受到了限制营养盐的循环速率的支配。原生动物可能对海洋、湖泊等环境中营养盐的再生起到非常重要的作用。

微生物的生长需要 N、P。例如，1kg 有机碳矿化，如果 30% 的基质碳被同化，就会形成 300g 生物量碳。假设细胞的 C∶N 和 C∶P 分别为 10∶1 和 100∶1，那么就需要 30g 氮和 6g 磷。同样简略的计算可以方便地预测基质全部分解所需的氮磷总量，但是可能无法预测可支持最大降解速率的氮磷浓度。

大多数土壤类型的 N、P 储量都较低，当产生石油污染而导致土壤中的碳源大量增加时，N、P 含量，特别是可给性的 N、P 就成为生物降解的限制因子。有研究显示，在微生物降解石油烃的过程中，最佳可生物利用的 $n(C)∶n(N)∶n(P)=100∶15∶1$。有研究以碳氢化合物污染的、极度缺乏营养物质的北极土壤为研究对象，分别采用在其中增加盐度（离子强度）、使用不同浓度的营养和水分等方法来研究十六烷降解。结果发现，在所有浓度下，比较有氨氮的土壤样品和没有氨氮的样品，发现含有氨氮的样品可以强化十六烷的降解，并且发现当土壤每千克土中含有 50～200mg 氨氮，且含水率为 10% 时降解速率最大，为 50～58mg 十六烷/（kg·d）。

3. 生长因子

在环境中可能有降解同一种化合物的几种菌。当营养缺陷型和原养型菌种共同存在时，缺乏生长因子就会影响到降解。但是如果环境中只有一种或两种降解菌，并且是营养缺陷型，生长因子的供应就会成为限制因子，影响到降解速率。

（三）共代谢基质

1. 共代谢的含义

微生物主要以生长代谢和共代谢方式降解有机污染物。生长代谢型微生物以有机污染物为碳源和能源物质加以分解和利用。对这种以获取能量为目的的微生物代谢过程及环境条件对其途径、终产物及速度的影响，目前已经有了比较深入的了解，并已广泛用于有机废水的生物处理中。共代谢是难降解有机污染物的重要代谢机制和研究热点。共代谢型微生物不能利用有机污染物作为碳源和能源，须从其他底物中获取大部分或全部的碳源和能源。共代谢基质的选择和代谢酶的诱导是控制目标污染物降解的关键因素。高浓度有机污染物对共代谢微生物存在明显的抑制作用。协调好生长基质、诱导基质和目标污染物三者的比例关系，才能达到较高的难降解物质共代谢率。

在自然环境中，微生物共代谢作用是导致难降解的环境污染物发生降解的重要代谢机制。Leadbtter 和 foster 最早描述了共代谢现象，并命名为共氧化（co-oxidattion）。这个定义描述了微生物能氧化底物却不能利用氧化过程中的能量维持生长的过程。Jensen 扩展其内涵，提出共代谢的概念为：一些难降解的有机物，通过微生物的作用能改变其化学结构，但不能被用作碳源和能源，它必须从其他底物获取大部分或全部的碳源和能源，这样的代谢过程称为共代谢。在纯培养中，共代谢作用的产物可以聚集起来，此时的共代谢只是一种截止式转化，而在混合培养物中或自然界里，其他微生物可利用共代谢产物，使得基质完全降解。

研究表明，微生物这种共代谢降解方式对一些难降解污染物的彻底分解起着重要的作用，是烃类和农药生物降解中的常见现象。例如，甲烷氧化菌产生的甲烷单氧化酶

（MMO）是一种非特异性酶，可以通过共代谢降解多种污染物，包括 TCE、c-DCE、t-DCE、1,1-DCE 和 PCE 等。另外，甲烷假单胞菌在乙烷存在下依赖消耗甲烷进行生长，而作为共代谢基质的乙烷可以被同时氧化成乙醇、乙醛和乙酸。丙烷和丁烷也可通过某些依靠甲烷生长的细菌进行共代谢被生物降解，先转化为相应的酸类或酮类，然后被其他微生物进一步生物降解。但非增殖的甲烷假单胞菌细胞，在没有生长基质（甲烷）的情况下，并不能氧化这些气态烃。另有研究表明，微生物可以通过共代谢途径代谢大多数氯代有机物，包括氯乙烯、二氯乙烯、氯仿、二氯甲烷等化合物，这一过程也是由甲烷氧化菌在以甲烷作为原始碳源的条件下所产生的 MMO 催化完成的。

微生物的共代谢作用可能存在以下三种情况：①靠降解其他有机物提供能源或碳源；②由其他物质诱导产生相应的酶系，发生共代谢；③通过与其他微生物协同作用，发生共代谢，降解污染物。前两种情况构成基质共代谢，第三种情况称为微生物共代谢。在有其他碳源和能源存在的条件下，微生物或酶活性增强，降解非生长基质的效率提高。由于共代谢降解作用的存在，使得人类对难降解有机物这一概念有了新的认识。在实际生产活动和科学研究中，"共代谢"的概念进一步"延伸"，环境工程学中的"共代谢作用"概念更多地赋予生物学的概念。广义的"共代谢作用"指多种基质存在时的协同代谢作用或多种微生物存在时的协同代谢作用。

2. 共代谢的机理

一种有机污染物可以被微生物转化为另一种有机物，但它们却不能被微生物所利用，原因有以下几个方面。

（1）缺少进行反应的酶。微生物第一个酶或酶系可以将基质转化为产物，但该产物不能被这个微生物的其他酶系进一步转化，故代谢中间产物不能供生物合成和能量代谢用。

细胞中微生物酶对有机污染物矿化作用的过程如下：

$$A \xrightarrow{a} B \xrightarrow{b} C \xrightarrow{c} D \rightarrow \rightarrow CO_2 + 能量 + 细胞 - C$$

在正常代谢过程中，a 酶参与 A→B 转化，b 酶参与 B→C 的转化。如果第一个酶 a 的底物专一性较低，它就可以作用许多结构相似的底物，如 A' 或 A"，产物分别为 B' 或 B"。而酶 b 却不能作用于 B' 或 B" 使其转化为 C' 或 C"，结果造成 B' 或 B" 的积累。这种现象是由于最初的酶系作用的底物范围较宽，后面酶系作用的底物范围较窄，不能识别前面酶系形成的产物造成的。这种解释的最初证据来自对除草剂 2,4-D 代谢的研究。2,4-D 首先转化为 2,4-二氯酚，但是只有部分酶或很少的酶能进一步代谢 2,4-二氯酚。纯培养时，2,4-二氯酚几乎全部积累。

（2）中间产物的抑制作用。最初基质的转化产物抑制了在以后起矿化作用的酶系的活性或抑制该微生物的生长。例如，恶臭假单胞菌能共代谢氯苯形成 3-氯儿茶酚，但不能将后者降解，这是因为它抑制了进一步降解的酶系。恶臭假单胞菌可以将 4-乙基苯甲酸转化成 4-乙基儿茶酚，而后者可以使以后代谢步骤中必要的酶系失活。这是由于抑制酶的作用造成恶臭假单胞菌不能在氯苯或 4-乙基苯甲酸上生长。又如假单胞菌可以在苯甲酸上生长而不能在 2-氟苯甲酸上生长，是由于后者转化后的含氟产物有高毒性的缘故。

（3）某些特殊基质的缺乏。有些微生物需要第二种基质进行特定的反应。第二种基质可以提供当前细胞反应中不能充分供应的物质，如转化需要的电子供体。有些第二种基质是诱导物，如一株铜绿假单胞菌要经过正庚烷诱导才能产生羟化酶系，使链烷烃烃基转化为相应的醇。

（四）污染物的生物利用能力

生物可利用性大小的不同可产生以下三种情况。

（1）污染物的生物可利用性太小，结果导致微生物不能够获得足够物质和能量，而无法维持代谢需求，这时生物降解就不会发生。

（2）当可利用的污染物含量较低时，微生物能够维持自身的生存。这时会出现污染物被降解的情况，但是由于没有大量新细胞的产生而使降解速度受到限制。

（3）当有足够可利用的污染物时，微生物不断繁殖，降解速率达到最大。这是生物修复过程中最希望出现的情况。

污染物的生物可利用性对生物修复有重要影响。生物可利用性涉及生物周围环境的污染物与生物吸收利用的污染物之间的各种关系，并受到生物系统、污染物性质和环境因素的综合影响。

1. 土壤有机质

土壤性质影响污染物在土壤中的残留，而土壤有机质是土壤的重要组成部分。有研究显示，土壤有机质性质和数量是影响污染物生物可利用性的最主要的因素。

土壤有机质的组成不同，对生物可利用性的影响不同。土壤有机质一般分为水溶性有机碳和非水溶性有机碳两类。Cornelissen 等（1998）指出，在水溶性有机质存在条件下，多氯联苯和氯苯缓慢解吸的量明显增加。

2. 土壤矿物质

黏土矿物是土壤的重要组成部分，当土壤有机质含量低于2%时，它与有机质一样，对土壤或沉积物的吸附和滞留起到重要作用。黏土矿物对有机污染物的吸附作用影响土壤微生物对污染物的利用性。这种吸附作用与化合物的性质和黏土矿物类型有关。Ukrainczyk 和 Rashid（1995）研究了除草剂烟嘧磺隆在黏土矿物上的吸附行为，他们认为烟嘧磺隆在可膨胀黏土矿物的化学吸附明显增加了其在土壤中的吸附，并使进入到黏土矿层间的污染物很难解吸下来，其中只有50%～70%的烟嘧磺隆能够被乙腈/水（2∶1）溶剂解吸。Theng 等（2001）研究表明，菲进入改性蒙脱土的晶格层后被 *Burkholderia* sp. 和 *Sphingomonas* sp. 两种细菌利用的可能性为零，这可能是因为基质的不移动性和降解细菌与酶不能接近污染物所在点位所致。

3. 污染物水相浓度

有机物进入土壤和地下水后，通过各种物理、化学和生物过程被强烈地吸附在土壤介质表面，或者形成 NAP 基质，或者隔离在多孔介质内部，大大降低了污染物的水相浓度，从而降低了有机物的生物可利用性。

介质吸附是土壤污染物水相浓度降低的主要途径。介质吸附程度与有机物的结构和性质有关。生物修复中大多数有机污染物都是非极性的，水溶性低，其吸附程度主要受疏水性控制。土壤和地下水中的吸附剂包括无机矿物和土壤有机质（SOM）。疏水性有机物的吸附程度主要取决于 SOM 的质量分数和类型。当 SOM 的质量分数大于0.2%～0.4%时，无机矿物吸附可以忽略。SOM 包括非腐殖质和腐殖质，大多数土壤的腐殖质的质量分数占 SOM 总质量分数的 70%～80%，对疏水性有机物的吸附起主要作用。另外，溶解态有机质和由人类活动影响而进入土壤的各种有机溶剂、油类和煤焦油等 NAP 液体物质等也会影响介质吸附。

有机物的生物可利用性降低的另一种途径是可形成非水相（NAP）基质。NAP 物质与水基本上不能混溶，在地下环境中以分离态物质存在。如果 NAP 物质密度比水小（如汽油和石油类污染物），则会进入土壤和地下水的飘浮相中；如果密度比水大（如氯代脂肪烃），则会向土壤底层迁移。被截留的 NAP 物质会逐渐溶解，相当于地下环境的长期污染源。

土壤微生物对 NAP 基质的利用主要依赖于 NAP 物质的水溶性。BTEX 类物质的水溶性最高，溶解速度最快，因而最容易被微生物利用。某些微生物能够直接附着在 NAP 物质-水界面，直接摄取能够降解的基质。当微生物非常靠近 NAP 物质-水界面时，污染物从 NAP 物质扩散到细胞的距离减小，质量传递阻力降低。有人认为，微生物"直接接触"获取基质时，有机物没溶解到水相，而是直接转移到微生物细胞内。

在土壤和沉积物中，低水溶性是限制许多有机沉积污染物，如多氯联苯和多环芳烃沉积物的原位生物降解的因素。这是因为微生物存在于土壤的水相中，而这些低水溶性烃类物质紧紧地吸附在土壤颗粒表面，形成近乎于固态的物质，有些夹带于固体土壤颗粒黏结形成的泥团中，微生物很难与之接触而发生有效的生物降解作用。因此，可以通过在受污染区域添加表面活性剂（无论是生物表面活性剂还是化学合成表面洗涤剂）使污染物从土壤颗粒中脱附而转入土壤的水相中，进而以增大污染物与微生物的接触面积的方式来提高污染物的生物可利用性和最终处理效果。Texas Research Institute（TRI）对表面活性剂在石油污染土壤的生物处理过程中的作用进行了广泛的研究，发现阴离子表面活性剂和非离子表面活性剂联合作用是最好的，可使 80% 的石油残余物从土壤表面脱除。但化学合成表面活性剂加入过多会抑制微生物生长，降低降解效果。除化学合成表面活性剂外，目前生物表面活性剂也开始得到广泛研究。生物表面活性剂是微生物在代谢过程中分泌的具有一定表面和界面活性，同时含有亲水基和疏水基的两性化合物。相比之下，生物表面活性剂除具有和化学合成表面活性剂相似的性能外，还有以下优点：①具有更好的环境相容性，可生物降解，不会造成二次污染；②无毒或低毒；③可以利用工业废物作为原料生产，并用于生态环境治理；④在极端温度、pH 值、盐浓度下具有更好的选择性和专一性。鉴于生物表面活性剂的上述优点，尤其是其具有的生物降解性和低毒性，使生物表面活性剂在加快受污土壤和水体等环境的修复中具有很大的潜力。

另外一种有希望提高生物修复速率的方法是添加可生物降解的溶剂，以加快可吸附污染物的生物降解的速率。

二、生物因子对微生物修复的影响

（一）协同

许多生物降解作用需要多种微生物的合作。这种合作在最初的转化反应和以后的矿化作用中都可能存在。协同有不同的类型，一种情况是单一菌种不能降解，混合以后可以降解；另一种情况是单一菌种都可以降解，但是混合以后降解的速率超过单个菌种的降解速率之和。协同作用的机制有多种。

1. 提供生长因子

一种或几种微生物会向其他微生物提供维生素 B、氨基酸或其他生长因子。一株假单胞菌分泌的生长因子对能利用溴化十二烷基三甲基铵的黄单胞菌属（*Xanthomonas*）的生长和降解很必要。分泌维生素 B_{12} 的菌对在三氯乙酸上生长和脱氯的细菌很必要。

2. 分解不完全降解物

一种微生物可对某种有机物进行不完全降解，第二种微生物则使前者的产物矿化。许多合成有机物在纯培养条件下只能进行生物转化，很少矿化。然而，在自然界许多菌共同作用可降解有机物。图 2-1 显示两种微生物协同作用导致有机物完全矿化。

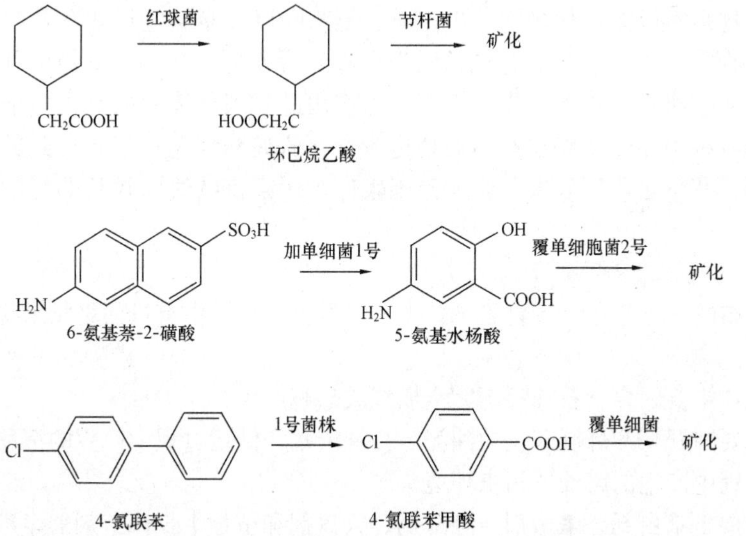

图 2-1　协同作用导致完全降解

3. 分解共代谢产物

一种微生物只能共代谢有机物形成不能代谢的产物，另一种微生物则可以分解这些产物。

（二）捕食

在环境中会有大量的捕食、寄生微生物，还有裂解作用的微生物。这些微生物会影响到细菌和真菌的生物降解作用。这种影响经常是有害的，但是也可以是有益的。

原生动物是典型的以细菌为食的微生物。一个原生动物需要消耗 $10^3 \sim 10^4$ 个细菌才能生长繁殖，因此在环境中有大量原生动物时细菌数目显著下降。原生动物还可以促进有限的无机营养（特别是磷和氮）的循环并分泌出必要的生长因子。

在有大量原生动物活动的环境中，原生动物的影响取决于捕食速率和降解速率（细菌繁殖速率）。如果捕食速率低，细菌细胞繁殖迅速，则原生动物的影响不大；如果捕食速率高，导致生物降解的特殊微生物的生长繁殖速率低，则原生动物的影响会很大。

原生动物有时也可以刺激微生物活动。例如，纤毛虫、豆形虫存在时可以促进混合细菌分解原油（Rogerson，Berger，1983）。在有许多纤毛虫和鞭毛虫时，也可以促进植物组织或颗粒物的降解，促进降解主要与氮、磷再生有关。环境中氮、磷浓度很低会限制微生物的生长，氮、磷被各种微生物同化后，缺少供降解菌利用的氮、磷，所以影响了转化速率。原生动物捕食一些生物量并排出无机氮、磷以后，这部分氮、磷可供生物降解菌再利用。这种氮、磷再生或氮、磷矿化过程在土壤、淡水和海洋生态系统中都很重要（Anderson et al，1986）。原生动物消化细菌的同时可以分泌生长因子，促进维生素、氨基酸营养缺陷型菌的生物降解作用（Huang et al，1981）。

第三节　微生物对有机物污染的修复

一、环境中主要有机污染物

有机污染物是指以碳水化合物、蛋白质、氨基酸以及脂肪等形式存在的天然有机物质及以某些可生物降解的人工合成有机物质为组成的污染物。有机污染物可分为天然有机污染物和人工合成有机污染物两大类。由于人为作用进入到环境中的有机污染物几乎涵盖了有机化合物的各种类型，要将这些污染物进行全面研究和控制是很难做到的，因此，要优先考虑和控制一些危害程度较大、影响范围较广、污染持续时间较长的污染物，即优先控制污染物。

1. 环境中有机污染物的来源

从我国公布的《国家危险废物名录》中可以看出，环境中有机污染物来源主要有以下几个方面。

多环芳烃：主要因煤、石油等不完全燃烧或热解产生。

石油：主要因开采和炼制产生的油泥、含油废水、储运过程中产生的沉积物、机械设备生产及运转过程中产生的废油等污染环境。

农药：主要由杀虫剂、杀菌剂、除草剂、灭鼠剂和植物生长调节剂的生产、经销、配制和使用过程中产生的污染。

木材防腐剂：其成分主要有酚类化合物、荧蒽、苯并芘等多环芳烃化合物。

多氯联苯类污染物：主要因含多氯联苯的电力设备（电容器、变压器）使用中倾倒的介质油、绝缘油、冷却油、传热油及拆装过程中的清洗液污染环境。

其他的还有爆炸性物质残留物、废弃乳化液、有机溶剂、染料和涂料等。

2. 持久性有机污染物（POPs）

在这些优先控制有机污染物中，目前最受关注的是持久性有机污染物的治理问题。持久性有机污染物是指持久存在于环境中，通过食物网积聚，并对人类健康及环境造成不利影响的化学物质。其基本特性是在环境中降解缓慢、滞留时间长，可在水体土壤和底泥等环境中存留数年时间。由于其具有很强的亲脂憎水性，可以沿食物链逐级放大，因此可以使大气、水、土壤中低浓度的物质通过食物链对处于最高营养级的人类健康造成严重损害。

于2004年11月14日正式对中国生效的《关于持久性有机污染物的斯德哥尔摩公约》规定，首批消除的12种持久性有机物是艾氏剂、狄氏剂、异狄氏剂、滴滴涕、七氯、氯丹、灭蚁灵、毒杀芬、六氯苯、多氯联苯、二恶英和呋喃。

处理有机污染物最常用的方法是将污染物从现场挖走，然后通过光降解或焚烧的方式加以去除。这些治理方法费用昂贵，对于大面积污染土壤难以实施，而且还可能破坏当地的生态资源。

二、有机污染物的微生物修复机理

有机污染物代谢的基本过程包括向基质接近，吸附在固体基质上，分泌胞外酶，可渗透物质的吸收（基质的跨膜运输）和细胞内代谢。

1. 向基质接近

微生物要降解某种基质就必须向基质接近，使微生物、胞外酶处于这种基质的可扩散范围之内，或使微生物处于细胞消化产物的扩散距离之内。因此，混合良好的液体环境（湖泊、河流、海洋）与基本不相混合的固体环境（土壤、沉积物）之间有很大差别，后者存在着运动扩散的障碍。在土壤中，相差几厘米就会有很大的差别。

某些细菌和其他微生物表现出朝向基质的趋向性。许多丝状真菌表现为朝向基质生长。例如，担子菌垂幕菇属（*Hypholoma*）和原毛平革菌属（*Phanerochaete*）能够"探查"环境，找到没有接种过的木块，然后在其上定殖。

2. 吸附在固体基质上

吸附作用是有机污染物代谢的保证。例如，在沥青降解菌的分离过程中发现，细菌和固体基质之间就有非常紧密的结合，沥青降解菌也只有靠这种吸附作用才能降解沥青。

3. 胞外酶的分泌

不溶性的多聚体，无论是天然的（如木质素）还是人工合成的（如塑料）都难降解。不能降解的原因之一是分子太大。微生物采取的方法就是分泌胞外酶将其水解成小分子量的可溶性产物。但是由于下面一些原因使胞外酶的活动不能起作用：胞外酶被吸附、胞外酶变性、胞外酶蛋白生物降解以及产物被与之竞争的生物所利用。

4. 基质的跨膜运输

细胞膜以四种方式控制着物质的运输，即被动扩散、促进扩散、主动运输、基位转移及吞噬作用和胞饮作用。

（1）被动扩散。被动扩散，也称单纯扩散，是微生物吸收营养物的各种方式中最为简单的一种。不规则运动的营养物质分子通过细胞膜中的含水小孔，由高浓度的胞外向低浓度的胞内扩散，尽管细胞膜上含水小孔的大小和性状对单纯扩散的营养物分子大小有一定的选择性，但这种扩散是非特异性的，物质在扩散运输的过程中既不与膜上的分子发生反应，本身的分子结构也没有任何变化。扩散的速度取决于细胞膜两边该物质的浓度差，浓度差大则速度大，浓度差小则速度小。当细胞膜内外的物质浓度相同时，该物质运输的速度降低到零，达到动态平衡。因为扩散不消耗能量，所以通过被动扩散运输的物质不能进行逆浓度梯度的运输。

细胞膜的存在是被动扩散的前提。膜主要由磷脂双分子层和蛋白质组成，并且膜上分布有膜孔。膜内外表面为极性表面，中间有一疏水层。因此影响扩散的因素有被吸收物质的相对分子质量、溶解性（脂溶性或水溶性）、极性、pH 值、离子强度与温度等。一般情况下，相对分子质量小，脂溶性、极性小和温度高时物质容易吸收，反之则不易吸收。

（2）促进扩散。与被动扩散类似，促进扩散在运输过程中不消耗能量，物质本身在分子结构上也不会发生变化，因此不能逆浓度梯度运输，运输速度取决于细胞膜两侧物质的浓度差。但促进扩散需要借助于细胞膜上的一种载体蛋白参与物质的运输，并且每种载体蛋白只运输相应的物质，这是该方式与被动扩散的重要区别。促进扩散的载体蛋白与被运输物质间存在一种亲和力，要求被运输物质有高度的立体结构专一性。并且这种亲和力在细胞膜的内外表面随物质浓度的不同而有所不同，在物质浓度高的细胞膜的一边亲和力大，在物质浓度低的细胞膜一边亲和力小。通过这种亲和力大小的变化，载体蛋白与被运输物质之间发生可逆的结合与分离，导致物质穿过细胞膜的运输过程。载体蛋白能够加快物质的运输，而其本身在此过程中又不发生变化，因而它类似于酶的作用特性，所以有人将此类载体蛋白称为透过酶。微生物细胞膜上通常存在各种不同的透过酶，这些酶大都是一些诱导酶，只有在环境中存在需要运输的物质时，运输这些物质的透过酶才合成。促进扩散方式多见于真核微生物中，如在厌氧的酵母菌中。某些物质的吸收和代谢产物的分泌是通过这种方式完成的。

（3）主动运输。微生物在生长过程中所需要的各种营养物质主要以主动运输的方式进入细胞内部。主动运输需要消耗能量，因而可以逆物质浓度梯度进行。它也需要载体蛋白的参与，因而对被运输的物质有高度的立体专一性。被运输物质与相应的载体蛋白之间存在着亲和力，并且这种亲和力在膜内外大小不同，在膜外表面亲和力大，在膜内表面亲和力小。因而通过亲和力大小的改变可使它们之间发生可逆的结合和分离，从而完成物质的运输。

在主动运输中，载体蛋白的构型变化需要能量。能量通过两条途径影响到污染物的运输。第一，直接效应，即通过能量的消耗，直接影响载体蛋白的构型变化，进而影响运输；第二，间接效应，即能量引起膜的激化过程，进而引起载体蛋白的构型变化。主动运输所消耗的能量因微生物的不同而有不同的来源，在好氧微生物中，能量来自呼吸能；在厌氧微生物中，能量来自化学能 ATP；而在光合微生物中，能量来自光能。这些能量的消耗都可以使胞内质子向胞外排出，从而建立细胞膜内外的质子浓度差，使膜处于激化状态，即在膜上储备了能量，然后在质子浓度差消失的过程中（即去激化）伴随物质的运输。

（4）基团转位。这也是一种既需要特异性载体蛋白又要耗能的运送方式，基质在运送前后的分子结构会发生变化，因此不同于主动运输。基团转位主要用于葡萄糖、果糖、甘露糖、核苷酸等物质的运输。目前的研究表明，基团转位主要存在于厌氧微生物对单糖、双糖及其衍生物，以及核苷酸和脂肪酸的运输。在好氧微生物中还未发现有这种方式。

（5）吞噬作用和胞饮作用。一些液体或固体颗粒物与细胞膜上某种蛋白质具有特殊亲和力，当其与细胞膜接触后，可改变这部分膜的表面张力，引起外凸或内凹，将异物包围进入细胞，这种转运方式称为胞饮作用或吞噬作用，吞噬和胞饮作用可合称为入胞作用或膜动转运。

假丝酵母摄取烷烃的途径是胞饮作用，其可能机制包括：第一，通过疏水表面突出物的作用把烷烃吸附到细胞表面，如多糖脂肪酸复合物；第二，烷烃通过孔和沟穿透坚硬的酵母菌细胞壁，而聚集在细胞质表面；第三，通过未修饰烷烃的胞饮作用把烷烃转移到细胞内的烷烃氧化部位，如内质网、微粒体及线粒体。用十六烷烃培养的解脂假丝酵母和十四烷烃培养的热带假丝酵母，可将烷烃储存于细胞质内烃类包含体中，这种烃类包含体是烷烃培养的微生物的典型特征。

5. 细胞内代谢

这一过程往往是通过好氧呼吸作用、厌氧呼吸作用或发酵等代谢作用来实现的。

三、影响有机污染生物修复的因素

（一）有机物结构对微生物修复的影响

有机物结构对污染物生物利用过程有着重要影响，其一般规律如下。

（1）增加一个取代基团就会使有机物难以矿化或完全不能矿化。这种取代基团称为异源基团，这种基团的生理作用特殊，或者完全没有生理作用。例如，—Cl、—NO$_2$、—SO$_3$H、—Br、—CN 或—CF$_3$ 等基团在单环芳烃、脂肪酸或其他容易利用的基质分子中会大大地增加该分子的抗性，使得大多数微生物不能降解它们。—CH$_3$、—NH$_2$、—OH 和—OCH$_3$ 有时也可以成为异源基团。但是，—OH、—COOH、酰胺、酯类或酰酐基团有时却可以促进该有机分子的降解。

（2）异源基团数目增加将使有机分子生物降解的难度增加。例如，异源基团增加到两个（相同或不相同）将会降低降解速度，增加驯化期；异源基团增加到三个（相同或不同）将会使分子更抗生物降解，好氧生物降解需要有更长的驯化期。—Cl、—NH$_2$、—NO$_2$、—OH或—CH$_3$ 等取代基团就属于此类。

（3）异源基团的位置会对生物降解产生显著影响。一些位置对生物降解性的影响不大，但另外一些位置会急剧地降低微生物降解率。由于不同的环境有不同的微生物区系，取代基团位置对生物降解性的影响在不同的地点可以是不相同的。表 2-1 中的数据表明在某个位置上的取代基团在这个环境中可以加速降解，但在另一个环境中可以抑制降解。因此取代基团的位置效应取决于微生物群体的特异性和环境条件。

表 2-1　　　　　　　　　　　　　取代基团的位置对生物降解性的影响

化合物	取代基	生物降解性影响		环境	化合物	取代基	生物降解性影响		环境
		加速	减慢				加速	减慢	
苯酚	Cl	非间位	间位	土壤悬浮液	苯酚	甲基	2—	4—	土壤
	Cl	非间位	间位	土壤	苯酚	甲基	4—	3—，2—	土壤
	Cl	2，3—	4—	废水	苯氧基烷酸	Cl	4—	3—	土壤
	Cl	2—	4—	土壤		Cl	4—	2—	土壤
	Cl	2—	4—	污泥	脂肪酸	苯氧基	ω—	α—	土壤
苯甲酸	Cl	3—	2，4—	废水	苯酰胺	Cl	3，6—	2，6—	土壤
	Cl	3，4—	2，4—	污水	二苯甲烷	Cl	2，4—	2，5—	污泥
脂肪酸	卤素	ω—	α—，β—	污水					

（4）甲基分支对生物降解产生显著影响。高支链的烷基苯碳酸盐（ABSs）是一种持久性有机物。ABSs 的结构是在苯环上的不同位置接一个磺酸盐以及一个带分支烷基侧链，烷基侧链上的分支会降低其生物降解性。其代表结构是末端有季碳分子，倒数第二个碳上连接两个甲基会增加其抗生物降解性。由于使用这种洗涤剂会造成严重污染，故现在使用的洗涤剂不含较多的分支，也没有季碳原子，所以容易生物降解。

带季碳原子的 ABSs 的结构为：

脂肪烃、脂肪酸、脂肪醇等化合物带有甲基分支后均不容易被生物降解。例如，在土壤中的石油，不带分支的烷烃比带几个或多个分支的烷烃容易降解。

（5）多环芳烃中含有稠环越多，生物降解越难。一般来说，三环的蒽、菲、苊烯以及四环的芘在好氧条件下比较容易降解。而其他四环和五环的 PAHs 则比较难降解。

除上述因素外，生物修复地地质特征也会影响微生物修复的效果。一般情况下，当土壤为颗粒状或者具有相对较高的渗透性和均一多孔结构时，原位降解速率会有所提高。多岩石的、低渗透、复杂的矿物质和多水分或干旱的情况是不利于生物修复的。

（二）具有高效降解能力的微生物

寻找高效降解微生物一直是近年来生物修复的重点和难点，几乎每一种有机物都能找到相关的降解微生物。目前已发现并加以利用的具有硝基芳香烃降解能力的微生物就有 20 多种，从土壤中分离出来的可降解石油烃类的微生物有十多种。

（三）微生物的活性

影响微生物活性的因素来自于内外两个方面。内在因素是微生物对于污染物的适应性，解决的方法是对受污染环境中的土著微生物加以培养以缩短适应期。外在因素是环境因素，包括酸度、营养、含水率和氧气含量等多个方面。酸度和营养可通过加入石灰和添加营养物质解决。增加氧气含量可通过耕作强迫充氧，或加入过氧化氢、固体氧化剂等解决。

四、有机污染物微生物修复的应用

有机污染物微生物修复广泛应用于固体废弃物、大气、土壤、水体中。其中，由于在水体中的流动性导致其危害面更广。我国早在 20 世纪 80 年代就开始研究与应用微生物有机污染物的修复，迄今为止，微生物修复的应用技术已经发展成熟，但是它还有很大的发展空间，因而得到各方面的广泛重视。

（一）石油污染的微生物修复

目前环境中烃类化合物污染的主要来源是石油污染，石油开采、运输、加工、使用过程均可对环境造成污染；油轮失事、油田漏油、喷井等使大面积海域或土地受严重的污染。海洋表面的石油经扩散、挥发、乳化、沉淀后，部分可能受紫外线作用而发生光分解，但速度很慢。20 世纪 80 年代以前，治理石油烃污染还仅限于物理和化学方法，如对于土壤石油烃污染采取热处理和化学浸出法。热处理法通过焚烧或煅烧，可净化土壤中大部分有机污染物，但同时亦破坏土壤结构和组分，且价格昂贵很难实施。化学浸出和水洗也可以获得较好的除油效果，但所用的化学试剂的二次污染问题限制了其应用。对于海洋石油污染，则是通过建立油障、投加吸附材料（如椰子壳、稻草）、使用化学分散剂、燃烧及高压水枪冲洗等物理和化学方法来治理。

自 20 世纪 90 年代以来，生物修复技术在石油污染治理方面逐渐成为核心技术，并成为当今石油污染去除的主要途径。微生物修复石油污染主要有两种形式，一是加入具有高效降解能力的菌株；二是改变环境，促进微生物代谢能力。目前主要有以下三种方法。

1. 接种石油降解菌

石油降解微生物广泛分布于自然界。微生物可在 1～2 周内形成细菌群落，2～3 月内石油被分解消失。石油降解微生物目前已知有 100 余属，200 多种，分属于细菌、放线菌、霉菌、酵母和藻类。

石油降解微生物分为以下几种。

（1）细菌：假单胞菌属（G⁻）、黄杆菌属、棒杆菌属、无色杆菌属、不动杆菌属、小球菌属、弧菌属、蓝细菌等。

（2）放线菌：诺卡氏菌属和分枝杆菌属，但对烃类降解不彻底，有中间产物积累。

（3）真菌：有枝孢霉、曲霉、青霉等属的菌株；酵母有假丝酵母属（*Candida*）、红酵母属、球拟酵母属中的菌。

一般的石油化学物质按以下方式被生物降解：

$$石油产品＋微生物＋O_2＋营养元素 \longrightarrow CO_2＋H_2O＋副产品＋微生物生物量$$

通过生物改良的超级细菌能够高效地去除石油污染物，被认为是一种很有发展前途的海洋修复技术。但有时接种石油降解菌效果并不明显，这是因为海洋中存在的土著微生物常常会影响接种微生物的活动。

2. 使用分散剂

分散剂即表面活性剂，可以增加石油与海水中微生物的接触面积，增加细菌对石油的利用性。但并不是所有的表面活性剂均有促进作用，许多表面活性剂由于其毒性和持久性会造成环境污染，特别是沿岸地区的环境污染。因此，在实际应用中经常利用微生物产生的表面活性剂来加速石油的降解。

3. 使用氮、磷营养盐

投入氮、磷营养盐是最简单有效的方法。在海洋出现溢油后，石油降解菌会大量繁殖，碳源充足，限制降解的是氧和营养盐的供应。使用的营养盐有以下三种。

（1）缓释肥料。要求有适合的释放速度，通过海潮可以将营养物质缓慢地释放出来，为石油降解菌的生长繁殖持续补充营养盐，提高石油降解速率。

（2）水溶性肥料。一些含氮、磷的水溶性盐，如硝酸铵、三聚磷酸盐等和海水混合溶解，可实现下层水体污染物的降解。

（3）亲油肥料。亲油肥料可使营养盐"溶解"到油中。在油相中螯合的营养盐可以促进细菌在表面的生长。

目前石油污染的生物修复主要通过改变环境因素，如加入营养盐-肥料或改变污染环境通气状况，以提高微生物的代谢能力，氧化降解污染物，或引入培养的降解菌株。但是许多因素会影响微生物对石油的降解，主要的因素如下。

（1）油的物理状态。石油降解菌主要生长与作用在油-水界面。水体中油能散开成薄膜，微生物利用的表面积大，而在土壤中比较难降解。

（2）温度。在 $0\sim70℃$ 环境中可分离石油降解菌，一般来说，环境中烃类降解与温度成正相关。

（3）营养物质。大量实践证明，在众多漏油事件中，N 与 P 的含量常严重地限制了微生物对石油的降解。施入氮和磷常可促进石油降解，适宜的比例为 $C:N:P=100:10:1$。

（4）氧气，石油中各个组分完全矿化为二氧化碳和水需要一定的氧。石油在厌氧条件下降解比有氧时要低几个数量级。

（5）共代谢作用及抑减效应。

（6）水分。石油烃在土壤中的降解与土壤中的水分含量有一定的关系，土壤过分干燥或者在冰冻条件下土壤中无液态水，石油难以降解。

（7）酸碱度和盐度。

案例一：

1989 年美国埃克森公司"瓦尔德斯号"油轮在阿拉斯加州威廉王子湾搁浅，并向附近海域泄漏了近 3.7 万 t 原油，这起美国历史上最严重的海洋污染事件使阿拉斯加州沿岸几百千米长的海岸线遭到严重污染，并导致当地的鲑鱼和鲱鱼资源近于灭绝，几十家企业破产或濒于倒闭。

应急小组首先采取的措施是：用刮油器将水中的浮油收集起来，然后进行实地修复，即加入营养盐。营养盐的要求：其形式必须易于被微生物吸收，不受潮汐、风暴的影响，对土著微生物无毒。

选用亲油性肥料：EAP22™，其中氮源是含尿素的油酸，磷源是三磷酸酯。于 1989 年第一次向海域投加了氮磷营养，两周后表层海岸石油明显降除。又经过 1~2 周底层石油去除，泄漏事故 16 个月之后定量分析表明，60%~70% 的石油被降解。

案例二：

以色列在 1992 年开发了一种新方法，即利用一种需要接种非土著菌的肥料。这种肥料是一种专一性的聚合物，不被大多数细菌利用，因此这种肥料对土著微生物无用。由于能够攻击这种聚合物并利用其中肥料的烃降解菌已经被成功分离出来了，所以可以将这种菌和这种聚合物肥料一起加到污染物的海滩上，这种方法对接种的细菌是有利的，因为只有它们才可以直接利用这些营养。由于避免了肥料的养分竞争，对接种细菌的烃降解活动很有利，对生物修复很有效。

（二）生物制备床

制备床的底层通常铺上较厚的高密度聚乙烯或黏土层，以防止污染物迁移，并设置渗液收集系统及泄漏监测系统。然后在其上用沙子或清洁土壤作为塑料层或黏土层的防止机械损伤层，这一层一般要 0.6~1.2m。然后将经过前处理的污染土壤平铺在床上，根据处理目的投入添加剂、氮、磷、微量元素等，并调节土壤 pH 值，为土著微生物或接种后的特定降解微生物营造最佳生活环境。在修复过程中，应根据情况对处理土壤进行翻动。

Hutzler 等（1989）用这种方法对五氯酚污染土壤进行了修复。他们将 2mm 厚的高密度聚乙烯作为防渗层，在其上面铺上 15cm 厚的砂粒层，然后将前处理后的 $4000m^3$ 的污染土壤铺在制备床上，摊开，并加入些牛粪，整个设施用顶棚遮盖。4 个月后，污染土壤中的五氯酚由处理前的 100mg/kg 降到平均浓度为 5mg/kg，半衰期为 25d。

第四节　微生物对重金属污染的修复

许多重金属是生命必需的物质或元素，但是当它们在环境中的浓度超过了限度就成了毒物。重金属污染与有机物污染的不同点是重金属无法被降解，但微生物可通过对重金属的吸附、沉淀、络合、氧化或还原，使得重金属离子的活性或毒性降低，以减轻土壤重金属污染，从而达到生物修复的目的。重金属污染的微生物修复原理主要包括生物吸附和生物转化。

一、微生物对重金属离子的生物吸附

微生物吸附最早是由 Ruchhoft 在 1949 年提出的，他利用活性污泥去除水中的放射性元素 Pu，并认为 Pu 的去除是由于微生物的繁殖形成具有较大面积的凝胶网，而使微生物具有吸附能力。微生物吸附重金属的机制十分复杂，研究表明它们对重金属的作用可分为微生物吸着和微生物累积两个不同的生物化学阶段。第一阶段是重金属在细胞表面吸附，即微生物吸着阶段，主要是指重金属离子与生物体细胞壁表面的一些基团如—COOH、—OH、—NH$_2$、—SH、—PO$_4^{3-}$ 等通过络合、螯合、离子交换、静电吸附、共价吸附以及无机微沉淀等作用中的一种或几种相结合的过程。第二阶段是指微生物累积这一主动过程，它仅发生在活细胞内。

此外，微生物细胞体内含有某些特定蛋白如金属硫蛋白，对 Hg、Cd、Cu、Ag 等重金属有强烈的亲和性，可以将重金属离子吸附富集在细胞体内。保加利亚共和国中部地区某铀矿床附近的一些农业用地被一些放射性元素和重金属Cu、Zn、Cd 污染，修复过程中采用原地生物处理的方法：先将溶解的污染物转移到土壤深部土层中，然后把含有溶解性有机化合物和磷酸铵的水溶液，通过垂直的钻孔注入到深部土层中，以提高厌氧的硫酸盐还原菌的活性，同时使重金属污染物得以固定。

二、微生物对重金属的生物转化作用

微生物对重金属进行生物转化的主要作用机理包括微生物对重金属的生物氧化和还原、甲基化与去甲基化以及重金属的溶解和有机络合配位降解转化重金属，改变其毒性，从而形成某些微生物对重金属的解毒机制。细菌对汞的抗性归结于它所含的两种诱导酶：汞还原酶和有机汞裂解酶。其机制是通过汞还原酶将有机的 Hg^{2+} 化合物转化成低毒性挥发态。转化汞的微生物也可通过改变重金属的氧化还原状态，使重金属化合价发生变化，改变重金属的稳定性。微生物能氧化土壤中的多种重金属元素，某些自养细菌如硫-铁杆菌类，能氧化As、Cu、Mo 和 Fe 等。假单胞杆菌属能使 As、Fe 和 Mn 等发生生物氧化，降低这些重金属元素的活性。硫还原细菌可通过两种途径将硫酸盐还原成硫化物：一是在呼吸过程中硫酸盐作为电子受体被还原；二是在同化过程中利用硫酸盐合成氨基酸，如胱氨酸和蛋氨酸，再通过脱硫作用使 S^{2-} 分泌于体外，与重金属 Cd 形成沉淀，这一过程在重金属污染治理方面有重要的意义。另外，金属价态改变后，金属的络合能力也发生了变化，一些微生物的分泌物与金属离子发生了络合，这可能是微生物可降低重金属毒性的另一机理。

三、重金属污染微生物修复技术的研究与应用

重金属污染的微生物修复是利用微生物的生物活性对重金属的亲和吸附或将重金属转化为低毒产物，从而降低重金属的污染程度。目前应用微生物的高效降解、转化能力在治理重金属污染方面已经取得了良好效果，其治理过程分为高效生物降解能力和极端环境微生物的筛选、鉴定，污染物生物降解基因的分离、鉴定和特殊工程菌的构建及生物恢复的实际应用和工程化。

筛选重金属污染物高效降解菌株是重金属微生物修复技术研究的重要环节。根据微生物与污染物的作用机制，选择高效降解微生物的标准包括：对重金属有较高的耐性，对环境的适应性较强，对重金属的转化效率高、专一性强，不影响环境中原有的生物多样性。我国对生物修复高效降解微生物的筛选源于对农药高效降解微生物的研究，现已筛选出大量的可用于生物修复技术开发的微生物。由于大多数微生物对重金属的抗性系统主要由质粒上的基因编码，且抗性基因亦可在质粒与染色体间相互转移，所以许多研究工作开始采用质粒来提高细菌对重金属的累积作用，并取得了良好的应用效果。李福德（1997）利用复合功能菌处理电镀废水取得了很好的去除效果。该微生物法对废水组分、金属离子浓度以及 pH 的变化适

应性较强，处理后水中六价铬、总铬、锌、镍、镉等金属离子浓度均低于《污水综合排放标准》（GB 8978—1996）。目前，研究人员对土壤重金属的微生物修复进行了比较系统的研究，已经发现很多细菌具有对土壤重金属修复的特性，如硫铁杆菌类能够氧化 As（Ⅱ）、Cu（Ⅰ）、Mo（Ⅳ）等重金属，假单胞杆菌可使 As（Ⅲ）、Mn（Ⅱ）等发生氧化。杜立栋等（杜立栋，2008）从铅矿区土壤中分离筛选出一株青霉菌，对人工培养基中有效铅的最大去除率达 96.54%，而且富集效果比较稳定，可应用于铅矿区土壤生物修复。美国等发达国家已经开始应用工程菌来对受污染的土壤进行修复，但其应用推广较慢。

微生物修复是一种低能耗和环境友好的生物修复技术，与物理和化学方法相比既经济，又能彻底清除污染物。但就目前的研究现状来看，尚有不足之处，如见效慢，受理化及环境因子影响较大，前期研究较困难且费用昂贵，生物降解过程中产生的有毒代谢产物（如真菌产生的反式二醇）和安全等问题需要注意。实验室条件下成功的生物修复技术，并不一定在污染处理现场也能得到成功应用（Macdonald，1993）。同样，生物修复在一个处理现场的成功应用，也不表明它在另一个污染处理现场能得到成功。目前比较成熟的方法是将专性微生物与特异性植物联合的生物修复技术（Steven，2000）。植物-微生物联合修复技术，对于大范围的土壤污染修复工作可能更为实用与有效。

参 考 文 献

[2-1]　Taniguchi J，et al. Zine biosorption by a zine-resistant bacterium，brevibacterium sp. strain HZM-1 [J]. Applide Microbiology and Biotechnology，2000，54(4)：581.

[2-2]　Musarrat J，et al. Isolation and characterization of 2，4-Dichlorophenoxyacetic acid-catabolizing bacteria and their biodegradation efficiency in soil[J]. World Journal of Microbiology&Biotechnology，2000，16(5)：495

[2-3]　Murygina V，Arinbasarev M，Kalyuzhnyi S. Bioremediation of oil polluted aquatic systems and soils with novel preparation"Rhoder". Biodegradation，2000，11(6)：385-389.

[2-4]　Mishra S，Sarma PM，Lal B. Crude oil degradation efficiency of a recombinant acinetobacter baumannii strain and its survival in crude oil-contaminated soil[J]. Microbiology Letters，2004，235：323-331.

[2-5]　Spencer M S，Joseph J P，Brij L S. Persistence of 1，2-dibromoethane in soils：entrapment in intra-particle micropores[J]. Environmental Science &Technology，1987，21(12)：1201-1208.

[2-6]　Hulscher T E，Vrind B A，Van Noort P C，et al. Temperature effects on very slow desorption of native chlorobenzenes from sediment to water [J]. Environmental Toxicology and Chemistry，2004，23(7)：1634-1639.

[2-7]　Mark Brusseau，A. Lynn Wood，P. Suresh C. Influence of organic cosolvents on the sorption kinetics of hydrophobic organic chemicals[J]. Environmental Science &Technology，1991，25(5)：903-910.

[2-8]　Bailey G W，White J L. Review of adsorption and desorption of organic pesticides by soil colloids，with implications concerning pesticide bioactivity [J]. J Agric Food Chem，1964，12：324-332.

[2-9]　Makeyeva I. Effect of wetting and drying on the soil structure[J]. Soviet Soil Sci，1989，(21)：81-89.

[2-10]　Dou J F，Liu X，Hu Z F，et al. Anaerobic BTEX biodegradation linked to nitrate and sulfate reduction[J]. Journal of Hazardous Materials，2008，151：720-729.

[2-11]　Drzyzga O，Blotevogel K. Complete oxidation of benzoate and 4-hydroxy-benzoate by a new sulfate-reducing bacteria resembling Desulfo arculus[J]. Arch. Microbiol.，1993，159：109-133.

[2-12]　陈立，万力，张发旺，等. 土著微生物原位修复石油污染土壤试验研究[J]. 生态环境学报，2010，

19(7)：1686-1690.

[2-13]　Rike A G. In situ biodegradation of petroleum hydrocarbons in frozen arctic soils[J]. Cold Regions Science and Technology, 2003, 37(2)：97-101.

[2-14]　安淼，周琪，李晖. 土壤污染生物修复的影响因素[J]. 土壤与环境，2002，11(4)：397-400.

[2-15]　Chung N, Alexander M. Effect of soil properties on bioavailability and extractability of phenanthrene and atrazine sequestered in soil[J]. Chemosphere, 2002, 48：109-115.

[2-16]　Bruce Rittmann, Perry McCarty. Environmental biotechnology：principles and applications[M]. New York：McGraw-Hill Com Inc, 2001：695-730.

[2-17]　Cary T C, Ronald L M, Terry I B, et al. Water solubility enhancement of some organic pollutants and pesticides by dissolved humic and fulvic acids[J]. Environmental Science &.Technology, 1998, 20(5)：502 – 508.

[2-18]　Ellyn M M, John M Z, Steven C S. Influence of mineral-bound humic substances on the sorption of hydrophobic organic compounds[J]. Environmental Science &.Technology, 1990, 24(10)：1507-1516.

[2-19]　Conte P, Zena A, Pilidis G, et al. Increased retention of polycyclic aromatic hydrocarbons in soils induced by soil treatment with humic substances[J]. Environ Pollut, 2001, 112(1)：27-31.

[2-20]　Reid B J, Jones K C , Semple K T . Bioavailability of persistent organic pollutants in soils and sediments-a perspective on mechanisms, consequences and assessment[J]. Environmental Pollution, 2000, 108(1)：103-112.

[2-21]　Gerard Cornelissen, Paul C M, Harrie A J. Mechanism of slow desorption of organic compounds from sediments：a study using model sorbents[J]. Environmental Science &.Technology 1, 1998, 32 (20)：3124-3131.

[2-22]　Peter Grathwohl. Influence of organic matter from soils and sediments from various origins on the sorption of some chlorinated aliphatic hydrocarbons：implications on Koc correlations [J]. Environmental Science &.Technology, 1990, 24(11)：1687-1693.

[2-23]　Cary T C, Susan E M, Daniel E K. Partition characteristics of polycyclic aromatic hydrocarbons on soils and sediments[J]. Environmental Science &.Technology, 1998, 32(2)：264-269.

[2-24]　Ljerka U, Naghmana R. Irreversible sorption of nicosulfuron on clay minerals [J]. J Agricultural and Food Chemistry, 1995, 43(4)：855-857.

[2-25]　Theng B K G, Aislabie J, Fraser R. Bioavailability of phenanthrene intercalated into an Alkylammonium-montmorillonite clay[J]. Soil Biology &.Biochemistry, 2001, 33(6)：845-848.

[2-26]　Moo-Young M, Anderson W A , Chakrabarty A M. Environmental biotechnology：principles and applications[M]. New York：McGraw-Hill Com Inc, 2007：695-730.

[2-27]　Jih-Hsing C. Removal of selected nonionic organic compounds from soils by electrokinetic process[D] . Delaware：Delaware Univ, 2000：35-47.

[2-28]　Richard G L, George R A, Mark L B, et al. Sequestration of hydrophobic organic contaminants by geosorbents[J]. Environmental Science &.Technology, 1997, 31(12)：3341-3347.

[2-29]　何良菊，魏德洲，张维庆. 土壤微生物处理石油污染的研究. 环境科学进展，1999，7(3)：110-115.

[2-30]　麦有斌，尹华，叶锦韶，等. 生物表面活性剂及其在环境修复中的研究进展[J]. 环境污染治理技术与设备，2006，7(12)：6-8.

[2-31]　Alexander M. Biodegradation and bioremediation. San Drego：Academic Press. 1999.

[2-32]　Rogerson A, Berger J. J Gen Appl Microbiol. 1983, 29：41-50.

[2-33]　张群芳. 生物反应器填埋场中重金属固定和释放规律实验研究[J]. 清华大学学报(自然科学版)，

2007，47(9)：1466-1472.

[2-34] 李福德，李昕，吴乾菁，等．微生物法治理电镀废水新技术[J]．给水排水，1997，23(6)：25-29.

[2-35] 杜立栋，王有年，李奕松，等．微生物对土壤中铅富集作用的研究[J]．北京农学院学报，2008，23
        (1)：38-41.

[2-36] Jacqueline A M，Bruce E R. Performance Standards for Insitu Bioremediation[J]. Environ Sci Techn-
        ol，1993，27(10)：1974.

[2-37] Steven DS，Charles WG. Plant bacterial Combinations to Phytoremediate Soil Contaminatedwith high
        concentrations of 2，4，6-Trinitritoluene[J]. Environ Qual，2000，29(1)：311.

第三章

■■ 环境的植物修复原理 ■■

第一节 植物对有机污染物的修复

一、有机污染物的概述

近年来，有机污染物对人体健康和生态系统的危害越来越被人们所认识。环境有机污染物是指进入环境而且带来不良生物效应的有机化合物，《关于持久性有机污染物的斯德哥尔摩公约》（简称《斯德哥尔摩公约》）界定，可将其分为持久性有机污染物和其他有机污染物。其他有机污染物主要分为两大类：多环芳烃和表面活性剂。持久性有机污染物大多具有"三致"效应和遗传毒性，能干扰人体的神经系统及内分泌系统，在全球范围的各种环境介质以及人体和动植物组织中广泛存在，已经引起了各国政府、学术界、工业界和公众的广泛关注。2001 年 5 月，中国率先签署了《斯德哥尔摩公约》。这一公约是国际社会为保护人类免受持久性有机污染物危害而采取的共同行动，是继《蒙特利尔议定书》后第二个对发展中国家明确强制减排义务的环境公约，落实这一公约对人类社会的可持续发展具有重要意义。

1. 持久性有机污染物

持久性有机污染物（Persistent Organic Pollutants，POPs）指人类合成的能持久存在于环境中并通过生物链（网）累积、放大作用对人类健康造成有害影响的化学物质。它具有高毒性、持久性、生物积累性、亲脂憎水性，而位于生物链顶端的人类，则把这些毒性放大到 7 万倍。

（1）持久性有机污染物的种类和来源。《斯德哥尔摩公约》中提出了首批全球禁用的 POPs 包括 3 类 12 种物质，其中，杀虫剂有滴滴涕、氯丹、灭蚁灵、艾氏剂、狄氏剂、异狄氏剂、七氯、毒杀酚和六氯苯。多氯联苯（PCBs）用作电器设备，如变压器、电容器、充液高压电缆以及油漆和塑料中，是一种热交流介质，也是某些工业过程的副产品。生产中的副产品还包括二恶英（PCDDs）和呋喃（PC-DFs）。二恶英类物质的来源包括城市垃圾、医院废弃物、木材及废家具的焚烧，汽车尾气、有色金属生产、铸造和炼焦等工业。表 3-1 列举了 11 种持久性有机污染物的来源与用途。

表 3-1　　　　　　　　　　　　**11 种持久性有机污染物的来源**

名称	主要用途与来源
艾氏剂	有机氯农药。用于防治地下害虫和某些大田、饲料、蔬菜、果实作物害虫，是一种极为有效的触杀和胃毒剂
氯丹	有机氯农药。用于防治高粱、玉米、小麦、大豆及林业苗圃等地下害虫，是一种具有触杀、胃毒及熏蒸作用的广谱杀虫剂。同时因具有杀灭白蚁、火蚁的功效，也用于建筑基础防腐

名称	主要用途与来源
滴滴涕	有机氯农药。曾作为防治棉田后期害虫、果树和蔬菜害虫的农业杀虫剂，具有触杀、胃毒作用。目前用于防治蚊蝇传播疾病
狄氏剂	有机氯农药。用于喷洒棉花和谷物等大田作物叶片的特效杀虫剂
七氯	有机氯农药。用于防治地下害虫、棉花后期害虫和禾本科作物及牧草害虫，具有杀灭白蚁、火蚁、蝗虫的功效
灭蚁灵	有机氯农药。具有胃毒作用，广泛用于防治白蚁、火蚁等多种蚁
毒杀芬	有机氯农药。用于棉花、谷物、坚果、蔬菜、林木以及牲畜体外寄生虫的防治，具有触杀、胃毒作用
六氯苯	用于种子杀菌、防治麦类黑穗病和土壤消毒，以及有机合成。同时，是某些化工生产中的中间体或副产品
多氯联苯	一组 209 种异构体的化学品，用于电力电容器、变压器、胶黏剂、墨汁、油墨、催化剂载体、绝缘电线等，同时也用于天然及合成橡胶的增塑剂，使胶料具有自黏性和互黏性
二恶英	一组有 75 种异构体的化学品。在制造氯酚过程中的副产品和一些杀虫剂、除草剂农药中含有二恶英。在固体废物焚烧、汽车排气、煤炭和木材燃烧时也产生二恶英。氯碱和钢铁工业排气与废渣中也含有二恶英
呋喃	一组有 135 种异构体的化学品，其产生过程同二恶英

（2）持久性有机污染物的特性。

1）蓄积性。就是它能够长期地在环境里存留，持久性有机污染物一般都含有氯原子，而在有机碳的化合物结构里加上氯原子，则这个化合物的稳定性就要增加很多。所以，它对整个生态系统和人体健康的威胁长期存在。

2）收放性。它的特点是通过食物链可以逐级放大，也就是说即使它在自然环境中浓度很低，甚至监测不出来的时候，仍可以通过大气、水、土壤进入植物或者低等的生物，然后随营养级递增逐级放大，营养级越高蓄积越高，最后对位于食物链顶端的我们造成很大的影响。

3）流动性大。即可以通过风和水流传播到很远的距离。POPs 一般是半挥发性物质，在室温下就能挥发进入大气层。因此，它们能从水体或土壤中以蒸气形式进入大气环境或者附在大气中的颗粒物上（余刚等，2001）。由于其具有持久性，所以能在大气环境中远距离迁移而不会全部被降解，但半挥发性使得它们不会永久停留在大气层中，它们会在一定条件下沉降下来，然后又在某些条件下挥发。这样的挥发和沉降重复多次就可以使 POPs 分散到地球上各个地方。因为这种性质的 POPs 容易从比较暖和的地方迁移到比较冷的地方（徐科峰等，2003），故像北极圈这种远离污染源的地方也发现了 POPs 污染。

4）高毒性。POPs 物质在低浓度时也会对生物体造成伤害。二恶英类物质中最毒者的毒性相当于氰化钾的 1000 倍以上，号称世界上最毒的化合物之一。

（3）持久性有机污染物的危害。POPs 物质一旦通过各种途径进入生物体后，就会在生物体内的脂肪、胚胎和肝脏等器官中积累下来，累积到一定程度就会对生物体造成伤害。POPs 能够破坏人体的内分泌，影响生殖与发育，导致男性雌性化和女性雄性化、肝损害、免疫力下降等。已经证实，POPs 中的生物学毒性具体表现在以下几个方面。

1) 对内分泌系统的影响。通过体外实验发现，有多种物质都是潜在的内分泌干扰物，如某些能够模拟雌激素功能与雌激素受体结合后发挥类雌激素作用，有些能发挥雄激素作用，有些则能与芳香烃受体结合引发一系列的生理化学效应。这些内分泌干扰物与相关受体结合后又不易解离、不易被分解排出，因而会长期扰乱内分泌系统的正常功能。此外，男性精子数量的减少，生殖系统的功能紊乱和畸形，睾丸癌及女性乳腺癌的发病率都与长期暴露于低水平的 POPs 中有关。实验表明，POPs 能够减轻性器官的质量，抑制精子的产生，使男性雌性化、少女初潮提前等（周启星、宋玉芳，2001）。

2) 对免疫系统的毒性效应。POPs 对生物免疫系统的影响包括抑制免疫系统正常反应的发生，影响巨噬细胞的活性，降低生物体对病毒的抵抗能力等。研究人员通过测试发现，海豹食用了被 PCBs 污染的鱼会导致维生素 A 和甲状腺激素的缺乏，而这两种物质的缺乏使它们更容易感染细菌。POPs 对人的免疫系统也有重要影响。由"全球蒸馏效应"可知（Wania F，Msckay，1993），POPs 易于迁移到高纬度地区沉降下来，生活在极地地区的因纽特人，由于经常食用鱼、鲸和海豹等海洋生物的肉，而这些肉中的 POPs 通过生物放大和生物积累已达到很高的浓度，所以因纽特人的脂肪组织中存有大量的有机氯农药、PCBs 和 PCDDs。通过对加拿大因纽特人的婴儿的研究发现，母乳喂养婴儿的健康 T 细胞和受感染 T 细胞的比率和母乳喂养的时间及母乳中有机氯的含量有关（张燕平、邱树毅，2009）。

3) 对生殖和发育的影响。生物体内富集的 POPs 可通过胎盘和哺乳影响胚胎发育，导致畸形、死胎、发育迟缓等现象。暴露在高浓度 POPs 中的鸟类的产卵率会降低，进而使得其种群数目不断减少，甚至灭绝。POPs 对鸡的毒性试验表明：PCBs 可诱发鸡胚的死亡和不同程度的水肿，使种蛋的死亡率明显升高。POPs 同样会影响人类的生长发育，尤其会影响到孩子的智力发育。对 150 个怀孕期间食用了受有机氯污染的鱼的女性进行跟踪随访，发现她们的孩子与一般孩子相比，出生时体重较轻、脑袋小；在 7 个月时，认知能力较一般孩子差；4 岁时，读写和记忆能力也较差。

(4) POPs 全球归趋机制探讨。

1) 全球蒸馏（Global Distillation）。最早提出这个概念的是 Goldberg（Wania F，Msckay D，1993），他用这个概念来解释 DDT 通过大气传播从陆地迁移到海洋的现象。从全球来看，由于温度的差异，地球就像一个蒸馏装置，在低、中纬度地区，由于温度相对高，具有半挥发性的 POPs 挥发速率大于沉积速率，使得它们不断进入到大气中，并随着大气运动不断迁移；当温度较低时，沉积速率大于挥发速率，POPs 最终在较冷的极地地区积累下来。这就表明，无论在什么地方使用或释放 POPs，两极地区都将成为全球 POPs 的汇集处（佘亮亮等，2008）。

2) 蚱蜢效应（Grasshopper effect）。Wania 认为化合物的物理化学特性以及一些与冷暖有关的环境因素对 POPs "全球分配"的影响可能比 POPs 的排放地和传播途径更重要，尤其是 POPs 在向高纬度迁移的过程中会有一系列相对短的跳跃过程。因为在中纬度地区季节变化明显，在温度较高的夏季 POPs 易于挥发和迁移，而在温度较低的冬季，POPs 又易于沉降下来，总体表现出跳跃式跃迁。

3）POPs 全球归趋的其他影响因素。POPs 全球归趋的其他影响因素有大气的稀释作用，能把 POPs 从释放源带到"清洁"地区；物理去除作用，通过物理作用将 POPs 从一相转移到另一相；化学反应，POPs 在大气中光解，与氢氧根离子等强氧化剂反应，加快降解速率；在水、土壤、食物链中也能发生一定程度的生物降解、光解等，这部分 POPs 不参与全球循环；此外，还有一些对空气-界面交换过程的制约因素（佘亮亮等，2008）。

2. 多环芳烃和表面活性剂

（1）多环芳烃的来源及转化。多环芳烃（PAH）是指两个以上苯环连在一起的化合物。它是一大类广泛存在于环境中的有机污染物，也是最早被发现和研究的化学致癌物质，如联苯、联三苯等。

1）多芳环烃的来源与分布。

①天然来源：在人类出现以前，自然界就已存在多环芳烃。它们来源于陆地和水生植物、微生物的生物合成。森林、草原的天然火灾，以及火山活动，构成了 PAH 的天然本底值。

②人为来源：多环芳烃的污染源很多，它主要由各种矿物燃料（如煤、石油、天然气等）、木材、纸以及其他含碳氢化合物的不完全燃烧或在还原气氛下的热解形成。

2）多环芳烃在环境中的迁移、转化。由于 PAH 主要来源于各种矿物燃料及其他有机物的不完全燃烧和热解过程。这些高温过程（包括天然的燃烧、火山爆发）形成的 PAH 大多随着烟尘、废气被排放到大气中。因此，大气中 PAH 的分布，滞留时间，迁移，转化，进行干、湿降解等都受其粒径大小、大气物理和气象条件的支配。

（2）表面活性剂来源及危害。

1）表面活性剂的类型。表面活性剂能显著改变液体的表面张力或两相间界面的张力，具有良好的乳化或破乳，润湿、渗透或反润湿，分散或凝聚，起泡、稳泡和增加溶解力等作用。

表面活性剂按亲水基团结构和类型可以分为四种：阴离子表面活性剂、阳离子表面活性剂、两性表面活性剂和非离子表面活性剂。

2）表面活性剂的来源。表面活性剂被广泛用于纤维、造纸、塑料、日用化工、医药、金属加工、选矿、石油、煤炭等各行各业，而仅合成洗涤剂一项，年产量已超过 130×10^4 t。它主要随各种废水进入水体，是造成水污染最普遍、最大量的污染物之一。由于它含有很强的亲水基团，不仅本身亲水，也可使其他不溶于水的物质分散于水体，并可长期分散于水中而随水流迁移。只有当它与水体悬浮物结合凝聚时才沉入水底。

3）表面活性剂对环境的污染效应。表面活性剂是洗涤剂的主要原料。特别是早期使用最多的烷基苯磺酸钠（ABS），由于它在水环境中难降解，造成地表水的严重污染，因此使水的感观状况受到影响，使水体富营养化、废水处理困难等。

洗涤剂对油性物质有很强的溶解能力，能使鱼的味觉器官遭受到破坏，使鱼类丧失避开有毒物和觅食的能力。据有关部门报道，水中洗涤剂的质量浓度超过 10mg/L 时，鱼类就难以生存了。

二、植物对有机污染物修复的原理和方法

植物修复是利用植物及其根际圈微生物体系的吸收、挥发、转化、降解的作用机制来清除环境中污染物的一项新兴的污染环境治理技术。广义的植物修复包括利用植物净化空气

（如室内空气污染和城市烟雾控制等），利用植物及其根际圈微生物体系净化污水（如污水的湿地处理系统等）和治理污染土壤（包括重金属及有机污染物等）。狭义的植物修复主要指利用植物及其根际圈微生物体系清洁污染土壤，包括无机污染土壤和有机污染土壤（周启星等，2004）。

植物修复有机污染物的方法主要有以下三种。

（1）植物吸收或植物挥发。即先将有机物吸收到植物体内，再将其降解，有的还能将其挥发到大气中。植物叶与污染物的相互作用过程、吸收机制和根不同，可分别通过气孔或表皮角质层进行。研究表明，对于疏水性极高的有机污染物（如苯并芘、杀虫剂和尿素衍生物等），更多的是通过角质层渗透。

植物叶片对污染物的吸收能力与叶片的年龄和毛状体的量有关。通常，幼叶吸收外源污染物的能力比成熟的叶片强；毛状体的量越大，对污染物的吸收量也越大。植物通过根和叶片吸收外源有机污染物的能力与污染物的化学性质（如疏水性、分子量和解离度等）和渗透条件（如温度、pH 值和外源物的浓度等）因素有关。

（2）植物降解。即植物叶片或根系统能分泌被吸收的外源污染物。一般有两种分泌路径：①通过根，而后再通过叶片；②经过叶片吸收，而后通过根分泌排泄。例如，酚类污染物就是通过叶片吸收，然后经过根分泌排泄的。而植物从土壤溶液中吸收可挥发的羟基卤素，是通过叶片将其排入大气的。由此可见，植物叶片或根系统对外源污染物的排泄是高等植物脱毒过程的基本特征。

（3）根际圈降解。植物根际圈的生物降解作用可细分为以下三个过程。

1）生物好氧代谢过程。研究表明，在一些植物根际圈内，由于提供了一个利于好氧微生物生长和繁殖的供氧环境，微生物数量显著提高。根际圈内特殊的微生物数量和种群结构多样化对加速外来污染物降解十分有利。不过，有研究指出，单一专性好氧菌对芳烃类、苯磺酸类等污染物的降解作用并不明显。但是，若将这些单一的好氧菌与根际圈内其他微生物群落混合，组成共栖关系，即可显著增加对这些难降解污染物的矿化，防止有机污染物中间体的生成与积累（周启星，宋玉芳，2001）。

2）生物厌氧代谢过程。植物可以忍受短时间的厌氧条件，一些厌氧菌对环境中的持久性污染物如 PCBs、DDT、PCE（五氯乙烯）的去除能力较强。实验指出，一些有机污染物（苯和其相关污染物）在厌氧条件下可完全矿化为 CO_2。

3）腐殖化作用过程。土壤的腐殖化作用也是一种有效的污染物脱毒方法。一些研究者以 PAHs 为试验品，利用同位素标记法进行植物对腐殖化作用影响实验，结果表明，腐殖化作用影响了 PAHs 在土壤-植物系统中的归宿。另外，由于根际圈微生物的作用，根际圈内的腐殖化作用速度加快，将污染物固定其中，减少了污染物的暴露，从而减轻了有害物质对植物的潜在毒性。

（一）土壤中有机污染物的植物修复

我国是耕地资源极其匮乏的国家，近年来由于我国的土壤污染日趋严重，耕地面积不断减少，土壤问题已成为限制农业可持续发展的重大障碍。当土壤中含有害物质过多，超过土壤的自净能力时，就会引起土壤的组成、结构和功能发生变化，使微生物活动受到抑制，有害物质或其分解产物在土壤中逐渐积累，通过"土壤→植物→人体"或通过"土壤→水→人体"间接被人体吸收，从而危害人体健康。因此采取有效措施防治土壤污染并积极修复受污染土壤，具有十分重要的意义。

1. 植物修复有机污染土壤的机理

植物修复是减轻土壤有机污染的有效途径之一，也是比较安全可靠的方法。土壤有机污染物的植物修复是利用植物在生长过程中吸收、降解、钝化有机污染物的一种原位处理污染土壤的方法。

植物主要通过以下三种机制降解土壤有机污染物。

①植物从土壤中直接吸收并代谢分解有机污染物。进入植物体内的一部分有机污染物会通过植物蒸腾作用挥发到大气中，但大多数的有机污染物在植物的生长代谢活动中会发生不同程度的转化或降解，而转化成对植物无害的物质，储存在植物组织中，其中只有较少的一部分被完全降解、矿化成 CO_2 和 H_2O。

②植物本身产生的酶可催化降解有机污染物。植物的茎和根本身具有一定的生理活性，而且这些活性是可以被诱导的。当植物所生存的土壤中存在有机污染物时，植物根系就会释放酶和分泌物去直接降解有机污染物。

③根际有机污染物的生物降解。根际是指受植物根系活动影响而产生的根土界面的一个微区，也是植物-土壤-微生物与其所处的环境相互作用的场所。植物的根系分泌物中含有的糖类、有机酸、氨基酸等物质为微生物的生命活动提供了能量，使微生物大量聚集在根际区域，从而有利于根际有机污染物的降解。

2. 土壤中多环芳烃的植物修复

有关资料表明，目前关注的有机污染物主要有多氯联苯（PCBs）、多环芳烃（PAHs）。其中，多环芳烃（PAHs）在环境中的分布及其对人体健康潜在的威胁已引起世界各国的高度重视。由于 PAHs 在水中溶解度很小，因此会强烈地分配到非水相中，吸附于颗粒物上，因此沉积物和土壤是 PAHs 的主要环境归宿（孙娟等，2005）。

植物对土壤中多环芳烃的修复，主要是植物根际的微生物群落和根系相互作用，提供了复杂的动态的微环境，从而去除 PAHs 污染物的毒性。已有的实验室和温室研究表明，具有发达根系（根须）的植物能够促进根际菌群对 PAHs 污染物的吸附、降解。赵爱芬等（2000）较为详细地介绍了根际微生物与植物的相互作用，即植物根系分泌的酶促进 PAHs 降解为植物可吸收的小分子有机物的过程。另外，Pradhan 等研究了原煤气生产厂污染土壤的植物修复技术，用 3 种植物进行 6 个月的实验室研究，发现使用苜蓿和柳枝稷处理，6 个月后土壤中总多环芳烃浓度减少了 57%，然后再用苜蓿可进一步减少 PAH 总量的 15%（王庆仁等，2001）。

（二）植物对水体有机污染物的清除与修复

1. 水生植物对有毒有机污染物的清除

水生植物是生理上依附于水环境，至少部分生殖周期发生在水中或水表面的植物类群。水生植物大致可以分为挺水植物、沉水植物、浮叶植物和漂浮植物四类。应用水生植物净化污水的方式主要有氧化塘和人工组成的特殊水生生态系统，该系统通过水生植物群落的阻滤、沉降和吸附等物理作用以及植物体的吸收和积累等作用达到对污水净化的效果。

植物的存在有利于有机污染物的降解。水生植物可以吸收和富集某些小分子有机污染物，更多的是通过促进物质的沉淀和促进微生物的分解作用来净化水体。例如，萘是比较受关注的有机毒性物质。在一次试验中，将污染物萘加入培养浮萍、紫萍、水葫芦、水花生和细叶满江红这 5 种水生植物的培养液中，这五种水生植物均受到萘的伤害，其伤害程度随萘浓度的增加而加深，但其中水葫芦受害最轻，所以对萘污染的净化，水葫芦可作为首选对象。而浮萍对萘的敏感性最大，可利用它做萘对水生植物的毒性检测。另外一些重金属元素，如铬、铜和铝等金属的存在也不同程度影响了浮萍对 COD 的去除效率。

2．杨树对三氯乙烯污染的修复作用

（1）三氯乙烯（TCE）对水体的污染及危害。三氯乙烯是工业上广泛使用的化学物质，其引起的地下水污染是一个长期以来普遍存在的环境问题。三氯乙烯的溶脂性好，常作为工业上广泛使用的有机溶剂，用作油脂、树胶、蜡、黏合剂及萃取剂，如用于金属表面油污的去除，特别是对金属、电子元件的清洗，植物与矿物油的提取，药物的制备。由于三氯乙烯几乎不溶于水，生物分解性很低，故在水体中相对稳定。因此，三氯乙烯液体渗入地下水中将长期积存，对水体环境危害很大。

三氯乙烯的危害：三氯乙烯加热分解时会释放有毒氯化物，可经呼吸道侵入机体，也可经消化道和皮肤被人体吸收。三氯乙烯中毒会引起以神经系统改变为主的全身性疾病，除了神经系统受损外，心、肝、肾等脏器也会受到破坏。有动物实验和人口流行病学研究表明，三氯乙烯可能导致肾癌、癌症的转移，神经功能和自身免疫功能的削弱，会对人体健康造成很大的危害。目前，被三氯乙烯污染的水体的净化，主要通过物理和生物的方法，包括活性炭吸附、膜分离技术、高级氧化和生物降解法等。但是由于三氯乙烯几乎不溶于水，且在水体中相对稳定，因此，这些传统的清除方法的效果都不是很好，且这些方法净化三氯乙烯时间长、耗资大。近年来，美国等国的科学家提出的植物修复技术对吸收地下水污染中的三氯乙烯、净化三氯乙烯污染，具有十分重要的意义。

（2）杨树对三氯乙烯污染的修复。杨树是我们生活中常见的树种。植物对地下水 TCE 污染的修复主要是通过水力来控制污染物的扩散。植物类似于水泵，当它们的根伸到地下水面并生长茂密时，其根系能够吸收大量的地下水。由于地表的污水被植物消耗掉了，就阻止了污染物向下转移的趋势。历来的研究表明，利用白杨属植物修复 TCE 污染的地下水是很有效果的。选择白杨属植物修复 TCE 污染的地下水是因为其具有以下优点：在全世界大约有白杨 25 种，这就使杂交灵活多变，生长快，蒸发水分快，而且白杨不能被动物食用而进入食物链；树枝可用于造纸或其他生物能源；龄期长，不需经常砍伐；被砍后很容易生长（可直接从砍后留下的树桩上继续生长）。同时，杨树是深根树种，根系能够深入到地下水，吸收被污染的地下水及阻滞污染的地下水流向下游。

杨树修复三氯乙烯的原理如下。

1）杨树体内酶对三氯乙烯的降解和矿化作用。研究表明，三氯乙烯在杨树植物体内，经过酶的作用，氧化成各种代谢产物，最终矿化作用使三氯乙烯转化为 CO_2。有研究认为，三氯乙烯在杨树体内的代谢过程与哺乳动物体内的代谢过程相似，因为三氯乙烯在杨树和哺乳动物体内会产生相似的代谢产物。另外，Cunning ham 等（1996）发现三氯乙烯在哺乳动物体内代谢作用的酶，在杨树体内也存在。经过前人的试验得知，三氯乙烯在杨树体内的代谢，是由于乙烯降解酶的作用。乙烯降解酶可以经过氧化途径，使三氯乙烯转化为 CO_2。不同树种的体内所含的乙烯降解酶数量不同。研究表明，杂交杨树能够产生较多的乙烯降解酶，因此有利于三氯乙烯的降解（陈翠柏等，2003）。

2）根际促进三氯乙烯的降解与矿化。植物根际能够给微生物提供良好的生长和繁殖环境。研究发现，一些生长在三氯乙烯污染土壤上的植物，其根际微生物能够促进降解。除了细菌外，真菌也能代谢含卤素的有机物。Davis 等（1996）发现微生物在有氧和厌氧条件下，均能分解三氯乙烯。通气条件下是通过氧化酶的作用降解三氯乙烯，降解的产物主要有二氯乙酸、三氯乙酸、三氯乙醇和最终的二氧化碳。Newman 等（1997）还发现在杨树细胞中，还存在残留（3％ ～ 4％）的三氯乙烯，认为是非生物因素固定在植物细胞壁内的，其机理有待于进一步研究（Newman，Strand，1997）。

目前，用于修复三氯乙烯污染的杨树品种主要是杂交杨，是利用三角叶杨和美洲黑杨杂交产生的，其叶面积大，是父母本的 4 倍，蒸腾量也大。有研究表明，杨树能够引起地下水位降低，降低的幅度主要取决于阳光、树种、树龄、气候、土壤等因素。因此，在利用树木修复有机污染时，要考虑林分合理的密度。

（三）大气有机污染的植物净化

大气污染是人类面临的严重环境问题之一。植物除了可以监测大气的化学污染外，在近地表大气污染物的清除中也起着重要作用。利用植物净化大气有机污染是一种经济、有效、非破坏型的环境污染修复方式。大气污染的植物修复是一种以太阳能为动力，利用植物的同化或超同化功能净化污染大气的绿色植物技术。植物净化污染大气的思路及其技术对城市园林绿化、环境规划和生态环境建设等具有直接的指导意义和应用价值。

1. 大气有机污染的植物净化机理

植物净化大气有机污染的主要过程是持留和去除。持留过程涉及植物截获、吸附和滞留等，去除过程包括植物吸收、降解、转化、同化和超同化等。

（1）植物持留与吸收作用。植物对污染物的持留主要发生在地上部分。持留是一种物理过程，它与植物表面的结构如叶片形态、粗糙程度和表面分泌物等有关。植物可以有效地阻滞空气中的油粒、雾滴等悬浮物。研究表明，植物是从大气中清除多环芳烃（PAHs）等亲脂性有机污染物的最主要途径，其吸附过程是清除的第一步（陶雪琴等，2007）。植物也可以通过气孔和角质层吸收大气中的多种物质，包括汽车尾气、挥发性的有机物（VOCs）等，并经植物维管束系统运输和存留。

由于光照条件可以显著地影响植物生理活动，尤其是控制叶片气孔的开闭，因而对植物吸收污染物有较大的影响。而挥发或半挥发性有机污染物的吸收量与污染物本身的理化性质有关，如污染物分子量、溶解性、蒸气压和辛醇-水分配系数等。

（2）植物降解作用。植物降解是指植物通过代谢或自身的酶类物质来分解植物体内吸收的外来污染物的过程。Sandermann 认为植物含有一系列代谢异生素的专性同工酶及相应的基因。参与植物代谢异生素的酶主要包括：细胞色素 P450、过氧化物酶、加氧酶、羧酸酯酶等。而能直接降解有机污染物的酶类主要为脱卤酶、硝基还原酶、过氧化物酶、漆酶和腈水解酶等（骆永明等，2002）。

（3）植物转化作用。植物转化是指利用植物的生长过程将污染物由一种复杂形态转化为另一种简单形态的过程。如何强化植物解毒和如何防止植物增毒是利用植物转化修复大气污染的关键。通常，植物不能将有机污染物彻底降解为 CO_2 和 H_2O，而是经过一定的转化后隔离在植物细胞的液泡中或与不溶性细胞结构如木质素相结合。因此，植物转化是植物保护自身不受污染物影响的重要生理反应过程（陶雪琴等，2007）。

（4）植物同化和超同化作用。植物同化是指植物对含有植物营养元素的污染物的吸收，并同化到自身物质组成中，促进植物体自身生长的现象。其中，最为常见同时也最重要的是植物通过光合作用对大气中 CO_2 的吸收和同化。超同化植物可将含有植物所需营养元素的大气污染物如空气中的挥发性碳氢化合物，作为营养物质源高效吸收与同化，同时促进自身生长。

2. 大气有机污染的植物净化

大气中有机污染物的主要来源有石油化工工业废气、汽车尾气、垃圾焚烧烟气及装修材料有机溶剂或助剂等。随着人类活动强度的增加，大气有机污染日趋严重。已有实验证明，植物表面可以吸附亲脂性的有机污染物如 PAHs，其吸附效率取决于污染物的辛醇-水分配系数。Trapp 等认为，大气中约 44% 的 PAHs 可被植物吸收，从大气中去除。他们还认为，植物在春季和秋季吸收能力较强，主要吸收较高分子量的 PAHs。虽然植物不能完全降解被吸收的 PAHs，但植物的吸收有效地降低了空气中的 PAHs 浓度，加速了从环境中清除PAHs 的过程（陶雪琴等，2007）。

3. 大气有机污染植物净化的前景

实际上，植物对大气污染的净化作用很早就被注意到并得到应用。例如，在公路边种植植物以减轻汽车尾气造成的污染，在化工厂附近种植大量植物来减轻污染并美化环境等。然而，系统地研究大气污染的植物净化还是一项新兴课题，其发展潜力巨大，应用前景明显。

大气污染是一个复杂的、并涉及多方面的环境问题。植物能否有效地清除大气污染物和净化大气环境，受到诸多因素的影响和限制。这些因素除了来自植物和污染物本身外，还来自气候和土壤等方面。虽然这些限制因素对大气污染的植物净化提出了挑战，但是与此同时也给这种生物修复技术的研究与发展带来了机遇。例如，在办公室和新装修的房屋里，应当摆放一些对苯、甲醛等挥发性有毒有机物有较强吸收能力的植物。然而，无论是近地表大气污染植物净化的理论本身，还是其应用性的研究都处于刚刚起步阶段，还有许多问题有待进一步研究探讨，迫切需要运用生物学、化学、土壤科学、环境科学、农学等多学科的知识交叉、综合地开展研究（陶雪琴等，2007）。

第二节　植物对重金属污染物的修复

一、重金属的环境污染

重金属是密度大于 $5 \times 10^3 kg/m^3$ 的金属，包括合成的金属在内。目前认定的 109 种元素中，有 72 种是重金属元素。在各类环境事件中，最受关注的是 Cd、Hg、As、Ni、Pb、Cr、Cu、Zn 等重金属元素。

1. 土壤环境中的重金属污染现状

目前，全世界平均每年排放 Hg 约 1.5 万 t、Cu 约 340 万 t、Pb 约 500 万 t、Mn 约1500 万 t、Ni 约 100 万 t。

中国受污染的耕地有 1.5 亿亩[1]，污水灌溉污染耕地 3250 亩，固体废弃物堆占地 200 万亩（蒋彦鑫，2007）。

---

[1] 1 亩=666.7m²，余同。

在 2009 年的中国食品安全高层论坛报告会上，有数据显示，我国 1/6 的耕地受到重金属污染，有至少 2000 万 hm^2 的土壤受到重金属的污染（田凤兰，2011）。

据国土资源部资料显示，我国平均每年有将近 1200 万 t 粮食遭受到重金属污染，造成的直接经济损失超过 200 亿元。据我国农业部调查数据，在全国约 140 万 hm^2 的污灌区中，受重金属污染的土地面积占污灌区面积的 64.8%，其中轻度污染为 46.7%，中度污染为 9.7%，严重污染为 8.4%（王秀敏，2012）。

华南部分城市 50% 的耕地遭受镉、砷、汞等有毒重金属污染；长三角地区有些城市大片农田受多种重金属污染，10% 的土壤基本丧失生产力（荣蓉，2010）。

据国家环境保护总局牵头的调查显示，珠三角、长三角、环渤海这些经济先发展起来的地区，有大量生产印刷线路板的企业不能稳定达标排放，给当地土壤及附近水域造成严重的重金属污染。其中，珠三角 40% 农田金属污染超标，致使粮食减产，经济损失不断增大。

2. 水环境中的重金属污染现状

据统计，目前我国每年排污水达 600 亿 t。这些污水 80% 以上未经处理直接排入江河、湖泊和水库，城市水域受污染率高达 90% 以上，地下水 50% 受到严重污染（周明威，2012）。近些年，此起彼伏的污染事故更是让这已经脆弱不堪的水体又增加了几分毒性。

我国大部分城市都存在着水体的重金属污染问题。大量未经处理的城市垃圾、被污染的土壤、生活污水、工业废水以及大气沉降物持续不断地排入水中，使水体沉积物和悬浮物中的重金属含量急速升高。对我国各大湖泊进行大量调查的数据分析结果表明，近几年各种重金属污染的这种上升趋势已经开始严重影响到水体的质量。

湖南吉首市湖泊由于生活污水和工业废水的排放，水体中的大肠菌群已严重超标，重金属含量也超过国家标准。

广东省涟水河水体中沉积物及悬浮物中铅、锌、镉含量居高不下，这是因为铅锌矿区的矿尾砂和矿区废水的排放，使水体中的重金属物质浓度升高，从而给下游地区的居民饮水问题造成隐患。

国家环保部有调查显示，我国江河湖库底质的污染率高达 80.1%，对于水体来说，已属于很严峻的重金属污染问题。

2003 年，黄河、松花江、淮河和辽河等十大流域水体中重金属的污染程度均为超 V 类；2004 年太湖底泥中总铜、总铅、总镉含量均处于轻度污染水平。城市河流中 35.11% 的河段出现总汞超过地表水 III 类水体标准的情况，25% 的河段有总铅的超标样本出现，18.46% 的河段总镉超过 III 类水体标准（李彬，2011）。

调查显示，由长江、珠江、黄河等河流携带入海的重金属污染物总量约为 3.4 万 t，对海洋水体的污染危害巨大。全国近岸海域海水采样品中铅的超标率达 62.9%，最大值超 I 类海水标准 49 倍。铜的超标率为 25.9%，汞和镉的含量也有超标现象（沈振国、陈怀满，2000）。

3. 大气环境中的重金属污染现状

大气重金属污染是困扰世界各城市发展的严重环境污染。随着近年来经济的快速增长，加之能源结构不合理和汽车尾气排放急剧增长（含有 Pb 元素的汽油燃烧成为主要污染），Pb 作为主要危害物使市区大气中重金属含量急剧上升，严重制约了城市的环境质量和城市经济的可持续发展。

北京的大气 TSP 中锌含量在 2001～2006 年的平均浓度是 996ng/m^3，2004 年冬天 PM2.5 中锌的平均含量高达 880ng/m^3。

广州市区和郊区大气 TSP 中锌的浓度，分别为 1190ng/m^3、899ng/m^3；2007 年 1 月 15 日上海大气 PM2.5 中锌的含量竟然高达 4790ng/m^3（葡萄牙 Oporto 城市大气气溶胶中锌浓度为 564ng/m^3）。

北京 TSP 在 2001～2006 年铜的平均含量高达 146ng/m^3。同样 2004 年广州 TSP 中铜的含量也有 82ng/m^3。上海地区大气 PM2.5 中铜含量达 50ng/m^3（日本东京为 30ng/m^3，越南大气只有 12ng/m^3）。

4. 重金属污染的危害

重金属污染指由重金属或其化合物造成的环境污染。主要由采矿、废气排放、污水灌溉和使用重金属制品等人为因素所致。因人类活动导致环境中的重金属含量增加，超出正常范围，从而导致环境质量恶化。

重金属污染不像大气污染和水污染等可以看到或者闻到，它既可以直接进入大气、水体和土壤，造成各类环境要素的直接污染；也可以在大气、水体和土壤中相互迁移，造成间接污染。由于重金属不能被生物降解，在环境中只能发生各种形态之间的相互转化，所以重金属的消除非常困难，而且重金属污染有一定的潜伏时间，它会慢慢累积，然后突然爆发，造成无可挽回的损失。

进入大气、水体和土壤环境的重金属，可以通过各种方式被动物吸收，包括呼吸道、消化道和皮肤等吸收途径。当这些重金属在动物体内积累到一定程度时，即会对动物的生长发育、生理生化机能产生直接影响，直至引起动物的死亡。然而，随着动物种类、重金属性质和环境条件的不同，影响和危害的程度也不同。

铜具有抗生育作用；钒以及它的化合物对生育也有一定的毒性影响，尤其是它会造成男性的性腺毒性从而影响男性的生殖能力；铅可以通过生育以及母乳传播，而且它对生殖器官的功能有极大危害。所以，铜、铅、铬等重金属是造成人类生殖障碍的重要因素之一。

过量重金属（Pb、Hg 等）也会影响胚胎发育，导致怀孕期间母体的流产、死胎、出生缺陷等异常妊娠。

长期的环境铅暴露可导致铅在人体组织中沉积，特别是在骨骼、牙齿、肾脏和大脑中的积累。儿童处于大脑发育时期，其血脑屏障不如成人健全，容易导致铅通过此渠道进入大脑，作用于中枢神经系统的不同部位，造成中枢神经系统功能障碍，导致儿童空间能力下降、运动失调、多动、冲动、注意力下降、暴力倾向增加、智力下降，严重影响儿童的成长发育。

环境中 Pb、Mn、Cu、Hg、Cd 等重金属污染对成年人的健康会产生巨大的损害，这些污染物低剂量就能使人体的新陈代谢紊乱，诱发疾病，甚至死亡。有研究表明：Mn 污染可引起肺炎和其他疾病；Pb 对成人神经系统、消化系统和心血管系统都有损害，中枢神经系统比其他系统更容易遭受铅的毒害；Cu 过剩可使血红蛋白变性，从而影响机体的正常代谢，还可能导致心血管疾病；Cd 中毒会使肾功能受到损害，使肾小管对低分子蛋白的重吸收功能发生紊乱，糖、蛋白质代谢紊乱，引起尿蛋白症、糖尿病；Cd 进入呼吸道可引起肺炎、肺气肿，作用于消化系统则引起肠胃炎，Cd 中毒者往往伴有贫血，骨骼中 Cd 积累过多会引起骨骼软化、变形、断裂、萎缩，Cd 中毒也可能导致癌症。

二、植物对土壤中重金属污染物的修复

1. 土壤中重金属污染物的主要来源

土壤中的重金属污染物无论是来自大自然的污染还是来自人类的污染，只要是对人类生活造成严重影响的污染，就可以称为人为污染。

天然生成的重金属污染主要是矿物金属，如金属矿四周的土壤中的重金属含量往往严重超标，而且许多这类土壤或者富含这种矿物金属的岩石，即使深埋到 200～300m 或被上百米厚的土壤覆盖，仍然会成为地面生态系统中某些重金属污染的深部来源。同时，火山喷发出的火山灰中也含有大量重金属降尘，这也是土壤中重金属主要的自然污染源之一。

人为污染源则是多途径的。①大气中重金属降尘。工业生产、汽车尾气排放及汽车轮胎磨损产生的大量含重金属的有害气体和粉尘，进入大气并经降尘后，重金属将通过自然沉降和雨淋沉降进入土壤（如含铅汽油）。②农药和化肥的使用。不合理地施用化肥和施用含有汞、镉、铅等的农药，都会导致土壤中重金属超标。③污水灌溉。使用经过一定处理的城市污水来灌溉农田、森林和草地会严重污染土壤。因为包含生活污水、工业废水和商业污水的城市污水中，含有许多重金属离子，使用这种污水灌溉土壤，会造成土壤重金属物质超标甚至会将重金属富集到农作物体内，进而危害人类的健康。④含重金属的固体废弃物堆积。位于城市的垃圾堆放场周围的土壤通常会受到来自垃圾的重金属污染。污染物一般以堆放场为中心向四周扩散。

2. 植物对土壤中几种重金属的吸收

（1）植物对 Pb 的去除作用。铅污染的来源主要有 4 个方面：①蓄电池制造工厂、金属冶炼厂、印刷厂等工业工厂产生的废固和废水对土壤的污染；②含铅汽油以及轮胎摩擦产生的固体颗粒随着自然沉降和雨淋进入土壤，造成污染；③含铅农药及化肥的使用；④城市周围的垃圾填埋场四周的土壤均受到铅污染的危害，因为我们日常使用的印刷品、化妆品、电脑、电线、铅食品、牙膏中均含有不等量的铅，所以产生的城市垃圾中也含有大量的重金属铅，从而导致对土壤的污染。

利用植物的提取作用，可以将铅从土壤中去除。经研究发现，印度芥菜可在根部积累大量的铅，但只有极少部分运输到地上部。铅容易与土壤中的有机质和铁锰氧化物等形成共价键，并且不易被植物吸收。因此，目前已报道的铅超积累植物并不多，主要是在铅锌矿区发现的。

（2）植物对砷的去除作用。造成土壤污染的高浓度 As 主要来源于大气，大气中的重金属含量变化对土壤中砷含量有显著影响。在我国贵州省一些地区，煤中砷含量高达 100～9000mg/kg（Belkin et al.，1997）。煤的燃烧会向大气中排放大量的砷，煤炭中砷含量 2～82mg/kg，但褐煤中可高达 1500mg/kg，一方面它们是露天堆放的，这会直接释放一部分到大气中；另一方面，在使用中产生砷污染，如火电厂燃煤产生的飞灰和灰渣中含有大量的砷，特别是粒径较小的飞灰（Beretka J，Nelson P，1994）。

砷化物曾经或正在被广泛用于农业中作为杀虫剂、消毒液、杀菌剂和除草剂；其他一些化肥中也包含一定量的砷。砷化物可作为一些工业生产中的添加剂、脱毛剂、防腐剂、脱色剂，在生产过程中砷主要以废水形式向环境中释放，亚砷酸钠曾被用来作为动物皮毛加工的杀虫剂，使用后的废弃液排放到土地上，会造成砷对土壤的严重污染。

陈同斌（韦朝阳等，2002）等在中国境内找到砷的超富集植物——凤尾蕨属的蜈蚣草。

经野外调查表明，蜈蚣草对砷具有很强的富集作用。正是由于蜈蚣草对砷的强富集作用，故可从受砷污染土壤中提取砷。蜈蚣草的毛状体对砷具有特殊的富集能力，羽片中的胞液是砷的主要储存部位。羽片是指复叶，尤其是蕨类的叶片在分成 2 枚以上的小叶片时，第一次分裂的叶片称为羽片。在蕨类植物中，即使不作羽状分裂也使用这个术语。当叶片作二次、三次分裂时，包括其裂口的整个轮廓都可看作羽片的形状。在此情况下，其最后一级的裂片就称为小羽片。

在羽片中的砷有 78% 分布在胞液中，羽片胞液聚集的砷占整个植株总积累砷量的 61%。在对镍和锌的超富集植物研究中发现，大部分重金属是分布在液泡中的，所以蜈蚣草胞液组分中储存的砷也是大量被隔离在液泡中的。所以胞液对砷具有明显的区隔化作用，砷毒因此被"密封"在蜈蚣草体内的安全部位，不会影响植物整体的生长发育。

除了蜈蚣草，还有大叶井口边草，大叶井口边草地上部的平均含砷量为 418mg/kg（干重，下同），最大含砷量可达 694mg/kg；地下部（根）的平均含砷量为 293mg/kg，最大含砷量可达 552mg/kg，地上部含砷量均大于土壤含砷量，且随土壤含砷量的增加而增加，其生物富集系数为 1.3~4.8（高粱，1992）。

我们可以通过利用种植砷超富集植物来提取受砷污染土壤中的砷，并通过收割其地上部进行处置来净化土壤。

（3）植物对镉的去除作用。20 世纪初发现镉以来，镉被广泛应用于电镀工业、化工业、电子业和核工业等领域，需求量也越来越大，相当数量的镉通过废气、废水、废渣排入环境，造成污染。土壤中镉超标，一方面会对植物造成毒害并使经济作物减产，另一方面也会被植物吸收并富集在籽实内，进入食物链。镉一旦通过各种方式进入人体，就会在人体内蓄积起来，其生物学半衰期长达 10~30 年。随着工农业生产中大量镉的使用，农业生产过程中污灌、施肥等行为的加剧，受污染环境中的镉含量也逐年上升，据统计，每年在世界范围内进入土壤的镉总量为 2.2 万 t（王松良、郑金贵，2004）。土壤中镉的来源主要是自然过程、采矿、冶炼、污灌、施肥、大气沉降等，其中自然过程主要指岩石风化和火山活动等地质和环境地球化学过程。

镉的超积累植物近年来也陆续被发现。王松良等研究了芸苔属蔬菜对镉的富集特性，并发现这类植物对修复土壤镉污染有一定的潜力；刘威发现宝山堇菜可以富集镉，在自然条件下，其地上部镉平均含量为 1168mg/kg（刘威等，2003）；王激清通过水培与土培实验筛选出了芥菜型油菜川油 II-10 为理想的高积累镉油菜（王激清，2003）；熊愈辉通过大量实验研究发现矿山型东南景天是一种镉超积累植物（熊愈辉，2005）（邬建中、黄爱珠，1996）。

目前，使用植物修复镉污染的土壤已经被越来越多的研究人员所认同，这种方法也得到了广泛的社会认可。因为其是一个自然降解的过程，故所产生的负效应较小。

三、植物对水环境中重金属污染物的修复

1. 水体重金属污染的主要来源

近年来，各种工业（如采矿、冶炼、电镀等）废水和固体废弃物的渗出液直接排入水体，致使水体含有较多的重金属。随着城市化进程的加快和工农业的迅猛发展，我国绝大多数城市都不同程度地存在着的水质问题，大量未经处理的城市垃圾、被污染的土壤、工业废水和生活污水以及大气沉降物不断排入水中，使水体悬浮物和沉积物中的重金属含量急剧升高。对我国各大湖泊的调查结果表明，近年各种重金属污染呈上升趋势，并已经开始影响水体的质量。广东省涑水河水体由于铅锌矿区的矿尾砂和矿区废水的排放，沉积物及悬浮物中铅、锌、镉含量较高，导致下游地区的污染隐患（戴树桂，1996）。

2. 水体中重金属的迁移转化过程

重金属污染物进入水中，主要通过沉淀溶解、氧化还原、配合络合、胶体形成、吸附解析等一系列化学作用迁移转化，参与和干扰各种环境化学过程和物质循环，最终以一种或多种形态长期存留在环境中，造成永久性的潜在危害（黄岁梁等，1995）。

吸附解析是重金属在水体中迁移转化的十分重要的过程。影响吸附的因素主要有水体泥沙含量和粒度、温度和水相离子初始含量以及 pH 值等。吸附量的影响是一条下凹上升逐渐平缓的曲线，吸附容量随泥沙含量增加而增加，因泥沙吸附量达到饱和而逐渐平缓，并随初始污染物含量增大而增大（高效江、戎秋涛，1997）。pH 值是至关重要的因素，多价阳离子易于被吸附于固体表面上，重金属离子的吸附量往往在一个狭窄的 pH 值范围内发生迅速变化，吸附率随 pH 值的增大而增大，快速增长的 pH 值范围一般在 3.0～5.0 之间，此区段出现最大吸附值（叶裕中，1990）。影响解析的因素主要有泥沙含量、颗粒粒径和沉积物厚度以及有机质、pH 值、水相温度等。重金属在底泥和上覆水交换过程中，水相的 pH 值对底泥中重金属的解吸溶出有显著影响。当水相 pH 值降低时，吸附速率减小，解吸速率增加，而水相的温度升高，两相间的交换时间延长，会促进底泥中重金属的解吸溶出（魏俊峰等，2003）。不同区内重金属释放率不同：在酸性区，沉积物中的重金属释放率随 pH 值的升高而迅速降低，转折点 pH 值一般在 4～5；在碱性区，其释放率随 pH 值的升高而略有升高；在中性区，释放率一般很低。

3. 植物对水环境中几种重金属的吸收

（1）植物对铜的去除，铜的主要污染来源是铜锌矿的开采和冶炼、金属加工、机械制造、钢铁生产等。冶炼排放的烟尘是大气铜污染的主要来源。电镀工业和金属加工排放的废水中含铜量较高，每升废水达几十至几百毫克。含铜废水灌溉农田，使铜在土壤和农作物中累积，会造成农作物尤其是水稻和大麦生长不良，污染粮食籽粒。铜对水生生物的毒性很大，在海岸和港湾曾发生铜污染引起牡蛎肉变绿的事件。

铜对于植物是有双面性的，它既具营养，又具有毒性。过量的铜会阻碍植物对其他元素的吸收，在植物的根部，铜聚集得最多，这会造成植物根部铜过量。胡朝华的研究表明，凤眼莲对铜具有一定的富集作用；与沉水植物相比，浮叶植物对铜的富集效果比较好（胡朝华，2007）。颜素珠等（1990）研究了 8 种水生植物对铜污染的净化作用，结果表明 8 种受试植物净化能力的顺序为：喜旱莲子草＞水龙＞大藻＞黑藻＞刺苦草＞密齿苦草＞心叶水车前＞水车前。净化能力与抗性大小基本保持一致。研究表明，香蒲、水鳖、芦苇、中华慈姑、空心莲子草、浮萍、莲藕、茭白在重金属铜、铅、镉、锌和锰含量很高的水环境中长势良好并对其有较为显著的吸收能力，可作为重金属复合污染水体的修复植物（黄永杰等，2006）。王艳华（2004）发现，金鱼藻和水盾草对水体中的铜离子具有一定的生物富集作用。但金鱼藻对铜离子的耐性很低，不适合作为铜浓度高的水体的生物修复植物，而水盾草的耐性较高，适合应用于含铜水体的生物修复。

（2）植物对锌的去除。锌不溶于水，但是锌盐如氯化锌、硫酸锌、硝酸锌等，则易溶于水。碳酸锌和氧化锌不溶于水。全世界每年通过河流输入海洋的锌约为 393 万 t。由采矿场、选矿厂、合金厂、冶金联合企业、机器制造厂、镀锌厂、仪器仪表厂、有机合成工厂和造纸厂等排放的工业废水中，含有大量锌化合物。用含锌污水灌溉农田对农作物特别是小麦生长的影响较大，会造成小麦出苗不齐、分蘖少、植株矮小、叶片萎黄。锌对鱼类和水生动物的毒性比对人和温血动物大很多倍。

徐德福等（2009）观察到挺水植物中灯心草和菖蒲对锌的抗性能力较强，而茭白和美人蕉则较弱。李玥（2007）认为三种漂浮植物中菱角对锌最敏感、水葫芦其次、浮萍最不敏感但对锌的富集量最大。常见沉水植物对锌的富集能力顺序依次为：菹草＞黑藻＞狐尾藻＞苦草＞黄丝草（陈国梁、林清，2009）。王忠全等（2005）表明，对锌的耐性：美人蕉＞水浮莲＞油菜＞蕹草＞水葫芦＞水花生。

灯心草抗锌毒害的能力比较强，灯心草对重金属锌的抗性能力与其根表上铁氧化物胶膜有关。许多水生植物的根系，都具有向根际环境释放氧气和氧化物，形成铁、锰氧化物胶膜的能力。铁锰氧化物胶膜以不规则的多孔性氧化物覆于根表，其主要成分是 Fe 和 Si，也包括少量的 Al 和 Mn，而 P 以非磷酸铁的形式沉积于根表。

铁氧化物胶膜可以作为一种物理障碍层阻碍锌进入根中，降低根中锌的含量，从而减少锌的毒害。根表铁氧化物胶膜含量越高的植物，对重金属锌的抗性越强。

（3）放射性重金属的植物修复。水体中放射性重金属的来源非常广泛，如铀、钍等矿山的开采，核电站的事故泄露，以及核武器的试验与使用等。放射性重金属进入水体环境后，可通过接触或食物链等途径进入人体。放射性重金属不断衰变放出射线，使人的组织器官失去正常的生理机能或造成组织损伤，甚至癌变。许多放射性重金属的半衰期很长，在环境中长期存在，给人们清除这些重金属造成了困难。

水生植物在解决半衰期很长的放射性废物锝的环境归宿中起重要作用。水生植物显示对锝的强的积累和滞留，即使是已死亡植物也如此。向日葵可以用来去除废水中的铀污染物，效果显著。浮水植物中浮萍、凤眼莲、卡州萍用来富集 U、^{60}Co、^{137}Cs 等效果显著。挺水植物的根系粗壮，还有许多发达的不定根，其中芦苇、喜旱莲子草可以富集水中的 ^{226}Ra、^{40}K、U 等。

同时，水生植物可以通过根际过滤从污水中吸收、累积和沉淀放射性金属，可以应用根际过滤去除水体中的放射性核素，种类主要有 U、Pu、Sr、Cs、Ra、I 等。

四、植物对大气环境中重金属污染物的修复

大气污染的植物修复过程可以是直接的，也可以是间接的，或者两者同时存在。植物对大气污染的直接修复是植物通过其地上部分的叶片气孔及茎叶表面对大气污染物的滞留、吸收与同化的过程。在很大程度上，吸附是一种物理性过程。其与植物表面的结构如叶片形态、粗糙程度、叶片着生角度和表面的分泌物有关。植物可以有效地吸附空气中的浮尘、雾滴等悬浮物及其吸附着的污染物。

间接修复则是指通过植物根系或其与根际微生物的协同作用清除干湿沉降进入土壤或水体中的大气污染物的过程。在大气污染的植物修复技术中，直接修复应用得比较多。

1. 大气重金属污染源

大气重金属污染是困扰世界城市发展的严重环境污染之一。其污染主要来自煤炭燃烧、工业生产、汽车尾气和汽车轮胎磨损产生的大量含重金属的有害气体和粉尘等。

2. 大气重金属的迁移与转化

大气重金属物质主要借助风力作用进行迁移。干湿沉降作用使得重金属物质进入土壤和

水体中，并且通过食物链的传递与富集作用危害人类健康。不同粒径的大气颗粒物中重金属的形态分布不同，在环境中的交换迁移性较大，可通过化学反应彼此转化。重金属的化学形态在一定的环境条件下，可发生转化。吕玄文等（2005）的研究表明，大气颗粒物经过酸雨浸泡后，铜的可交换态含量迅速增加，而碳酸盐结合态、残渣态的含量由于向可交换态转变而减少；在湖水浸泡条件下，铜的铁锰氧化物结合态含量大幅增加，有机结合态含量也有明显增加，残渣态的含量大幅减少。这说明在氧化或还原条件下，重金属的化学形态可发生相互转化，同时其对环境的危害性也发生了相应的改变。

3. 植物对大气中几种重金属的吸收

（1）植物对大气中铅的富集。环境空气中铅及其化合物主要是无机颗粒物，也有以有机气体形式存在的。美国资料表明，空气中铅的最大排放源是用以含铅化合物为添加剂的汽油作为动力的机动车辆所排放的尾气，占铅的总排放量的88%，其次约8%的铅来自含铅固体废物的焚烧和废油的分解，还有约4%的铅来源于工业生产，如含铅矿石的开采、熔炼，铅的二次熔炼，以及含铅化合物及物品的精炼和加工（徐斌，1997）。

随着工业、交通的迅速发展，铅在环境空气中的含量有不断增加的趋势。我国城市环境空气中的铅，其主要污染源也是汽车所排放的尾气。城市机动车尤其是小轿车的增加，导致汽油特别是高标号汽油消耗量的增加，从而增大了铅的排放量。这是因为炼油设备不能满足高标号汽油的需求，往往通过向汽油中加入一定量四乙基铅来提高汽油标号，从而增加了含铅汽油的消耗，加剧了城市环境空气中的铅污染。另外，少量工业、民用燃煤产生的废气也增加了空气中的铅污染。

对不同大气污染区域的绿化植物叶片中铅的含量分析发现，不同植物的叶片对铅的富集能力存在显著差异。常绿鳞状叶片的裸子植物（园柏、侧柏）的叶片中铅的含量明显高于常绿阔叶的被子植物，园柏和侧柏的叶片中铅的富积量之所以明显高于其他植物，可能是因为：①叶片为细小鳞片状，表面被有较厚的蜡质和松脂等脂类物质，对大气中含铅的飘尘和粉尘具有很强的吸附能力；②常绿植物叶片的龄级大于落叶植物；③基因和生理水平的差异。

（2）植物对大气中汞的富集。大体上说来，汞主要通过自然和人为因素的排放而进入大气，人为排放的约占3/4，其中燃煤释放的汞占全球人为排放总量的60%（黄永健，2000）。

抗汞污染的植物有刺槐、槐、毛白杨、垂柳、桂香柳、文冠果、小叶女贞、连翘、丁香、紫藤、木槿、欧洲绣球、榆叶梅、山楂、接骨木、金银花、大叶黄杨、小叶黄杨、海州常山、美国凌霄、常春藤、地锦、五叶地锦、含羞草等。

五、植物重金属修复的发展趋势及应用前景

针对植物修复方法存在的对植物种类的特殊要求的问题，可以充分利用我国植物品种繁多的有利条件，发挥植物资源丰富的优势，寻找和培育新的超积累植物。不同的植物，其根的分泌物不同，根际微生物的种群和数量也不同。构建高效降解特定污染物的微生物，诱导根际微生物去修复或降解特定的重金属污染物，将会使植物修复技术得到更广泛的应用。如果能充分发挥根分泌物在植物-微生物协同修复土壤污染物中的作用，摸清根分泌物对根际微生物的进化选择，以及植物根际微生物的群落特征，则会为土壤污染的植物修复技术开辟一条新的途径。

近年来，国内外的一些相关报道还提出了利用转基因的方法，将自然界中超累积植物的

耐重金属、超累积基因移植到生物量大、生长速率快的植物中去，构建能够同时超量积累多种重金属污染的植物种群，以克服天然超累积植物的缺点，改善超积累植物的生物学性状，提高植物对重金属的富集能力或超积累植物的生长速度和生物量，从而提高植物修复的效率。另外，将重金属超积累植物与新型改良剂相结合，也会极大地推进植物修复技术的应用进程，具有广阔的研究前景。

用植物修复技术来治理大气污染，尤其是近地表大气混合污染是近年来国际上正在加强研究和迅速发展的前沿性新课题。在德国，已利用植物净化室内空气中的尼古丁与甲醛等成分。而中国在这一方面的研究才刚刚起步，现有的报道也仅是综述性的文章，关于植物从大气中吸收污染物的机理认识还很有限，还没有真正开展实质性的实验研究。只有鲁敏等通过熏气实验研究了28种园林植物对硫、氟、氯的净化能力。目前的实验更多的是在筛选对大气污染有较强的抵抗能力并且对污染物有较强的吸收净化能力的植物，以期通过这些实验找出对大气污染有一定修复功能的种类。

综上所述，虽然利用植物修复技术对环境中重金属进行治理存在着一些不足，但就其发展前景来看，与其他修复技术相比费用较低、收效显著，特别适合发展中国家采用，具有较高的研究和实用价值。随着各方面的深入研究和实践，它必将得到更加广泛的推广和应用，为环境保护和治理工作带来更加广泛的应用前景。

参 考 文 献

[3-1] 余刚，黄俊，张俊义．持久有机污染物：备受关注的全球性环境问题[J]．环境保护，2001，(4)：372-391.

[3-2] 徐科峰，李忠，何莼，等．持久性有机污染物(POPs)对人类健康的危害及其治理技术进展[J]．四川环境，2003，22(4)：29-33.

[3-3] 周启星，宋玉芳．植物修复的技术内涵及展望[J]．安全与环境学报，2001，1(3)：45-47.

[3-4] 张燕平，邱树毅．持久性有机污染物(POPs)及其生态毒性[J]．广东化工，2009，10(36)：119-120.

[3-5] Wania F，Msckay D. Global fractionation and cold condensation of low volatility organochlorine compounds in Polar Regions[J]. Ambio，1993，22：10-18.

[3-6] 佘亮亮，谢悦波，齐虹．EPA持久性有机污染物及修复技术[J]．世界科技研究与发展，2008，6(30)：728-731.

[3-7] 周启星，宋玉芳，等．污染土壤修复原理与方法[M]．北京：科学出版社，2004.

[3-8] 孙娟，郑文教，陈文田．有机污染物综述[J]．生态学杂志．2005，24(10)：1211-1214.

[3-9] 赵爱芬，赵雪，常学礼．植物对污染土壤修复作用的研究进展[J]．土壤通报，2000，31(1)：43-46.

[3-10] 王庆仁，刘秀梅，崔岩山，等．土壤与水体有机污染的生物修复及其应用研究进展[J]．生态学报，2001，21(1)：45-48.

[3-11] 陈翠柏，杨琦，沈照理．地下水三氯乙烯(TCE)生物修复的研究进展[J]．华东地质学院学报，2003，(26)：10-15.

[3-12] Newman L，Strand S. Uptake and biotransformation of trichloroethylene by hybrid poplars[J]. Environmental Science and Technology，1997，(31)：1062-1067.

[3-13] 陶雪琴，卢桂宁，周康群，等．大气化学污染的植物净化研究进展[J]．生态环境，2007，16(5)：1546-1550.

[3-14] 骆永明，查宏光，宋静，等．大气污染的植物修复[J]．土壤，2002，3：113-118.

[3-15] 陶雪琴，卢桂宁，周康群，等．大气化学污染的植物净化研究进展[J]．生态环境，2007，16(5)：

1546-1550.

[3-16] 蒋彦鑫. 我国受污染的耕地大约 1.5 亿亩防治措施缺乏针对性[N]. 新京报, 2007-09-1.

[3-17] 田凤兰. 中国农田总数的 1/6 遭重金属污染. 中国建筑新闻网. http：//info. newsccn. com/2011-10-12/90571. html. 2011-11-04.

[3-18] 王秀敏. 1600 万公顷耕地严重污染[N]. 21 世纪经济报道, 2012-03-04.

[3-19] 荣蓉. 土壤污染呈加剧趋势 修复治理需突破资金瓶颈[N]. 第一财经日报, 2010.

[3-20] 周明威. 重金属水污染不容小觑 饮水方式尤为重要[N]. 天极网. http：//news. yesky. com/328/9209828. shtml. 2012-11-12.

[3-21] 李彬. 环保部部长：重金属污染防治是头等大事[N]. 第一财经日报, 2011-01-09.

[3-22] 沈振国, 陈怀满. 土壤重金属污染生物修复的研究进展[J]. 农村生态环境, 2000, 16(2)：39-44.

[3-23] Belkin H E, Zheng B S, Finkelman R B. Geochemistry of coal and endemic arsenism in Southwest Guizhou, China[R]. U. S. Geological Survey Open File Report, 1997.

[3-24] Beretka J, Nelson P. The current state of utilisation of fly ash in Australia[J]. In "Ash - A Valuable Resource". South African Coal Ash Association, 1994, 1：51-63.

[3-25] 韦朝阳, 陈同斌, 黄泽春, 等. 大叶井口边草——一种新发现的富集砷的植物[J]. 生态学报, 2002, 22(5)：777-778.

[3-26] 高粱. 土壤污染及其防治措施[J]. 农业环境保护, 1992, 11(6)：272-276.

[3-27] 王松良, 郑金贵. 芸苔属蔬菜的 Cd 富集特性及其修复土壤 Cd 污染的潜力[J]. 福建农林大学学报：自然科学版, 2004, 33(1)：94-99.

[3-28] 刘威, 束文圣, 蓝崇钰. 宝山堇菜——一种新的镉超富集植物[J]. 科学通报, 2003, 48(19)：2046-2049.

[3-29] 王激清. 高积累镉油菜品种的筛选及其吸收累积镉特征研究[D]. 中国农业大学硕士学位论文, 2003.

[3-30] 熊愈辉. 东南景天对镉的耐性生理机制及其对土壤镉的提取与修复作用的研究[D]. 浙江大学博士学位论文, 2005.

[3-31] 邬建中, 黄爱珠. 淀水水体的重金属迁移与吸附特性[J]. 人民珠江, 1996(1)：45-48.

[3-32] 戴树桂. 环境化学[M]. 北京：高等教育出版社, 1996：342-343.

[3-33] 黄岁梁, 万兆惠, 王兰香. 泥沙浓度和水相初始浓度对泥沙吸附重金属影响的研究[J]. 环境科学学报, 1995, 15(1)：67-75.

[3-34] 高效江, 戎秋涛. 麦饭石对重金属离子的吸附作用研究[J]. 环境污染与防治, 1997, 19(4)：4-7.

[3-35] 叶裕中. 沉积底泥中重金属的释放[J]. 环境化学, 1990, 9(5)：27-33.

[3-36] 魏俊峰, 吴大清, 彭金莲, 等. 污染沉积物中重金属的释放及其动力学[J]. 生态环境, 2003, 12(2)：127-130.

[3-37] 胡朝华. 以凤眼莲为主体的水生植物对铜污染与富营养化水体生物修复研究[D]. 华中农业大学博士学位论文, 2007.

[3-38] 颜素珠, 梁东, 彭秀娟. 8 种水生植物对污水中重金属——铜的抗性及净化能力的探讨[J]. 中国环境科学, 1990, 10(3)：166-170.

[3-39] 黄永杰, 刘登义, 王友保, 等. 八种水生植物对重金属富集能力的比较研究[J]. 生态学杂志, 2006, 25(5)：541-545.

[3-40] 王艳华. 两种沉水植物对 Cu 的富集作用以及生理生化效应研究[D]. 上海师范大学硕士学位论文, 2004.

[3-41] 徐德福, 李映雪, 李久海, 等. 几种挺水植物对重金属锌的抗性能力及其影响因素[J]. 生态学环境学报, 2009, 18(2)：476-479.

［3-42］　李玥．镉、铜、锌对四种水生植物的毒性效应［D］．东北师范大学硕士学位论文，2007.

［3-43］　陈国梁，林清．不同沉水植物对 Cu，Pb，Cd，Zn 元素吸收积累差异及规律研究［J］．环境科技，2009，2(1)：37-40.

［3-44］　王忠全，温琰茂，黄兆霆，等．几种植物处理含重金属废水的适应性研究［J］．生态环境，2005，14(4)：540-544.

［3-45］　吕玄文，陈春瑜，党志，等．大气颗粒物中重金属的形态分析与迁移［J］．华南理工大学学报，2005，33.

［3-46］　蒋彦鑫．我国受污染的耕地大约 1.5 亿亩防治措施缺乏针对性［N］．新京报，2007-09-1.

［3-47］　徐斌．天津市环境空气中铅(Pb)的污染［J］．城市环境与城市生态，1997，03(5)：123-126.

［3-48］　黄永健．大气气溶胶汞污染研究［D］．成都理工大学博士学位论文，2000.

第四章

■■ 大气的生物修复工程 ■■

第一节 大 气 污 染

一、大气特性

(一) 大气的组成

大气是由多种气体组成的混合气体和悬浮其中的水分及杂质组成。

1. 干洁空气

大气中除去水汽和各种杂质以外的所有混合气体统称干洁空气。干洁空气的主要成分是氮、氧、氩和二氧化碳。这四种气体占空气总容积的 99.98%，而氖、氦、氪、氙、氡、臭氧等稀有气体的总含量不足 0.02%（表 4-1）。干洁空气各成分间的百分比从地面直到 85km 高度间，基本上稳定不变。这是由于这层大气中对流、湍流运动盛行，使得不同高度、不同地区间气体得到充分交换和混合的结果。而在 85km 以上的高层大气中，对流、湍流运动受到抑制，分子的扩散作用超过湍流扩散作用，大气的组分受地球重力分离作用，氢、氦等较轻成分所占百分比相对增多，气体间的混合比趋于不稳定。表 4-1 表明，干洁空气各成分的临界温度很低，在自然界大气的温度、压力变化范围内都呈气态存在。

氮：按容积占干洁空气的 78.09%，是大气中最多的成分，由于其化学性质不活泼，在自然条件下很少同其他成分进行化合作用而呈氮化合物状态存在，只有在豆科植物根瘤菌的作用下才能变为能被植物体吸收的化合物。氮是地球上生命体的重要成分，是工业、农业化肥的原料。

氧：占空气总容积的 20.95%，是大气中的次多成分。它的化学性质活泼，大多数以氧化物形式存在于自然界中。

二氧化碳：在大气中含量甚少，平均为空气总容积的 0.03%。它是通过海洋和陆地中有机物的生命活动、土壤中有机体的腐化、分解以及化石燃料的燃烧而进入大气的。因而，主要集中在大气低层（11～20km 以下），20km 以上就很少了。它是植物进行光合作用的原料，据统计，每年因光合作用用去的二氧化碳占全球二氧化碳总量的 3%。它对太阳短波辐射的吸收性能较差，而对地面长波辐射却能强烈吸收，同时它本身也向外放射长波辐射，因而对大气中的温度变化具有一定的影响。近年来，由于工业蓬勃发展，化石燃料燃烧量迅速增长，森林覆盖面积减少，二氧化碳在大气中的含量有增加趋势。

臭氧：大气中含量很少，主要集中在 15～35km 间的气层中，尤以 20～30km 处浓度最大，称为臭氧层。大气中臭氧主要是由于大气中的氧分子在太阳紫外线（0.1～0.24μm 波段）照射下发生光解作用（$O_2 + hr \longrightarrow O + O$，hr 为作用光线的能量），光解的氧原子又同其他氧分子发生化合作用而形成的（$O + O_2 + M \longrightarrow O_3 + M$，M 为第三种中性分子）。臭氧在太阳紫外线（大于 $0.2\mu m$ 波段）照射下也不稳定，它可能同光解的氧原子相互碰撞再解离为氧分子（$O_3+O \longrightarrow O_2+O_2$）。因而臭氧的形成和解离过程是同时进行、相互联系的，并大体处于平衡状态。在臭氧层以上的高空，随着高度的增加，太阳短波辐射的强度明显增大，氧分子光解的强度也随之增大，在 $55\sim60km$ 高度，氧分子几乎完全光解，以致数量太少，难以形成臭氧。而臭氧层以下的大气中，又因太阳紫外辐射的大部分已被上层氧分子吸收，透射过来的紫外线强度大大减弱，可光解的氧分子数量便迅速减少，生成的臭氧数量也明显减少。因而，只有在 $20\sim30km$ 间，氧分子和光解的氧原子的数量大体相当，形成臭氧浓度最大的臭氧层。臭氧层能大量吸收太阳辐射中的紫外波段，这不仅增加了高层大气的热能，同时也保护了地面的生命免受紫外线辐射伤害，得以繁衍生息。

表 4-1　　　　　　　　　　干洁空气中的成分（85km 以下）

气体成分	在干洁空气中的含量		分子量	临界温度/℃
	体积分数	质量分数		
氮 N_2	78.09	75.52	28.02	-147.2
氧 O_2	20.95	23.15	30.00	-118.9
氩 Ar	0.93	1.28	39.88	-122.0
二氧化碳 CO_2	0.03	0.05	44.00	31.0
氖 Ne	1.8×10^{-3}	—	20.18	-228.0
氦 He	5.24×10^{-4}	—	4.00	-257.9
氪 Hr	1.0×10^{-4}	—	83.75	-63.0
氢 H_2	5.0×10^{-5}	—	2.02	-240.0
氙 Xe	8.0×10^{-6}	—	131.10	16.6
臭氧 O_3	1.0×10^{-6}	—	48.00	-5.0
氡 Rn	6.0×10^{-18}	—	222.00	—
甲烷（沼气）CH_4			16.04	
干洁空气	100	100	28.97	

2. 水汽

水汽是低层大气中的重要成分，含量不多，只占大气总容积的 0%～4%，是大气中含量变化最大的气体。大气中的水汽主要来自地表海洋和江河湖等水体表面蒸发和植物体的蒸腾，并通过大气垂直运动输送到大气高层，因而大气中水汽含量自地面向高空逐渐减少。到 $1.5\sim2km$ 高度，大气中水汽平均含量仅为地表的一半；到 5km 高度，已减少到地面的 1/10；到 $10\sim12km$ 高度，含量就微乎其微了。大气中水汽含量在水平方向上也有差异，一般而言，海洋上空多于陆地，低纬多于高纬，湿润、植物茂密的地表多于干旱、植物稀疏的地表。

3. 杂质

杂质是悬浮在大气中的固态、液态的微粒，主要来源于有机物燃烧的烟粒、尘土、火山灰尘、宇宙尘埃、海水浪花飞溅起的盐粒、植物花粉、细菌微生物以及工业排放物等，大多集中在大气底层。其中大的颗粒很快降回地表或被降水冲掉，小的微粒通过大气垂直运动可扩散到对流层高层，甚至平流层中，能在大气中悬浮1～3年，甚至更长时间。大气杂质对太阳辐射和地面辐射具有一定吸收和散射作用，影响着大气温度的变化。杂质大部分是吸湿性的，往往成为水汽凝结核心。

现代大气成分以氮、氧为主，而且各种气体成分的百分比基本维持不变，这是大气长期演化的结果。我们现在还不能确切地说明地球形成初期的原始大气与现代大气形成间的联系，以及大气的演化过程。一些学者认为地球大气的演化经历了以下三个阶段。

（1）原始大气。当地球生成初期，由于相对体积小、质量小、引力也小，由原始星云物质、气体、尘埃构成的原始大气在太阳热力、光压作用下消失殆尽。随着地球质量逐渐增大，引力增强，地球内部放射性物质受到激发，温度升高以致地球外壳物质熔融成液体状态，通过频繁活跃的火山活动，喷发出水汽、二氧化碳、一氧化碳、硫化氢、盐酸和多种化学元素。碳与氢作用生成甲烷，氮与氢作用生成氨。水汽在太阳紫外辐射作用下通过水解过程（光致离解）产生氢和氧，产生的氢逸出地球，留下的氧一部分以自由态存在，另一部分与甲烷作用形成二氧化碳和水。

（2）二氧化碳成为大气的主要成分。氧以自由态形式积累起来，并在高层形成一层薄薄的臭氧层，阻碍紫外辐射进入低层大气，结果水解过程大为减弱。以二氧化碳为主的大气是相当稳定的，这就是第二阶段大气。

（3）现代大气。当地表植物体日益繁茂时，自由氧数量迅速增多，不仅为臭氧层逐渐形成准备了物质基础，而且为生命有机体的进化提供了条件，同时也加速了地球表层的氧化过程以及生物体的呼吸分解过程。丰富的二氧化碳除了成为植物体进行光合作用的原料外，还有相当部分溶于海洋或其他水体，最终成为海洋生物的成分。在地球演化过程中有大量碳化合物（动植物遗体）等被埋藏在岩石中暂时脱离碳素循环过程，导致大气中的二氧化碳大量减少，以致只占干洁空气容积的 0.03%，而氧的含量明显增多。同时，由火山喷发释放入大气中的氮（占总容积的 4%～6%）仍保留在大气中，由于它是惰性气体，不易同其他成分化合，故在大气中得到累积，以至成为大气中数量最多的成分。这样，以二氧化碳为主的还原大气就转化成地球第三代以氮、氧为主的大气了。

（二）大气圈结构及气象要素

大气层位于地球的最外层，介于地表和外层空间之间，它受宇宙因素（主要是太阳）作用和地表过程影响，形成了特有的垂直结构和特性。大气圈的垂直结构是指气象要素的垂直分布情况，如气压、气温、大气成分和大气密度的垂直分布等。根据大气层垂直方向上温度和垂直运动的特征，一般把大气层划分为对流层、平流层、中间层、暖层和逸散层五个层次。

（1）对流层：是大气圈的最低层，厚度只有十几千米，是各层中最薄的一层。但是，它集中了大气质量的 3/4 和几乎整个大气中的水汽和杂质，同时，对流层受地表种种过程影响，其物理特性和水平结构的变化都比其他层次复杂。对流层的温度随高度升高而递减。平均每上升 100m，气温下降 0.65℃，这称为气温直减率。气温随高度递减主要是因为对流层大气的热能除直接来源于吸收的一小部分太阳辐射外，绝大部分来自地面，因而愈近地表就愈近热源，大气获得的热量就多，气温就愈高；相反，愈远离地表，气温就愈低。

（2）平流层：从对流层顶到 50～55km 高度的一层称为平流层。平流层中几乎没有大气对流运动，大气垂直混合微弱，极少出现雨雪天气，进入平流层的大气污染物的停留时间很长。

（3）中间层：从平流层顶到 85km 高度的一层称为中间层。这一层的特点是，气温随高度升高而迅速降低，其顶部气温可达 −83℃以下。因此大气的对流运动强烈，垂直混合明显。

（4）暖层：从中间层顶到 800km 高度为暖层。其特点是，在强烈的太阳紫外线和宇宙射线作用下，再度出现气温随高度升高而增加的现象。

（5）逸散层：暖层以上的大气层统称为逸散层。它是大气的外层，气温很高，空气极为稀薄，空气粒子的运动速度很高，可以摆脱地球引力而散逸到太空中。主要的气象要素有风向、气压、气湿、气温、风速、能见度、云况等。这些气象因素都会对大气污染物的迁移扩散产生明显作用。

二、大气污染及形成的条件

凡是能使空气质量变差的物质都是大气污染物。按照国际标准化组织（ISO）的定义，"大气污染通常是指由于人类活动或自然过程引起某些物质进入大气中，呈现出足够的浓度，达到足够的时间，并因此危害了人体的舒适、健康和福利或污染环境的现象"。

大气污染物已知的约有 100 多种。有自然因素（如森林火灾、火山爆发等）和人为因素（如工业废气、生活燃煤、汽车尾气等）两种，并且以后者为主要因素，尤其是工业生产和交通运输所造成的。主要过程由污染源排放、大气传播、人与物受害三个环节所构成。

影响大气污染范围和强度的因素有污染物的性质（物理的和化学的）、污染源的性质（源强、源高、源内温度、排气速率等）、气象条件（风向、风速、温度层结等）、地表性质（地形起伏、粗糙度、地面覆盖物等）。

按其存在状态可分为两大类：一种是气溶胶状态污染物，另一种是气体状态污染物。气溶胶状态污染物主要有粉尘、烟液滴、雾、降尘、飘尘、悬浮物等。气体状态污染物主要有以二氧化硫为主的硫氧化合物，以二氧化氮为主的氮氧化合物，以二氧化碳为主的碳氧化合物以及碳、氢结合的碳氢化合物。大气中不仅含无机污染物，而且含有机污染物。并且随着人类不断开发新的物质，大气污染物的种类和数量也在不断变化着，就连南极和北极的动物也受到了大气污染的影响。

大气中有害物质的浓度越高，污染就越重，危害也就越大。污染物在大气中的浓度，除了取决于排放的总量外，还同排放源高度、气象和地形等因素有关。

污染物一进入大气，就会稀释扩散。风越大，大气湍流越强，大气越不稳定，污染物的稀释扩散就越快；反之，污染物的稀释扩散就慢。在后一种情况下，特别是在出现逆温层时，污染物往往可积聚到很高浓度，造成严重的大气污染事件。降水虽可对大气起净化作用，但因污染物随雨雪降落，大气污染会转变为水体污染和土壤污染。地形或地面状况复杂的地区，会形成局部的热力环流，如山区的山谷风、滨海地区的海陆风及城市的热岛效应等，都会对该地区的大气污染状况产生影响。烟气运行时，碰到高的丘陵和山地，在迎风面会发生下沉作用，引起附近地区的污染。烟气如越过丘陵，在背风面出现涡流，污染物聚集，也会形成严重污染。在山间谷地和盆地地区，烟气不易扩散，常在谷地和坡地上回旋。特别在背风坡，气流做螺旋运动，污染物最易聚集，浓度就更高。夜间，由于谷底平静，冷空气下沉，暖空气上升，易出现逆温，整个谷地在逆温层覆盖下，烟云弥漫，经久不散，易形成严重污染。由于逆温的形成，近地层空气中的水汽、烟尘、汽车尾气以及各种有害气体，无法向外、向上扩散，只能飘浮在逆温层下面的空气层中，有利于云雾的形成，从而降低了能见度，给交通运输带来麻烦。更严重的是，使空气中的污染物不能及时扩散开去，加重大气污染，给人们的生命财产带来危害。近代世界上所发生的重大公害事件中，就有一半以上与逆温层的影响有关。例如，1952 年发生的、著名的伦敦烟雾事件的直接原因是燃煤产生的二氧化硫和粉尘污染，而间接原因就是 12 月 4 日的逆温层所造成的大气污染物蓄积，结果酿成了 10 000 多人死亡的"世纪悲剧"。

位于沿海和沿湖的城市，白天烟气随着海风和湖风运行，在陆地上易形成"污染带"。早期的大气污染，一般发生在城市、工业区等局部地区，会在一个较短的时间内，大气中污染物浓度显著升高，使人或动、植物受到伤害。20 世纪 60 年代以来，一些国家采取了控制措施，减少污染物排放或采用高烟囱使污染物扩散，大气的污染情况才有所减轻。但是高烟囱排放虽可降低污染物的近地面的浓度，同时也能把污染物扩散到更大的区域，从而造成远离污染源的广大区域的大气污染。大气层核试验的放射性降落物和火山喷发的火山灰可广泛分布在大气层中，造成全球性的大气污染。

第二节　污染大气的微生物修复

微生物法净化废气是大气污染控制的一项新技术，其实质是利用微生物的生命活动将废气中的污染物转化为简单的无机物（主要是 CO_2 和 H_2O），同时微生物获得其生命活动所需的能源和养分，并不断繁殖自身，从而使废气得到净化。

最早提出采用微生物处理废气构想的是 Bach，他于 1923 年曾利用土壤过滤床处理污水处理厂散发的含 H_2S 的恶臭气体（Bach 1923）。使此想法得到进一步发展的是 Pomeroy，他于 1957 年在美国申请了"开放式生物滤池"专利（Pomeroy，1957），并在欧洲（主要是德国和荷兰）运用生物过滤技术处理恶臭、有机和无机气态污染物（Ottengraf，1986）。迄今为止，在德国和荷兰有 500 多座大规模的废气生物过滤处理装置，生物反应器的面积一般在 $10\sim2000m^2$，废气处理流量达到 $1000\sim15\ 000m^3$。

一、有机废气的微生物修复

有机废气的生物处理技术于 20 世纪 70 年代在德国、日本等国家得到应用。与传统的净化废气方法相比，微生物处理法效果明显、安全性高、容易管理、不产生二次污染物、成本低。这使得微生物法成为了世界工业废气领域研究的热点课题。典型的生物过滤系统的费用仅约为焚烧法的 6%，为臭氧氧化法的 13%，为活性炭吸附法的 40%。微生物处理法对食品加工厂、动物饲养场、黏胶纤维生产厂、化工厂等排放的低浓度恶臭气体的处理十分有效，并已有研究报告表明对苯、甲苯等 VOCs 废气的处理也有一定的效果。

（一）有机废气生物处理原理

生物法处理废气与处理废水的原理基本相同，但是也存在着不同，主要表现在气体污染物开始时需要被吸附在液相或者固相表面的液膜上，之后才能被液相或固体表面生物膜吸附降解。关于生物净化有机气体的机理，目前世界上公认的影响较大的是荷兰学者 Ottengraf 依据传统的气体吸收双膜理论提出的生物膜理论。

按照生物膜理论，生物净化法处理有机废气一般要经历以下几个步骤。

（1）废气中的有机污染物首先溶解于水中（即由气膜扩散进入液膜）。

（2）溶解于液膜中的有机污染物成分在浓度差的推动下进一步扩散到生物膜，进而被其中的微生物捕获并吸收。

（3）微生物对有机物进行氧化分解，产生的代谢产物一部分溶入液相，一部分作为细胞物质或细胞代谢能源，还有一部分析出到空气中。

废气中的有机物通过上述过程不断减少，得以净化。

（二）有机废气生物处理方法

根据微生物在有机废气处理设备中存在的形式，可将处理方法分为两大类：生物洗涤法（悬浮态）和生物过滤法（附着态）。生物洗涤法适宜处理气量小、浓度大、易溶且生物代谢速率较低的废气；对于气量大、浓度低的废气，可采用生物滤池系统；而对于负荷较高且污染物降解后会产生酸性物质的废气，应采用生物滴滤池系统。

1. 生物洗涤法

生物洗涤法是利用由微生物、营养物和水组成的微生物吸收液处理废气的，适合吸收可溶性气体。吸收了废气的微生物混合液再进行好氧处理，去除液体中吸收的污染物，经过处理后的吸收液可重复使用。

生物洗涤法的装置是由一个再生池和一个吸收室构成的，如图 4-1 所示。

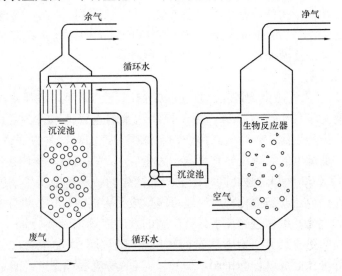

图 4-1　生物洗涤法处理工业废气装置

生物循环液自吸收室顶部喷淋而下，使废气中的污染物和氧转入液相，吸收了废气中组分的生物悬浮液流入再生反应器中，通入空气充氧再生。被吸收的有机物通过微生物作用，最终被再生池中的活性污泥悬浮液从液相中去除。再生池中的流出液再次循环流入吸收器中，因而大大提高了污染物的去除率。生物洗涤法处理废气的去除率不仅与污泥的 MLSS（混合液悬浮固体浓度）浓度、pH 值、溶解氧有关，还与污泥的驯化与否、营养盐的投加量及投加时间有关。日本一铸造厂采用生物洗涤法处理含胺、酚和乙醇等污染物的气体，设备由两段吸收塔、生物反应器和辅助装置组成。第一段中，废气中的粉尘和碱性污染物被弱酸性吸收剂去除。第二段中，气体与微生物悬浮液接触，每个吸收塔配一个生物反应器，用压缩空气向反应器供氧，当反应器效率下降时，则由营养物储槽向反应器内添加特殊营养物。装置运行 10 多年来一直保持 95％左右的去除率。

生物洗涤法的优点是污染物的降解产物容易通过冲洗去除（Joanna，2001）；经过驯化后的污泥对污染物的去除率较高，去除效果明显；液相基质的组成容易控制；填料不易堵塞，压降低等。生物洗涤法的新技术已可进行大流量废气的脱硫操作（Buismanc，1994）。但该法也有自身的缺陷，主要表现在以下几方面：由于气体溶解非常重要，该法只能去除高溶解性有机气体（气态污染物在空气/水中的分配系数小于1）；为有效降解污染物，要在液体基质中加入磷和钾。

在处理挥发性有机气体的过程中有很多影响因素。生物洗涤液中的有机物通过分子力、静电力、离子交换、络合、螯合、微沉淀等物理、化学过程累积或浓集在微生物表面，MLSS越大，活性污泥中的微生物数量越多，对VOCs浓集效果越明显。这是由于高浓度活性污泥系统特有的高生物量、低有机负荷特点，除对有机物有较强的耐冲击负荷能力外，还给增殖速率非常小的分解难生物降解有机物的微生物创造了可能在系统中存活并保留的条件，为其降解难生物降解有机物提供了可能。生物洗涤液中MLSS为2～3g/L时，对VOCs起始脱除率为30%。随生物洗涤法中MLSS增加，对VOCs起始脱除率逐渐增加。生物洗涤液MLSS增加到10g/L时，对VOCs起始脱除率达到70%，但生物洗涤液中MLSS的浓度增加导致生物洗涤液的流动性变差，不利于输送。在生物洗涤液MLSS相同的条件下，随着生物洗涤液循环时间的延长，对VOCs的脱除率逐渐降低。工业应用过程中应尽可能延长生物洗涤液循环时间，减少操作强度。

2. 生物过滤法

生物过滤法处理大气污染物最早出现在联邦德国。1959年，联邦德国的一个污水处理厂建立了一个填充土壤的生物过滤床，用于控制污水输送管道散发的臭味。20世纪60年代，人们开始采用生物过滤法处理气态污染物，德国和美国对这种方法进行了深入的研究，并在处理高流量、低浓度的有机废气和臭味中大量应用。在理想的操作条件下，污染物几乎可以完全降解为CO_2和H_2O，与此同时产生新的微生物，从而维护生物膜的新陈代谢。在处理硫化氢、卤代烃或还原态硫化物时，还可能生成无害的氯化物或者硫酸盐。随着研究的深入和工程参数的优化，生物过滤技术具有广阔的发展前景。

生物过滤器指的是将具有一定含水量的污染废气通过湿润的填料层，填料层多数由木屑、堆肥和土壤等堆积而成（Eberhard，1996），其简易流程如图4-2所示。含污染物的废气首先进入调节器进行润湿，然后经过气体分布器进入生物过滤器。生物过滤器中填充了有生物活性的介质（通常为天然有机材料，如堆肥、谷壳、泥煤、木片、树皮和泥土等），有时也混用活性炭和聚苯乙烯颗粒。填料表面生长着各种微生物，当废气进入滤床时，废气中的污染物从气相主体扩散到介质外层的水膜而被介质吸收，同时氧气也由气相进入水膜，最终在介质表面所附着的微生物的好氧作用下把污染物分解转化为二氧化碳、水和无机盐类。净化后的气体由滤池顶部排出。为防止气体中颗粒物造成滤池堵塞，废气在进入滤池前必须先除尘。

生物过滤器具有价钱便宜、工艺结构简单、操作费用低等特点，对于易降解并且不产生酸副产品的有机化合物，处理效果明显。生物滤池所用

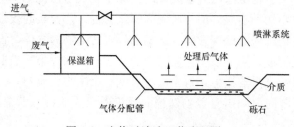

图 4-2　生物过滤池工艺流程图

填料的特性是影响其处理效果的关键因素之一。填料的选择不仅要考虑比表面积、机械强度、化学稳定性及价格，还要考虑持水性的问题。因为介质的湿润性制约着生物滤池的透气性和处理效果。若润湿不够，过滤器的物料会变干并产生裂纹，气体不能均匀通过过滤层；但是填料过分湿润，不仅会使气体通过滤床的压降增高、停留时间减少，而且空气和水界面的减少会引起供氧不足，形成厌氧区域，从而产生臭味并使降解速率降低。大多数试验表明，填料的湿度在 $40\%\sim60\%$（湿重）范围内时，生物滤膜的性能较为稳定。

最初的生物滤床采用的过滤介质是土壤；之后采用含微生物量较高的木屑与堆肥混合物等作为滤料；后又采用人工合成材料，如塑料填料、颗粒活性炭、碳素纤维等。目前，许多天然或烧结材料如陶粒、轻质陶块、海藻石、磁环等，因其比表面积大、挂膜效果好而受到青睐。

生物过滤法成本低、运行简单，对低浓度大流量的含硫废气处理效果明显；适于处理质量浓度小于 $1000\mathrm{mg/m^3}$ 的有机物；对有机酸、醛、SO_2、NO_x、H_2S 的去除率可高达 99.9%；不需外加营养物、设备少、能耗低；几乎不产生二次污染物。但缺点也存在，如占地面积过大；基质浓度偏高时，会使得生物量增长过快而堵塞滤料，最终影响传质效果；滤床体积较大，需要废气停留时间过长；操作过程难控制，pH 值控制主要通过在装滤料过程投配固体缓冲剂来完成，若缓冲剂用完，则需要再生滤料或更新。

3. 生物滴滤池

生物滴滤池是目前较新的一种处理有机废气的工艺，其工艺如图 4-3 所示。生物滴滤法的液相是间歇流动或流动的，过滤床层上固定着微生物群落，在一个装置内可同时发生污染物的吸收和生物降解。将一些惰性填料填充到生物滴滤塔，然后将微生物接种到塔内并且控制反应条件，再在填料上挂上生物膜，然后在填料上持续喷洒营养液（主要成分是微生物生存、生长所需要的营养物质）。废气通过塔体填料时，废气中的污染物被微生物降解。

生物滴滤池在我国虽然也称为生物滤池，但两者实际上是有区别的。生物滴滤池与生物滤池最大的区别在于生物滴滤池中使用的填料不具吸附性，而且填料的表面是微生物区系形成的几毫米厚的生物膜，填料空隙很大，从而

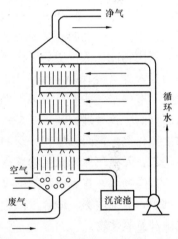

图 4-3　生物滴滤池工艺流程示意图

为气体通过提供了大量的空间；也使气体对填料层造成的压力以及微生物生长和生物膜疏松引起的空间堵塞的危险性降到最低。生物滴滤池中存在一个连续流动的水相，可以通过回流水调节循环液的 pH 值、温度，也可以在循环水中加入 K_2HPO_4 和 NH_4NO_3 等物质，为微生物补充氮、磷等营养要素。而生物滤池的 pH 控制则主要通过在装填料中投配适量的固体缓冲剂来完成，一旦缓冲剂用尽，则需更新或再生滤料；温度的调节则需外加强制措施来完成。因此，在处理含氮、含硫等经微生物降解会产生酸性代谢产物及释放能量较大的污染物时，生物滴滤池比生物滤池更有效。且由于单位体积填料层中微生物浓度高，所以生物滴滤池更适合处理高负荷有机废气。但一些专家在实验室研究以及工业应用中也发现：在对高浓度废气进行处理时，影响滴滤池运行最重要的因素就是生物量的过度积累。由生物量过度积累所产生的后果是填料的有效面积减少，影响废气与生物膜的有效接触，运行效率降低，有

时甚至被迫中断运行。

目前，生物滴滤塔多数采用立式圆柱形结构，两节塔体用法兰对接，上节塔体上部设置排气管，下节塔体底部设置反冲洗泵和排水管，上节塔体和下节塔体都安置了液态分布器。这样该设备既能处理污水又能处理臭气。可以用液相生物处理和生物膜填料塔结合的气液组合生物法来净化甲醛废气。由于甲醛可溶于水，使得甲醛气体一部分溶于水在液相生物处理装置中得到去除，一部分在生物膜填料塔上降解，这样去除效率提高了38%。另有一种生物滴滤塔可以去除空气中的恶臭气体，这种滴滤塔中使用了两种规格的填料填充，在底部使用较大颗粒填充，在顶部使用较小颗粒填充，这样可以解决生物量积累过多，生物滴滤塔底部负荷大的问题。还有一种高生物滴滤塔，一段又分为几层，层与层之间装填轻质多孔塑料及软性纤维球，能够处理很多工业废气。

自20世纪80年代末期开始，对于有机废气的微生物处理法已逐渐成为工业废气净化研究的前沿热点课题之一，并且已在世界上一些工业发达国家得到应用（吴玉祥，1996）。微生物法处理工业废气的过程，实质上是一种氧化分解过程。微生物对工业废气进行分解时，部分被分解物由微生物合成为新细胞；而另一部分被分解物则产生能量以供微生物繁殖、生长和运动，这一部分有机物最后转化成无害或少害的物质。研究表明，生物膜法对含有苯乙烯、醇类等的工业废气均能有效的处理。德国肉类加工厂采用生物吸收法净化含有氨、胺、硫醇、脂肪酸、乙醛和少量有机硫化物等的有机废气时，污染物脱除率达96%以上，且能除去其中很难治理的恶臭硫化氢气体。该项技术净化效率高，对污染物浓度变化的适应性强，费用和能耗低；避免了污染物交叉介质的转移，基本没有二次污染；维护管理所需人力物力投入少（Tartakovsky，1996）。近年来，我国一些研究者开展了微生物处理有机废气的研究，取得了一些研究成果。例如，昆明大学环境工程系从20世纪90年代中期开始从事有机废气的净化处理，其主要是采用生物膜填料塔对有机废气进行处理；同时还用此法净化低浓度硫化氢，但尚未取得广泛的实际应用，也无工业化处理的报道。

二、无机气体的微生物修复

微生物对一些无机废气的修复主要是利用某些自养微生物，如光合细菌、硫化细菌、硝化细菌、氢细菌等。适合于微生物修复的无机废气污染组分主要有二氧化碳、硫化氢、二氧化硫和氮氧化物。

（一）CO_2 的微生物固定

由"温室效应"造成的全球变暖是当前面临的重大环境问题。《京都议定书》中将 CO_2 列为主要的温室气体，CO_2 造成的温室效应占总效应的49%，且在大气中存留最长可达200年。而另一方面，CO_2 又是地球上最丰富的碳资源，它与工业的发展密切相关，而且还关系到能源政策问题。随着《京都议定书》于2005年2月16日正式生效，CO_2 的回收利用，已经成为全球的"热点"问题。因此，CO_2 的固定在环境、能源、资源方面具有极其重要的意义。

目前，CO_2 的固定方法主要有物理法、化学法和生物法，而大多数物理和化学方法最终都要依赖生物法来固定 CO_2。固定 CO_2 的生物主要是植物和自养微生物，而人们的目光一般都集中在植物上，但地球上存在各种各样的环境，尤其在植物不能生长的特殊环境中，自养微生物固定 CO_2 的优势便显现出来。因此从整个生物圈的物质、能量流来看，CO_2 的微生物固定是一条不能忽视的途径。

1. 固定 CO_2 的微生物

固定 CO_2 的微生物一般有两类：光能自养型微生物和化能自养型微生物。前者主要包括微型藻类和光合细菌，它们都含有叶绿素，以光为能源、CO_2 为碳源合成菌体物质或代谢产物；后者以 CO_2 为碳源，能源主要有 H_2、H_2S、$S_2O_3^{2-}$、NH_4^+、NO_2^-、Fe^{2+} 等。固定 CO_2 的微生物种类如表 4-2（周集体等，1999）所示。

表 4-2　　　　　　　　　　　　　　固定 CO_2 的微生物种类

碳源	能源	好氧/厌氧	微生物
二氧化碳	光能	好氧	藻类
			蓝细菌
		厌氧	光合细菌
	化学能	好氧	氢细菌
			硝化细菌
			硫化细菌
			铁细菌
		厌氧	甲烷菌
			醋酸菌

微型藻类由于具有光合速率快、繁殖快、环境适应性强、固定效率高、易与其他工程技术集成等优点，可用于烟道废气中 CO_2 的脱除（Keffer，2002）。培养微型藻类固定了 CO_2，获得了藻菌体，同时还可产氢气或许多附加值很高的胞外产物，是蛋白质、精细化工和医药开发的重要资源。国内外现已大规模生产的微型藻类主要有小球藻（*Chlorella*）、螺旋藻（*Spirulina*）、栅列藻（*Scenedesmus*）和盐藻（*Dunaliella*）等。由于微型藻类固定 CO_2 需较大的培养面积，同时对温度和水分要求较高，从成本角度考虑，目前尚未大规模应用于工业废气的处理（Benemann，1997）。但结合微型藻类本身的价值，可将 CO_2 转化为生物柴油等高价值液体燃料，或利用 CO_2 生产有用物质（如类脂和蛋白质），或将 CO_2 作为提取高附加值药物的原料。所以利用藻类吸收与资源化 CO_2 仍有希望成为经济可行的环保型 CO_2 去除技术。

氢细菌是生长速度最快的化能自养菌，作为化能自养菌固定 CO_2 的代表，已引起人们的高度重视。氢细菌环境适应性强，可生长在较广的温度、pH 和盐浓度范围的环境中，从土壤到海洋都可存在（王竞，2000；Kyung，2006）。氢细菌生长速率快，固定 CO_2 能力强，可耐受高 CO_2 浓度。目前已发现的氢细菌有 18 个属，近 40 个种，但目前各类氢细菌在大规模工业化应用中尚缺乏详细的研究。

2. 微生物固定 CO_2 的应用

CO_2 是有机质及化石燃料燃烧的产物，它一方面是造成温室效应的废物，另一方面又是巨大的可再生资源。据统计全世界仅化石燃料一项就产生 CO_2 57 亿 t /a。因此 CO_2 的资源化研究已引起人们极大的关注。其中，自养微生物在固定 CO_2 的同时，可以将 CO_2 转化为菌体细胞以及许多代谢产物，如有机酸、多糖、甲烷、维生素、氨基酸等。

（1）单细胞蛋白（SCP）。利用 CO_2 生产单细胞蛋白较有潜力的微生物主要是菌体生长速度快的微型藻类及氢细菌，如真养产碱杆菌（*Alcaligens eutrophus*）中以 CO_2、O_2、H_2

及 NH_4^+ 等为底物合成的菌体蛋白可高达 74.2%～78.7%；嗜热红细菌（$P.hydrogenthermophila$）的蛋白含量为 75%。而且这些氢细菌的氨基酸组成优于大豆，接近动物性蛋白，具有良好的可消化性。Yaguchi 等分离的可在 50～60℃下能够快速生长的高温蓝藻的（$Synechococcus$ sp.）倍增时间仅为 3h，蛋白含量为 60% 以上。另外，在日本已经产业化的螺旋藻、小球藻等微型藻类，由于藻体含有丰富的蛋白质、脂肪酸、维生素、生理活性物质等而作为健康食品及医药制品远销海内外。

（2）乙酸。迄今为止，已发现能利用 CO_2 和 H_2 合成乙酸的微生物有 18 种，其中产酸能力最强的是醋杆菌属（Acetobacterium BR－446），在 35℃、厌氧、气相 CO_2：H_2＝1：2 的条件下摇瓶培养 BR-446，其最大乙酸浓度可达 51g/L。利用中空纤维膜反应器和海藻酸钙包埋法培养 BR-446，其乙酸生产速率和乙酸浓度分别为 71g/（L·d）和 4.0g/（L·d），2.9g/L 和 4.0g/L。

（3）生物降解塑料——聚 3-羟基丁酸酯（PHB）。Ishizaki 等人利用真养产碱杆菌（Alcaligenes eutrophus ATCC17697），以 CO_2 为碳源，在限氧条件下的闭路循环发酵系统中培养至 60h，其菌体浓度高于 60g/L，PHB 达 36g/L。而当采用两级培养法时（先异养生长，然后在自养条件下积累 PHB），PHB 的生产速率可达 0.56～0.91g/（L·h），PHB 浓度达 15.23～23.9g/L。

（4）多糖（Polysaccharide）。革兰氏阴性细菌（$Pseudomonas$ $hydrogenovora$）在限氮条件下培养至静止期（30℃、76h），可分泌大量的胞外多糖（12g/L），其单糖组成为半乳糖、葡萄糖、甘露糖和鼠李糖。从海水中分出海洋氢弧菌（$Hydrogenovibrio$ $marinus$ MH-110），在限氧条件下培养，在固定 CO_2 的同时还可分别积累大量的胞外多糖和胞内糖原型多糖。

（5）可再生能源——藻类烃。藻体中储藏着巨大的潜能，有"储能库"之称。其中有望成为工业藻种的有葡萄藻（$Bothyococcus$ $braunii$）、小球藻（$Chlorella$）和盐藻（$Dunaliena$ $salina$）三种。许多研究者发现，提高 CO_2 的浓度可以促进藻类产烃和生长，如用透明玻璃管培养葡萄藻并通以含 1% CO_2 的空气，在对数期产烃量占细包干重的 16%～44%，最大产烃率 0.234g/d/g 生物量。

（6）甲烷。从目前分离到的甲烷细菌的生理学研究可以看出，绝大多数甲烷菌都可以利用 CO_2 和 H_2 生成甲烷，而且个别嗜热菌产甲烷活性很高。如在中空纤维生物反应器中利用热自养甲烷杆菌（$Methanobacillus$ $thermoautotrophicum$）转化 CO_2 和 H_2，则该反应器可保持菌体高浓度及长时间产甲烷活性，甲烷及菌体产率分别为 33.1L/L 反应器/d 和 1.75g 细胞/L 反应器/d，转化率为 90%。在搅拌式反应器中利用詹式甲烷球菌（$Methanococcus$ $jannaschii$），80℃连续转化 H_2 和 CO_2（4：1），菌体和甲烷的最大比生产速率分别达到 $0.56h^{-1}$ 和 0.32mol/g/h。

固定 CO_2 的自养微生物种类繁多，它们在固定 CO_2 的同时还能获得许多高价值的产物，如微型藻类有极高的营养价值，可当作保健食品及医药制品；化能自养菌可利用 CO_2 生成其他能源气体（如一氧化碳、甲烷等）、乙酸及一些功能型多糖。因此利用微生物固定 CO_2 具有极高的应用价值。但目前微生物固定 CO_2 还存在着一系列问题，如固定 CO_2 效率较低，微型藻类和氢细菌的固定 CO_2 过程需要一些严格环境条件等。因此提高微生物的固定 CO_2 能力、简化固定 CO_2 的环境要求、拓展微生物固定 CO_2 的应用领域是今后微生物固定 CO_2

技术及其应用的发展方向。

（二）含硫气体的生物处理

将微生物法应用于含硫工业废气净化处理的历史很短。20 世纪 80 年代初荷兰和德国科学家将其应用于有机废气净化领域，并获得良好净化效果，随即引起日、美、法、英等国的重视。自 80 年代末期开始，该方法已逐渐成为工业废气净化研究的前沿热点课题之一，并且已在世界上一些工业发达国家得到应用。微生物法处理工业废气的过程，实质上是一种氧化分解过程。微生物对工业废气进行分解时，部分被分解物由微生物合成为新细胞；而另一部分被分解物则产生能量以供其繁殖、生长和运动，这一部分有机物最后转化成无害或少害的物质。研究表明，生物膜法对含有苯乙烯、醇类和硫化氢等的工业废气均能有效地处理。例如，日本钢铁厂建成一套利用生物膜法处理工业含硫废气的工业化装置，硫化氢的脱除率达 99.9%，脱硫后气体的硫化氢浓度一般低于 2.94×10^{-7} mol/L（Yunker，1995）。德国肉类加工厂采用生物吸收法净化含有氨、胺、硫醇、脂肪酸、乙醛和少量有机硫化物等的有机废气时，污染物脱除率达 96% 以上，且能除去其中很难治理的恶臭硫化氢气体。该项技术净化效率高，对污染物浓度变化的适应性强，费用和能耗低，避免了污染物交叉介质的转移，基本没有二次污染（Tartakovsky，1996）。

1. 微生物法烟气脱硫技术

煤炭燃烧生成的 SO_2 随烟气进入大气，可能会形成酸雨，对人类生存环境产生极大的危害。目前，SO_2 危害是当今世界空气污染三大环境问题之一。目前可以进入工业化的技术多为物理和化学方法，与这些方法相比，生物法脱硫去除率高、成本低、能耗少，展示了广阔的应用前景。

应用微生物脱硫的研究是伴随着利用微生物选矿的研究而开始的。1947 年，Colmer 和 Hinkle 发现并证实化能自养细菌能够促进氧化并溶解煤炭中存在的黄铁矿，这被认为是生物湿法冶金研究的开始。在 20 世纪 50 年代，Leathan 及 Temple 等就分别发现某些化能自养微生物与煤中硫化铁的氧化有关，并从煤矿废水中分离出氧化亚铁硫杆菌（*Thiobacillus ferrooxidans*）。但直到 20 世纪 70 年代，随着酸雨和大气污染问题的日益严重，微生物脱硫技术才开始得到重视。微生物脱硫技术可以用在很多方面，近年来，在微生物煤炭脱硫、微生物除臭、微生物降解挥发性有机气体的研究和工业应用方面取得了较大进展，而将微生物用于烟气脱硫（BFGD）是一项较新的技术，目前文献报道极少。但随着人们对脱硫微生物认识的进一步提高，微生物脱硫技术将广泛地应用于烟气脱硫。

微生物烟气脱硫的基本原理（曹从荣，2002）。烟气中的 SO_2 通过水膜除尘器或吸收塔溶解于水并转化为亚硫酸盐、硫酸盐；在厌氧环境及有外加碳源的条件下，硫酸盐还原菌（SRB）将亚硫酸盐、硫酸盐还原成硫化物；然后再在好氧条件下通过好氧微生物的作用将硫化物转化为单质硫，从而将硫从系统中去除。可以将微生物烟气脱硫过程划分为两个阶段，即 SO_2 的吸收过程和含硫吸收液的生物脱硫过程。

第一阶段：SO_2 的吸收。利用微小水滴的巨大表面积完成对烟气的吸收，从而使 SO_2 从气相转入液相，并且主要以亚硫酸根、硫酸根的形式存在。吸收效果与吸收液的比表面积、pH、碱度、温度等有关，但主要取决于吸收液的比表面积。该过程的主要反应如下：

$$SO_2(g) \Longrightarrow SO_2(l)$$

$$SO_2(l) + H_2O \Longrightarrow HSO_3^- + H^+$$

$$HSO_3^- \Longleftrightarrow SO_3^{2-} + H^+$$
$$2SO_3^{2-} + O_2 \longrightarrow 2SO_4^{2-}$$

第二阶段：含硫吸收液的生物脱硫。在厌氧环境下，富含亚硫酸盐、硫酸盐的水在硫酸盐还原菌（SRB）的作用下，其中的亚硫酸盐和硫酸盐被还原成硫化物。主要反应如下（此处以甲醇作为硫酸盐还原的电子供体）：

$$HSO_3^- + CH_3OH \longrightarrow HS^+ + CO_2 + 2H_2O$$
$$3SO_4^{2-} + 4CH_3OH \longrightarrow 3HS^- + 3HCO_3^- + CO_2 + 5H_2O$$

在好氧条件下利用细菌将厌氧生成的硫化氢氧化成单质硫，并将单质硫颗粒予以回收。发生反应如下：

$$2HS^- + O_2 \longrightarrow 2S^0 + 2OH^-$$

很显然，该反应增加了系统循环液的碱性，与吸收过程导致吸收液酸性增加的反应互逆，这维持了整个系统 pH 的稳定，从而减少了系统运行时的药剂投加量。在该过程中，硫酸盐还原菌利用 SO_4^{2-} 作为电子受体，将有机物作为细胞合成的碳源和电子供体，同时将 SO_4^{2-} 还原为硫化物。反应后的 SO_4^{2-} 浓度大大降低，同时含碳源有机物中的碳源浓度也随之降低（即 COD 浓度降低）。

目前，全球已经有十几套生物脱硫装置在多个工业领域成功应用，我国宜兴协联热电有限公司 2×125MW 热电机组微生物烟气脱硫装置是全球首个应用于燃煤电厂的烟气微生物脱硫装置。该装置于 2004 年开始设计、建造，2007 年 5 月份开始调试，并于 2008 底正式投入商业运行。宜兴协联热电有限公司 2×125MW 热电机组的烟气排放量为 1 102 264m³/h（烟气量均为标准状态值），SO_2 含量为 974mg/m³，SO_2 排放量 9408t/a。为执行国家环境保护总局颁布的《火电厂大气污染物排放标准》（GB 13223—2003），对 SO_2 排放浓度进行限制，该公司采用荷兰帕克斯环保公司（PAQUES）的厌氧、好氧两步生物反应技术。设计脱硫率不低于 95%，SO_2 处理能力 24.5 t/d，副产物单质硫 12.24t/d，装置投入运行后的 SO_2 排放浓度小于 100 mg/m³（黄海鹏，2010）。

2. 硫化氢的生物处理

目前，工业上 H_2S 气体的净化主要是物理化学法，某些方法虽然治理的效果较好，但要求高温高压条件，需要大量的催化剂和其他化学药剂，会产生二次污染等，因此，含有 H_2S 气体的生物处理成为一个新的研究方向。Saleen 等利用筛选到的一株脱氮硫杆菌硫的耐受株反应去除硫化氢，在厌氧条件下，每克菌体氧化硫化氢 1511～2019mmol/h，脱硫率达 80%。除用脱氮硫杆菌（*Thiobacillus denitrificans*）和派硫杆菌（*T. thioparus*）等细菌直接氧化 H_2S 为硫以外，主要利用氧化亚铁硫细菌（*T. ferrooxidans*）的间接氧化作用，其脱硫原理为

$$2FeSO_4 + \frac{1}{2}O_2 + H_2SO_4 \xrightarrow{\text{微生物}} Fe_2(SO_4)_3 + H_2O$$

$$H_2S + Fe_2(SO_4)_3 \xrightarrow{\text{化学吸收}} 2FeSO_4 + S$$

用微生物法处理含 H_2S 废气主要在生物膜过滤器中进行。在德国和荷兰已有用生物膜过滤器处理含 H_2S 废气的大规模工业应用，去除率达 90% 以上。

（三）氮氧化物的生物处理

氮氧化物是污染大气的主要污染物之一，是诱发光化学烟雾和酸雨的主要原因之一。它

主要来自化石燃料燃烧和硝酸、电镀等工业废气以及汽车排放的尾气，其特点是量大面广，而且难以治理。全球每年排入大气的 NO_x 总量达 3000 万 t，而且还在持续增长。传统的 NO_x 转化采用物理化学方法，包括催化转化、燃烧、吸附等。物理化学方法一般费用较高，操作比较烦琐，因此，世界各国都在努力寻找和研究高效低成本的 NO_x 治理技术。近年来，生物法净化废气开始应用于化工厂排放的废气和其他气态污染物的治理，生物法与传统的物理和化学法相比，具有工艺设备简单、能耗小、处理费用低、二次污染少等特点。

生物法净化 NO_x 的过程与净化其他挥发性有机气体和臭气一样，也是利用微生物的生命活动将 NO_x 转化为无害的无机物及微生物的细胞质。NO_x 由气相转移到液相或固相表面的液膜中，然后 NO_x 在液相或固相表面被微生物净化。微生物净化氮氧化物有硝化和反硝化两种机理。

1. 硝化机理

硝化处理 NO 生物滤器的研究首先是戴维斯加州大学提出的（Nascimento，2000），该实验以能利用 NH_4^+ 作为能源的自养菌去除废气中的 NO，去除率达到 70%，这主要是亚硝化细菌和硝化细菌的硝化作用。这类细菌都是专性好氧的自养型细菌，以氧为最终电子受体，氧化无机物获得能量，以 CO_2 为碳源合成细胞物质。亚硝化细菌包括亚硝化单胞菌属（Nitrosomonas）、亚硝化球菌属（Nitrosococcus）、亚硝化螺菌属（Nitrosospira）和亚硝化叶菌属（Nitrosolobus）等。硝化细菌包括硝化杆菌属（Nitrobacter）、硝化刺菌属（Nitrospina）、硝化球菌属（Nitrosococcus）和硝化螺菌属（Nitrospira）等。由于自养硝化细菌所用基质的能量低，硝化细菌生长很缓慢。Davidova 等利用鼓风炉炉渣（直径 20～40mm，比表面积 120m^2/m^3）作为填料的生物滴滤器来处理 NO。实验考察了生物过滤器运行的稳定性、空床停留时间和营养物的加入对 NO 去除能力的影响。实验利用活性污泥作接种剂，用葡萄糖、发酵粉、磷酸盐和 $NaHCO_3$ 作为外加营养物，培养驯化降解 NO 所需生物膜的时间是 6 周，其中有 2 周时间由于缺乏碳源导致生物膜从填料表面脱落下来（Davidova，1997）。

目前，生物法净化 NO_x 已有工程应用的实例。土壤净化法通过室内试验、室外小规模试验，已在日本进入工程实用初期阶段。该工程将土壤空气净化系统设置在高架道路及围绕高层建筑扩散条件恶劣的道路沿途、隧道及交通流量大的十字路口等 NO_x 气体污染集中的地方，治理道路沿途的 NO_x 污染。NO_x 污染空气由引风机抽吸通过风道送至土壤床层下的通气层，注入臭氧使 NO 氧化成 NO_2 以提高 NO 去除率，再进入土壤层，土壤以黑土为主，与园林用土混合以提高通水通气性，并在其上栽培植物。NO_x 污染空气通过土壤颗粒的吸附、土壤水溶液的溶解及土壤微生物作用而得到净化。表 4-3 是日本土壤净化系统实例。该法易于管理，处理过程无废弃物，还能去除悬浮颗粒物（SPM）和 CO 等污染物。但同时存在着使用臭氧氧化 NO 会增加投资和运行费用，土壤净化系统占地面积很大，负荷低等缺点，因此，该法还在不断改进之中（王士盛，2001）。

表 4-3　　　　　　　　　　土壤空气净化系统实例

地　　点	处理对象	运行时间	规　　模
东大阪市中央环路（1）	道路沿线污染空气（中央环路车流量为 11.5 万辆/d）	1995.10～1997.3	15m^2×5 个地点，1080m^2/h
东大阪市中央环路（2）			50m^2 3600m^2/h

续表

地　　点	处理对象	运行时间	规　　模
吹田市泉町	道路沿线污染空气（国道 479 号车流量 5.4 万辆/d）	1997.3	500m² 36 000m²/h
阪奈隧道	隧道换气（第 2 阪奈公路车流量 3 万辆/d）	1997.4	400m² 28 800m²/h
大和町 NO_x 去除试验	道路沿线污染空气（国道 17 号车流量 9.3 万辆/d）	1998.7	40m² 5760m²/h

2. 反硝化机理

NO_x 中 NO_2 和 NO 溶解于水的能力差别较大，因此净化机理也不同（蒋文举，1999）。

在反硝化过程中，NO 在水中溶解度很小，其净化的可能途径有两条：一是 NO 溶解于水；二是被反硝化细菌吸附，然后在其氧化氮还原酶的作用下被还原为 N_2。NO_2 先溶于水形成 NO_3^-、NO_2^- 及 NO，化学反应式为

$$2NO_2 + H_2O \longrightarrow HNO_3 + HNO_2$$

$$3HNO_2 \longrightarrow HNO_3 + 2NO + H_2O$$

NO_3^- 在微生物硝酸盐还原酶的作用下还原为 NO_2^-，NO_2^- 在亚硝酸盐还原酶的作用下再还原为 NO，最后 NO 被吸附在微生物表面后，在氧化氮还原酶的作用下被还原为 N_2。

反硝化细菌的种类很多，包括光合细菌（phototrophs）、自养菌（lithotrophs）、异养菌（heterotrophs）（包括原核生物和真核生物）等（Tiedje，1988）。虽然在有氧条件下也发现了反硝化过程，但一般非常缓慢，尽管氧气对不同的 NO 还原酶的抑制作用似乎互不相同。研究表明，反硝化细菌在厌氧条件下对 NO 有很强的亲和力，从而能大大增强反硝化作用（Remde，1991；Schuster，1992）。Barnes 等利用堆肥生物滤床反硝化脱除 NO。研究结果显示，在进气 NO 浓度为 335～670mg/m³、停留时间为 2min 的条件下，当通入 O_2 的含量小于 3%、NO 浓度为 670mg/m³ 的氮气时，生物滤床的 NO 去除率超过 90%；而通入含 5%O_2、NO 浓度为 335mg/m³ 的氮气时，生物滤床的 NO 去除率只有 40%～45%。这表明 O_2 的含量对反硝化脱除 NO 能力影响非常显著（Barnes，1995）。

由于反硝化细菌是一种兼性厌氧菌，以 NO 作为电子受体进行厌氧呼吸，所以它不像好氧呼吸那样释放出更多的能量，因此合成的细胞物质也较少。因此，该处理方法的缺点是要求额外提供微生物生长所需要的基质。

美国爱达荷国家工程实验室（Idaho National Engineering Laboratory）的研究人员最早发明用脱氮菌还原烟气中 NO_x 的工艺（Samdam，1993）。将浓度为 100～400mg/m³ 的 NO 烟气通过一个装填堆肥的填料塔，其上生长绿脓假单胞脱氮菌（*Pseudomonas denitrificans*），堆肥可作为细菌的营养源，每隔 3～4d 向堆肥床层中滴加蔗糖溶液（作为外加碳源），烟气在塔中停留时间约为 1min，测得当 NO 进口浓度为 335mg/m³ 时，NO 的去除率达到 99%。塔中细菌的最适温度为 30～45℃，pH 为 6.5～8.5。

第三节　污染大气的植物修复

大气污染物可以分成物理性大气污染物、生物性大气污染物和化学性大气污染物三类。

一、物理性大气污染物的植物修复机理

1. 绿色植物的减尘滞尘作用

粉尘是主要的物理性大气污染物。绿色植物都有滞尘的作用，但其滞尘量的大小与树种、林带宽度、种植状况和气象条件有关。植物叶片蒙尘的方式有停着、附着和黏着。叶片狭小、小枝开张度小、叶面较光滑者多为停着；叶片宽大平展，小枝开张度大，叶面粗糙、有绒毛，则表现为附着；枝叶能分泌树脂、黏液，则表现为黏着。

植物的滞尘能力是指单位叶面积单位时间内滞留的粉尘量（刘光立、陈其兵，2004）。绿地、林带对减少大气降尘和飘尘的效果显著。据各地测定，无论是春、夏、秋、冬，绿地中降尘量都低于工业区、商业区和生活居住区。绿地对减少空气飘尘量的效果也很显著，以公园绿地飘尘量为最低。

植物，特别是林木，对大气中的烟尘、粉尘有很大的阻挡、过滤和吸附作用。林木的减尘作用表现在两个方面：第一，林木树冠茂密，具有强大的降低风速的作用，随着风速的降低，空气中携带的烟尘和较大颗粒粉尘迅速降落到树木的叶片和地面上；第二，不同树木叶片表面的结构不同，一般而言叶片较多、叶面积较大、表面粗糙有绒毛、分泌黏性物质的植物滞尘能力较强，如核桃、板栗、臭椿、侧柏等可被选为滞尘树种，用于防尘林带的建立。

2. 城市大气颗粒污染物的植物滞留

城市大气中的物理性颗粒主要指粉尘。粉尘可以黏附其他污染物，从而造成多重危害。研究表明，城市的绿化植物可以通过吸滞粉尘，以及减少空气含菌量而起到净化空气的作用；城市绿化植物的滞尘能力一直是城市森林设计中的重要依据。国外对树木滞尘能力的研究较早，20世纪70年代就已经开始，并提出了森林植被是颗粒态污染物蓄积库的说法，它们的研究重点集中于树木滞纳放射性颗粒物和痕量金属污染物方面。美国环境保护局在1976年就制订了一个典型示范的计划，利用城市木本植物的能力来改善空气质量。我国自20世纪90年代以来，也有一些学者进行树木滞尘方面的研究。对北京市的研究表明，绿化覆盖率每增加一个百分点，可在 $1km^2$ 内降低空气粉尘 23kg、降低飘尘 22kg，合计 45kg。12 年生旱柳每年每公顷可滞尘 8t，20 年生家榆每年每公顷可滞尘 10t（滕雁梅，2008）。鲁敏、李英杰、齐鑫山（2003）研究了城市绿地滞尘效应，结果表明乔木树种占滞尘总量的87.0%，灌木占 11.3%，草坪占 1.7%，说明对空气中灰尘起净化作用的植物主要是乔木。

二、生物性大气污染物的植物修复机理

空气中一些原有的微生物（如芽孢杆菌属、无色杆菌属、八迭球菌属及一些放线菌、酵母菌和真菌等）和某些病原微生物都可能成为经空气传播的病原体，即生物性大气污染物。由于空气中的病原体一般都附着在尘埃或飞沫上随气流移动，绿色植物的滞尘作用可以减小病原体在空气中的传播范围，并且植物的分泌物具有杀菌作用，因此植物可以减轻生物性大气污染（骆永明等，2002）。植物通过其叶片上的气孔和枝条上的皮孔感知外界有害物质的刺激，当植物受到创伤时能够分泌出大量其所固有的、具有杀菌作用的挥发性物质，保护自身不受伤害。

通常，空气中的尘粒上附有不少细菌，其中不少还是对人体健康有害的病菌。城市空气中通常存在 37 种杆菌、26 种球菌、20 种丝状菌、7 种芽生菌，另外还有多种病菌。在林区，大气中的尘埃少，各种细菌数量也少，这是由于绿色植物的减尘作用，使得空气中的细菌含量减少了。同时，某些树木还能分泌挥发性杀菌物质，即植物杀菌素，如丁香酚、松脂、肉桂油等，具有杀菌能力。据报道，将一些杀菌能力强的树种如黑核桃、法国梧桐、紫薇、松柏、白皮松、雪松等的叶片粉碎后能在几分钟内杀死原生动物。1928~1929 年，托金研究了洋葱、大蒜、芥、辣根菜等植物的新鲜碎糊所散发出的挥发性物质，发现这些物质具有杀死葡萄球菌、链球菌及其他细菌的作用（谢慧玲等，1997）。珍珠梅挥发出的杀菌素对金黄色葡萄球菌、绿脓杆菌的杀死率达到 100%，对致病力最强的牛型结核杆菌和一些土壤型抗酸结核杆菌都有很强的杀菌作用，且效果稳定。稠李分泌的杀菌素，能杀死白喉、肺结核、霍乱和痢疾的病原菌，0.1g 磨碎的稠李冬芽甚至能在 1s 内杀死苍蝇。药理学家、毒理学家已经知道百里香油、丁香粉、天竺葵油、柠檬油有杀菌作用。

据有关部门测定：在人流稀少的绿化带和公园中，空气中的细菌量一般在 1000~5000 个/m²；在公共场所或闹市区，空气中的细菌量高达 20 000~50 000 个/m²；基本没有绿化的闹市区比行道树枝繁叶茂的闹市区空气中细菌量要高 0.8 倍左右。由此可见，绿化对减少空气中的细菌的效果是十分明显的。总之，用植物净化大气环境是一种经济有效的措施，在加强治理和控制污染源排放量的前提下，大力提倡植树种草、绿化造林，对改善环境会起到很大的作用。

三、化学性大气污染物的植物修复机理

大气环境中的毒害化学物质是化学性大气污染物。植物除了可以监测大气的化学性污染外，更重要的是植物可以吸收大气中的化合物或毒害性化学物质。通过植物对大气污染物的净化作用可以显著地降低大气中的污染物质成分，从而起到改善空气质量的作用。

随着世界各地工业化、城市化和现代化的迅速发展，在这样快速发展的背景下由人为因素造成的大气污染已成为人类亟待解决的环境问题之一。这些大气污染尤其以化学性污染物为主，这些污染物不仅对人体而且对整个生态系统造成严重影响。我国主要城市的大气污染物中有 50% 以上来自汽车尾气的排放。发达国家如法国的巴黎，数量庞大的机动车排放的尾气污染导致人体呼吸系统疾病的发病率不断增高，也严重影响城市景观。这些污染物会形成更难降解的二次污染物，导致化学烟雾的形成。值得一提的是，室内空气污染日益被人们所重视，人们已经认识到炊事、家具、建筑装饰材料等也会释放无机物、有机物和放射性物质。控制和治理这些大气污染是维持和提高环境质量、保障生态安全和人体健康的迫切需要，也是社会经济可持续发展的内在需求。但是化学性污染物的修复不仅成本高而且收效甚微，而植物修复是一种经济、有效、非破坏型的环境污染修复方式，具有操作简单、成本低等特点，是一种易为社会公众和政府管理机构接受的、有潜力的修复工程技术。

植物净化化学性大气污染的主要过程是持留和去除。持留过程涉及植物截获、吸附和滞留等，去除过程包括植物吸收、降解、转化、同化和超同化等。植物可以通过多种途径净化化学性大气污染物，有的植物有超同化功能，有的植物有多过程的作用机制。

1. 植物吸附与吸收的修复

植物通过其叶片上的气孔和枝条上的皮孔，将大气污染物吸收到体内，在体内通过氧化还原过程进行反应而生成无毒物质，通过根系排出体外，或积累储藏于某一器官内（张永

生、房靖华，2003）。这一过程即是对大气污染物的吸收修复。植物对于污染物的吸附与吸收主要发生在地上部分的表面及叶片的气孔。在很大程度上，吸附是一种物理性过程，其与植物表面的结构，如叶片形态、粗糙程度、叶片着生角度和表面的分泌物有关。已有实验证明，植物表面可以吸附亲脂性的有机污染物，其中包括多氯联苯（PCBs）和多环芳烃（PAHs），其吸附效率取决于污染物的辛醇-水分配系数（姚超英，2007）。植物可以吸收大气中的多种化学物质，包括 CO_2、SO_2、Cl_2、HF、重金属（Pb）等。植物吸收大气污染物主要是通过气孔，并经由植物维管系统进行运输和分布。对于可溶性的污染物包括 SO_2、Cl_2、HF 等，随着污染物在水中溶解性的增加，植物对其吸收的速率也会相应增加。湿润的植物表面可以显著增加对水溶性污染物的吸收。光照条件由于可以显著地影响植物生理活动，尤其是控制叶片气孔的开闭，因而对植物吸收污染物有较大影响。对于挥发或半挥发性的有机污染物，污染物本身的物理化学性质包括相对分子质量、溶解性、蒸汽压和辛醇-水分配系数等直接地影响到植物的吸收（吕海强、刘福平，2003）。气候条件也是影响植物吸收污染物的关键因素，植物在春季和秋季吸收能力较强，不同植物对不同污染物的吸收能力有较大的差异。

2. 植物的降解修复

植物降解是指植物通过代谢过程来降解污染物或通过植物自身的物质如酶类来分解外来污染物的过程。能直接降解有机污染物的酶类主要有脱卤酶、硝基还原酶、过氧化物酶、漆酶和腈水解酶等（张翠萍、温琰茂，2005）。同位素标记实验表明，植物中的酶可以直接降解三氯烯（TCE），先生成三氯乙醇，再生成氯代乙酸，最后生成 CO_2 和 Cl_2。

3. 植物的转化修复

植物吸收污染物后，通过代谢过程来降解污染物或通过植物自身的物质如酶类来分解植物体内外来污染物，最终将污染物由一种形态转化为另一种形态。植物转化是植物保护自身不受污染物影响的重要生理反应过程。植物转化需要植物体内多种酶类的参与，其中包括乙酰化酶、巯基转移酶、甲基化酶、葡糖醛酸转移酶和磷酸化酶等（陶雪琴等，2007）。通常植物不能将有机污染物彻底降解为 CO_2 和 H_2O，而是经过一定的转化后隔离在植物细胞的液泡中或与不溶性细胞结构如木质素相结合，在不同酶的作用下转化为低毒性物质。

4. 植物的同化和超同化修复

植物同化是指植物对含有植物营养元素的污染物吸收并同化到自身物质组成中，促进植物自身生长的现象。除 CO_2 外，植物可以有效地吸收空气中的 SO_2，并迅速将其转化为亚硫酸盐成硫酸盐，再加以同化利用。超同化植物是指具有超吸收和代谢大气污染物能力的天然或转基因植物。超同化植物可将含有植物所需营养元素的大气污染物如氮氧化合物、硫氧化合物等，作为营养物质源高效吸收与同化，同时促进自身生长。这种现象也可以称为超同化作用。从天然植物中筛选或通过基因工程手段培育"超同化植物"及对其理论和技术的发展是今后一项重要而有应用前景的研究工作。

NO_2 是汽车尾气中重要的大气污染物，可以利用筛选"嗜 NO_2 植物"吸收 NO_2，将其中的氮转化为植物本身的有机组分。可以尝试从自然界中寻找一种以 NO_2 作为唯一氮源的"嗜 NO_2 植物"。Morikawa 等研究了 217 种天然植物同化 NO_2 的情况，包括从行道两边采集 50 种野生草本植物、60 种人工草本植物、107 种人工木本植物进行实验，采用的方法是人工熏气实验，用 ^{15}N 标记熏气用的 NO_2 气体。结果发现，不同植物同化 NO_2 能力的差异达 600 倍。在 217 种天然植物中，有 9 种植物同化 NO_2 中氮的指数超过了 10%，其中茄科和杨柳科两个科中的植物具有较高的同化 NO_2 的能力。因为二氧化氮中的氮源在这些植物新陈代谢过程中起着很重要的作用，故可用来筛选"嗜 NO_2 植物"（姚超英，2007）。

四、大气污染的植物修复案例

1. 植物体对生物性大气污染物的修复研究

罗充、理燕霞、张伟等对贵阳市 19 种植物的杀菌作用进行研究，选取三种常见病原菌金黄色葡萄球菌、大肠杆菌、铜绿假单胞杆菌进行实验，选取等量新鲜无病经消毒的不同植物叶片研磨成匀浆，将各植物的匀浆液分别加入放有 50 片自制的药敏纸（直径 0.5cm）的无菌试剂瓶中，使其充分浸润，然后各取 4 片均匀放在加入菌液的平板及空白平板上，测量其抑菌圈的直径。每个树种对每一菌种做 6 次重复，最后得出以下结论，如表 4-4（罗充等，2005）所示。

表 4-4　　　　　　　　园林植物对细菌抑菌圈大小的影响　　　　　　　（单位：mm）

树种	金黄色葡萄球菌	大肠杆菌	铜绿假单胞杆菌
八角金盘	9.71	9.67	11.83
火棘	9.87	10.57	10.60
凤尾竹	7.79	8.53	7.43
红花木	9.33	10.97	10.30
棕榈	10.13	11.47	10.2
桂花	9.17	9.53	9.10
樟树	11.10	10.43	8.13
金叶女贞	9.83	10.10	11.00
芭蕉	10.40	11.03	10.97
花叶长青藤	9.43	9.97	10.90
杜鹃	9.03	11.33	9.67
苏铁	9.70	9.30	10.03
云南素馨	11.50	8.74	7.90
红豆杉	9.54	10.17	9.73
紫藤	10.27	9.30	10.03
紫叶小檗	8.77	11.47	10.80
五叶地锦	11.87	9.13	10.07
黄槐	9.10	9.00	9.67
阔叶十大功劳	9.30	9.10	11.07

2. 植物吸附与吸收修复案例

（1）植物的滞尘案例。根据北京地区测定，绿化树木地带对飘尘的减尘率为 21%～39%，而南京地区测得结果为 37%～60%，因此可以说森林是天然吸尘器。并且由于森林树木高大，林冠稠密，能减小风速，也就可以使尘埃沉降下来，从而达到净化大气的作用。植物对于污染物的吸附与吸收主要发生在地上部分的表面及叶片气孔，将其吸附在叶片的表面。很大程度上植物的吸附过程是一种物理过程。除了吸收颗粒物质和杀菌外，植物还可以吸收空气中的气态污染物，包括 SO_2、Cl_2、HF 等。植物吸收大气中的污染物主要是通过气孔，并经植物维管系统进行运输和分布。对于可溶性的污染物包括 SO_2、Cl_2 和 HF 等，随着污染物在水中溶解性的增加，植物对其吸收的速率也会相应增加，湿润的植物体表面可以显著增加对水溶性污染物的吸收，光照和温度会影响植物体叶片的气孔开闭，因而对污染物的吸收有较大影响。绿色植物吸收有害气体主要是靠叶片进行的。一般来说，叶片面积越大，净化能力就越强，叶片面积同净化能力成正比。庞大的叶面积在净化大气方面起到了重要作用。

根据我国中国科学院南京植物所在水泥粉尘源附近的调查与测定，各种树木叶片单位面积上的滞尘量如表 4-5（赵景联，2006）所示。

表 4-5　　　　　　　　　　　　各种树木叶片的滞尘量　　　　　　　　（单位：g/m²）

树种	滞尘量	树种	滞尘量	树种	滞尘量
刺楸	14.53	楝子	5.89	泡桐	3.53
榆树	12.27	臭椿	5.88	五角枫	3.45
朴树	9.39	枸树	5.87	乌桕	3.39
木槿	8.13	三角枫	5.52	樱花	2.75
广玉兰	7.1	夹竹桃	5.39	腊梅	2.42
重阳木	6.81	桑树	5.28	加拿大白杨	2.06
女贞	6.63	丝绵木	4.77	黄金树	2.05
大叶黄杨	6.63	紫薇	4.42	桂花	2.02
刺槐	6.37	悬铃木	3.73	栀子	1.47

（2）植物对 SO_2 的吸附与吸收。大气中的 SO_2 含量低时，对植物并没有害处，因为硫可以被植物吸收同化，但是当空气中的 SO_2 浓度过高时，会破坏植物的组织，使叶脉之间出现不同色泽的斑块，甚至引起植物死亡。不同植物对 SO_2 的敏感性相差很大。总的来说，草本植物比木本植物敏感，阔叶林中落叶的比常绿的抗性弱。各种树木叶片都含有一定数量的硫，植物体内硫的含量因植物种类的不同而异，一般叶片中硫含量为 0.1%～0.3%（干重）左右。在 SO_2 污染环境中生长的植物，其叶片硫含量高于本底值数倍至数十倍。国内外大量调查研究资料表明，一般常绿阔叶林对二氧化硫的抗性较强；落叶树种受害后多发生落叶现象，抗性较弱。针叶林中既有抗性强的，如侧柏等；又有抗性弱的，如雪松等。人们在长期研究中通过实验、观察、分析得知，根据对 SO_2 吸收能力的不同，可将树种分为吸硫能力较强树种、吸硫能力中等树种和对 SO_2 较敏感树种（丁菡、胡海波，2005）。

（3）植物对 Cl_2 的吸附与吸收。植物对 Cl_2 具有一定的吸收和积累能力，多数植物叶片中 Cl_2 含量在 0.3～5g/kg 干重之间。在 Cl_2 污染环境中生长的植物，能不断地从环境中吸收 Cl_2，其含量远高于本底值，一般能高出数倍。这种吸收和积累的量，就是植物净化大气 Cl_2 污染的能力。据测定，以下每公顷林地的吸氯量分别为柽树 140kg、皂荚 80kg、银桦 35kg、华山松 30kg、垂柳 9kg。实验证明，吸氯量高的树种有京桃、山杏、家榆、山梨、山楂；吸氯量中等的植物有花曲柳、糖槭、落叶松、皂角、枣树、枫杨、文冠果等。

（4）植物对氟的吸附与吸收。自然界植物具有一定吸收氟的能力，在能忍受的范围内，植物会不断吸收氟化物而不会受伤害。当 HF 浓度较低时，具有抗性的植物可以吸收一部分 HF。鲁敏、程正渭、李英杰（鲁敏等，2005）在对绿化植物对氟的吸滞能力的研究中得出：吸滞大气氟污染能力强的树种有榆树、花曲柳、刺槐、旱柳等，其吸氟量高〔吸氟量＞

12g/（m² 叶面积·a）]；吸滞能力中等的有云杉、梓树、美青杨、桂香柳、桧柏，其吸氟中等［吸氟量在 6～12g/（m² 叶面积·a）]；吸滞能力弱的有紫丁香、卫矛、臭椿，其吸氟低［吸氟量＜6g/（m² 叶面积·a）]。

（5）植物对汞的吸附与吸收。城市绿化中，国槐长势旺盛，枝条多，树冠大，遮阴效果好，具有较强的吸收污染物的能力，薛皎亮研究了太原市街道绿化树种国槐中铅的含量如表4-6（赵景联，2006）所示，发现其值明显高于清洁对照区国槐中铅的含量。庄树宏、王克明对烟台市不同地区植物叶片中对 Pb 的富集研究表明，各区绿化植物叶片中 Pb 的含量，依次为园柏＞侧柏＞悬铃木＞冬青卫茅＞樱桃李（庄树宏、王克明，2000）。

表 4-6　　　　　　　　　太原市各采样区国槐枝条含铅量

采样点	车流量/（辆/h）	枝含铅量（1994）/（μg/g）	枝含铅量（1996）/（μg/g）
火车站街	4609	6.80	9.00
汽车站街	3861	6.20	8.25
五一广场	3561	6.15	7.49
新建路口	3367	4.70	6.25
大南门	3166	4.60	6.03
青年路口	2222	4.55	5.92
桥东路	2145	4.50	5.40
清洁区	—	＜0.50	＜0.50

将棕榈种植在汞浓度平均为 $10.84\mu g/m^3$ 的环境中，全暴棕榈叶、茎、根均可吸收汞。其中以叶内汞含量增高最明显，其次为茎，根最低，并且随时间的延长而不断蓄积。各部位对汞的吸收量呈现叶＞茎＞根。由此表明，空气中汞主要由叶吸收。上海市某地区测定以下植物对汞的吸收量分别为夹竹桃 96（μg/g 干重）、棕榈 84、樱花 60、桑树 60、大叶黄杨 52、八仙花 22、美人蕉 19.2、紫荆 7.4、广玉兰 6.8、月桂 6.8、桂花 5.1、珊瑚树 2.2、腊梅 1.4（所有对照植物中都不含 Hg）。

综上，我们可以看到不同植物对不同大气成分的吸收情况，而且这些植物还能够改变城市景观，因此选择合适的树种对于修复城市大气污染物有着非常重要的作用，表 4-7（丁菡、胡海波，2005）总结了不同绿化植物对大气污染物的修复能力。

表 4-7　　　　　　　　　不同树种对大气污染的修复作用

主要污染物	修复能力	乔木	灌木、草本等
SO₂	强	女贞、构树、棕榈、沙枣、苦楝、石榴、樟树、小叶榕、垂柳	凤尾兰、夹竹桃、丁香、玫瑰、冬青卫茅
	较强	桑树、合欢、榆树、朴树、紫藤、紫穗槐、梧桐、国槐、泡桐、白蜡、玉兰、广玉兰、栾树	竹子、榆叶梅、竹节草
	敏感	复叶槭、梨、苹果、桃树、核桃、油松、黑松、沙松、雪松	向日葵、紫花苜蓿、月季、暴马丁香、连翘

续表

主要污染物	修复能力	乔木	灌木、草本等
Cl₂	强	棕榈、木槿、构树、女贞、罗汉松、加拿大杨、紫荆、紫薇	小叶黄杨、夹竹桃、冬青卫茅、凤尾兰
	较强	臭椿、朴树、小叶女贞、桑树、梧桐、玉兰、枫树、龙柏、花曲柳、桂香柳、皂角、枣树、枫杨	大叶黄杨、文冠果、连翘、石榴
	敏感	垂柳、银杏、水杉、银白杨、复叶槭、油松、悬铃木、雪松	万寿菊、木棉、假连翘、向日葵、黄菠萝
HF	强	女贞、棕榈、小叶女贞、朴树、桑树、构树、梧桐、白皮松	小叶黄杨、冬青卫茅、凤尾兰、美人蕉
	较强	木槿、辛树、苦楝、合欢、白蜡、旱柳、广玉兰、玉兰、刺槐、国槐、杜仲、臭椿、旱柳	小叶黄杨、石榴、丁香、紫丁香、卫矛、毛樱桃、接骨木
	敏感	葡萄、杏树、黄杉、稠李、樟子松、油松、山桃、钻天杨	唐菖蒲、小苍兰、郁金香、苔藓、烟草
气态汞	较强	瓜子黄杨、广玉兰、海桐、蚊母、墨西哥落叶杉、棕榈	

3. 植物的转化修复技术案例

最为典型也最为重要的转化修复是利用植物的光合作用吸收大气中的二氧化碳，释放出氧气。已有研究表明，可以利用基因工程技术使植物将空气中的 NO_x 大量地转化为 N_2 或生物体内的氮素，原理是 NO_3^-（或 NO_2^-）在反硝化细菌的作用下可以转化成 N_2，在真菌的作用下就会转化成 N_2O，这一作用即反硝化作用。反硝化作用在全球氮循环中有很重要的作用。可以尝试利用基因工程技术，将这种"功能"植入植物体内，借助这种气-气转化，植物把 NO_2 转化为 N_2O 或者 N_2。广岛大学的森川等先后调查了道边杂草、树木和花坛草木计 220 种植物的氮同化能力。发现二氧化氮同化能力强的植物是野生菊科的某些植物，如赤桉、金合欢等，最弱的是凤梨科的某些植物，这两类植物的同化能力竟相差 1000 倍。进一步研究证实，同化能力强的多为菊科植物，而稻科和凤梨科植物一般较低。绿色植物对 CO 及 NO 也有较强的吸收作用。据报道，当污染源附近 NO 浓度为 $0.22mg/m^3$ 时，在距离污染源 $1000\sim1500m$ 处，绿化带处浓度为 $0.07mg/m^3$，非绿化带处浓度为 $0.13mg/m^3$，即绿化带处比非绿化带处 NO 浓度低近 1 倍；当公路边 CO 浓度为 $15.1mg/m^3$ 时，在公路两边的绿化林内 $5\sim10m$ 处，CO 浓度就降到 $3mg/m^3$ 以下。冬青、法国梧桐、洋槐、刺槐、银杏等对光化学烟雾的 O_3 有较强的吸收能力（韩阳等，2005）。

4. 植物的同化、超同化修复技术案例

大气有害物质中的硫、碳、氮等都是植物生命活动所需的营养元素，植物通过气孔，将二氧化碳、二氧化硫等气体吸入体内，参与代谢，最终以有机物的形式储存在氨基酸和蛋白质中。

高浓度的 CO_2 是一种大气污染物。绿色植物对维持氧气和二氧化碳平衡起着十分重要的作用，它既是生态环境中氧气的主要制造者，又是二氧化碳的主要消耗者。二氧化碳是植

物光合作用的主要原料。在高产作物中，生物产量的90%取自于空气中的二氧化碳，5%～10%来自于土壤。因此，二氧化碳对植物生长发育起着极其重要的作用。绿色植物光合作用吸收二氧化碳、放出氧气，又通过呼吸作用吸收氧气、放出二氧化碳。但是，由于光合作用吸收的二氧化碳要比呼吸作用排出的二氧化碳多20倍，因此，总的计算是消耗了空气中的二氧化碳，增加了空气中的氧气。植物吸收二氧化碳的能力很大，植物叶片形成1g葡萄糖需要消耗2500L空气中的二氧化碳。据测定，$1hm^2$常绿阔叶林，每年可释放20～25t氧气，$1hm^2$针叶林每年可释放30t氧气。而每年被地球上全部植被所吸收的二氧化碳为$93.6\times10^{11}t$（韩阳等，2005）。

利用植物同化作用还可以对大气中二氧化硫和氟化氢污染进行修复。佛山市陶瓷工业区（东村、五星和植物园三个样点）绿色植物对SO_2和氟化物的吸收净化能力试验表明，由于东村的大气环境质量极为恶劣，参试的32种植物中仅有菩提榕等14种植物能存活，五星也只有红花木莲等29种植物能存活。同种植物生长在东村的叶片含硫量比生长在五星的更高，说明植物对SO_2的吸收量与大气SO_2浓度成正比。吸收量上，生长在东村的菩提榕吸收量最大，1kg干叶可吸硫16 985mg（下同），其次是仪花（15 063mg）、小叶榕（14 581mg）和铁冬青（14 526mg）等，其含硫量是清洁区的1.5～6倍。这些植物在恶劣的环境中长势良好，不但表现出很强的抗性，而且对大气中的SO_2有很强的吸收净化能力。

第四节　大气污染的综合修复技术

物理化学修复技术在近年来的治理污染方面出现很多问题。物理修复技术常会出现如修复效果不尽如人意、所需费用较高、耗费人力物力较多、有可能引起二次污染等情况；由于化学修复技术引入的化学助剂可能对生态系统有负面影响，人们对它们在生态系统中的最终行为和环境效应还不完全了解，大规模的实地应用还十分有限（赵景联，2006）。虽然比起物理化学修复技术来说，生物修复技术有很多的优势，但是生物修复技术也有很多的限制条件，如生物修复必须遵循一些原则：①生物修复的首要条件是必须有合适的生物，这些生物是指具有正常生理和代谢能力，并且能使污染物以较快的速度降解或转化，在修复过程中也不会产生毒性物质的生物群体；②其次，是适合的场地，是指要有污染物和合适的生物相接触的地点，污染场地不含对降解菌种有抑制作用的物质且目标化合物能够被降解；③适合的环境条件是指要控制或改变环境条件，使生物的代谢与生长活动处于最佳状态。环境因子包括温度、湿度、O_2、pH值、无机养分、电子受体等（陈玉成，2003）。于是在各项修复技术的基础上，一些新的综合修复技术就产生了。本节将探讨综合修复技术。

一、物理与生物综合修复技术

在用生物方法处理许多污染气体时，由于污染废气中含有大量的金属元素，在生物处理技术，尤其是微生物处理中往往会影响微生物的正常机理活动，进而影响到污染气体的处理效果，于是人们就想把这些污染废气中的重金属用物理的方法先处理掉，进一步再应用生物修复技术处理其他污染物质，这样可以使一些很难修复的废气得以修复。

1. 新式生物洗涤法

生物洗涤法是一种常用的处理废气的生物方法，此技术在处理废气时费用消耗少，操作相对简单，曾在处理气态大气污染物方面应用颇多，但是由于现在污染废气出现多元化，很多污染物很难应用传统的生物洗涤法去除；目前的生物洗涤法是在传统生物洗涤的前端适当安装物理处理装置，使得一些难以应用生物洗涤法去除的废气得以彻底的清除（庄兆军，2012）。

2. 新式生物洗涤法的原理及方法

原理：在调节池阶段，主要是根据后续的微生物需要利用物理方法溶解处理部分污染物，为后续处理做好准备；在洗涤反应阶段，利用微生物、营养物和水组成的混合液吸收废气中可溶性的气态污染物，吸收了废气的微生物混合液再进行好氧处理，降解污染物，经处理后的微生物吸收液可循环使用。

工艺和装置：从整体来看，由调节池和洗涤反应设备组成，在洗涤阶段又可分为废气吸收段和悬浮液再生段两部分；由吸收设备（物理溶解过程）和再生反应器（生物处理过程）两部分组成；两部分停留时间不同，在两个独立单元中进行。

洗涤反应装置：由一个吸收室和一个再生池构成。生物循环液自吸收室顶部喷淋而下，使废气中的污染物和氧转入液相，吸收了废气中组分的生物悬浮液流入再生反应器（活性污泥池）中，通入空气充氧再生生物循环液，被吸收的有机物通过微生物作用，最终从活性污泥悬浮液中除去。

3. 新式生物洗涤法的应用实例

日本一铸造厂采用此法处理含胺、酚和乙醛等污染物的气体，由于锻造尾气中经常会含有重金属等颗粒污染物，若用传统的生物洗涤法，则某些微生物在重金属的影响下，活性往往会受影响进而使处理废气能力降低。该厂最后使用了新式生物洗涤法，使污染气体得到很好的修复。

修复设备由调节池、吸收塔、生物反应器及辅助装置组成，如图4-4（陆震维，2011）所示。在实际运行时，首先废气通过物理调节池，在物理调节池中的大量吸附剂会很快地将废气中所含有的重金属吸附，进而去除废气中的颗粒污染物和其他污染物，最后经过处理，把重金属回收利用，使吸附剂再生；由前端处理完的污染气体主要含有机物，如胺、酚和乙醛等，这些废气进入生物反应器后，气体与微生物悬浮液接触，吸收器配一个生物反应器，用压缩空气向反应器供氧；使有机废气与微生物发生好氧吸收，而得到修复；当反应器效率下降时，则由营养物储槽向反应器内添加特殊营养物，使微生物的活性得到保障。该厂应用此法到目前为止已有多年，装置运行多年来一直保持较高的去除率（95％左右）（夏北成，2003）。

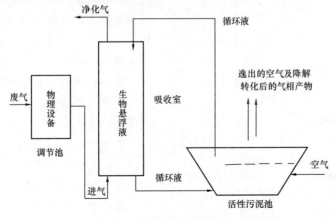

图4-4　新式生物洗涤技术处理工业废气装置

二、化学与生物综合修复技术

目前，生物修复技术在大气污染环境中应用非常多，但由于很多污染气体具有很强的化学性质，如氧化性和酸碱性；而生物修复技术对于污染物质的要求非常严格，如微生物修复技术中，微生物只能在自己适合的酸碱性和氧化性条件下才可以工作，于是研究人员就想到把化学修复技术和生物修复技术综合应用去修复一些受污染的大气，结果起到很好的修复效果。

1. 生物膜液相催化烟气脱硫

生物法烟气脱硫是利用化能自养菌对 SO_x 的代谢过程，将烟气中的硫氧化物经微生物的还原作用生成单质硫而去除。微生物法能够有效脱硫的原因在于，所选微生物不仅对废气适应快，而且可使污染物得到降解和转化（宁平、易红宏，2012）。与传统处理方法比较，目前的微生物法能够更好、更快地处理一些污染大气，由于在其中加入的化学试剂在微生物转化污染物时起到催化剂的作用，从而使修复效率提高。

2. 生物膜液相催化烟气脱硫的原理

酸性条件下利用 Fe^{3+}/Fe^{2+} 体系催化氧化 SO_2 气体，由于其工艺原理简单、效果好，得到国内外很多学者的重视，也得到很多企业的青睐。其基本反应为

$$Fe_2(SO_4)_3 + SO_2 + 2H_2O_2 \longrightarrow 2FeSO_4 + 2H_2SO_4$$
$$2FeSO_4 + SO_2 + O_2 \longrightarrow Fe_2(SO_4)_3$$
$$2SO_2 + O_2 + 2H_2O \longrightarrow 2H_2SO_4$$

在 Fe^{3+} 与 Fe^{2+} 系脱硫反应过程中，吸收液中 Fe^{2+} 逐渐减少而 Fe^{3+} 不断增加，反应稳定时 Fe^{2+} 与 Fe^{3+} 的比值接近于 1（Yao et al.，1998；Brandt et al.，1995）。反应过程中，Fe^{3+} 是强氧化剂，具有较强的脱硫能力，但其氧化 SO_2 的速度受 Fe^{2+} 转化为 Fe^{3+} 速度的制约。利用有效微生物氧化亚铁硫杆菌的氧化活性，能加快 Fe^{2+} 向 Fe^{3+} 的转化，使脱硫速度加快，从而获得很高的脱硫效率。氧化亚铁硫杆菌在脱硫反应过程中，起到了生物液相催化氧化的作用。

3. 生物膜液相催化烟气脱硫的案例

生物膜液相催化烟气脱硫实际运行简易装置如图 4-5 所示（宁平等，2012）。其主要构件是生物填料塔，采用内径 40mm 的有机玻璃制成，内装黏土轻质陶粒；前端的 SO_2 钢瓶主要是用于存放污染废气，通过调节 SO_2 和空气的流量，可配制成含不同量 SO_2 的模拟烟气。由塔底进入生物膜填料塔，在上升过程中与润湿生物膜接触而被净化，净化后的气体从塔顶排出。逆流操作，循环液体从塔顶喷淋到填料上，自上而下润湿填料层并由塔底排出，而后由循环泵打回高位箱循环使用。高位水槽用水位控制仪保持水头恒定，依靠阀门配合流量计来控制液体流量。

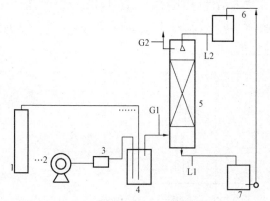

图 4-5 生物膜液相催化烟气脱硫装置示意图
1—SO_2 钢瓶；2—风机；3—气体缓冲罐；4—气体混合瓶；
5—生物填料塔；6—高位槽；7—循环水槽；G1、G2—出入
气体采样点；L1、L2—液体进出采样点

采用接种挂膜法，将一定量陶粒装入盛有培养基的锥形瓶，在摇床中进行连续培

养，每隔约 40h 更换一次培养基，4～5d 后，转入填料塔。每 24h 加入一次新鲜培养基，进行连续的液体喷淋循环通气驯化，每天固定时间测定铁硫杆菌的 Fe^{2+} 的氧化速率。当氧化速率稳定时，认为挂膜启动成功。

液相生物氧化脱硫虽是一种新的脱硫修复技术，目前还主要处于实验阶段，但也有不少地方已用于处理废气；在该修复方法中，微生物的主要作用：一是间接催化氧化，即通过细菌（如氧化亚铁硫杆菌等）在酸性条件下快速氧化 Fe^{2+} 成 Fe^{3+}，增加 Fe^{3+} 对 SO_2 的液相催化氧化能力；二是直接氧化作用，即细菌将低价硫化物氧化成 SO_4^{2-}，使含硫成分更加稳定，脱离气体（宁平、易红宏，2012）。

三、生态修复技术

目前，人们在污染大气的物理修复、化学修复、生物修复以及综合修复上取得了一定成功。为了更有效地解决人类面临的重大、复杂的环境污染问题，研究者进一步提出了生态修复的理念。生态修复技术是以生态学的原理和方法为基础，修复和治理污染环境，恢复受损的生态系统，实现人类社会可持续发展的有效手段之一。

1. 生态修复技术的概念

生态修复是指对生态系统停止人为干扰，以减轻负荷压力，依靠生态系统的自我调节与自我组织能力，使其向有序的方向进行演化，或者利用生态系统的这种自我恢复能力，辅助以人工措施，使遭到破坏的生态系统逐步恢复或使生态系统向良性循环方向发展。

生态修复技术是在生态学原理指导下，以生物修复为基础，结合各种物理修复、化学修复以及工程技术措施，通过优化组合，使之达到最佳效果和最低耗费的一种综合的大气污染修复方法（崔爽、周启星，2008）。

污染大气的生态修复技术是根据生态学原理对多种修复方式的优化综合。其主要是通过微生物和植物等的生命活动来完成的，影响生物活动的各种因素也将成为影响生态修复的重要因素。另外，生态修复的顺利实施，还需要物理学、化学及植物学、微生物学和环境工程等多学科的参与。

2. 生态修复的实例

菱镁矿资源的开采和加工对矿区环境带来了一系列影响，尤其是菱镁矿在煅烧过程中释放的粉尘在地面的沉降与积累，使矿区土壤严重恶化、矿区周围森林和农田的土地生产力急剧下降，给农业生产和生态环境带来了严重破坏。对已污染土壤进行修复，是实现矿区及其周边地区生态可持续发展的重要措施。

近年来，随着中国经济的快速发展，辽宁省菱镁矿区的乡镇工业发展也十分迅速，菱镁矿燃烧而产生的粉尘日益增多，尤其是在辽宁滨海地区；菱镁矿粉尘进入土壤后会使土壤生产力降低，土壤质量恶化；并且长期吸入粉尘会引起多种疾病，危害人类健康。

辽宁省海城市青山实业有限公司的菱镁矿区粉尘污染土壤近年来使用生态修复技术来修复。研究人员首先对污染地区做了大量调查，了解了矿区土壤的污染状况，分析了影响植物生长和定居的限制因子，探讨了矿区常见植物对污染土壤的修复效果。研究人员首先发现：菱镁矿煅烧厂排放的大量含镁粉尘沉降并在土壤表面积累后，在降水作用下形成一层致密的水泥状硬壳，造成土壤板结，使土壤通透性和导水性降低；并增加了土壤水溶性 Mg^{2+} 含量，使得土壤水溶性 Mg^{2+}/Ca^{2+} 失调；强碱性的 MgO 粉尘增加了土壤 pH，使土壤呈强碱性；高含量的水溶性 Mg^{2+} 与 pH 值降低了土壤中 C、N 量，降低了土壤 N 矿化速率，进而影响土壤养分的释放；高比例的水溶性 Mg^{2+}/Ca^{2+} 增加了土壤微生物代谢熵，从而降低了土壤质量。总结起来，菱镁矿区污染环境的主要问题是土壤通透性低，土壤 pH 值较高，水溶性 Mg^{2+} 较高，水溶性 Mg^{2+}/Ca^{2+} 严重失调。研究人员也注意到，在矿区生长的常见草本植物地肤、豆茶决明和芒颖大麦草能够在其地上部分大量积累 Mg 元素，且具有很强的生态适应性，对于矿区土壤中过量镁的去除有重要作用；酸枣、榆树、刺槐、火炬树对菱镁矿粉尘污染土壤质量有明显改善，是菱镁矿粉尘污染土壤的有效修复植物，其中刺槐的改善作用最佳（杨丹，2001）。

根据前期调查和一些试验，研究人员最后采取的生态修复技术有向大气粉尘颗粒污染的土壤中添加石膏、过磷酸钙等钙质改良性化学药剂，增加土壤中的水溶性钙离子含量，协调钙镁的比值。也可以使用腐殖酸、绿肥等活化土壤当中的钙，以降低 pH 值，增加土壤养分。在大气中还有粉尘颗粒悬浮的区域，大量种植可以适应菱镁矿区的植物，以增大绿色覆盖的面积。同时，在采矿区域，适当添加一些除尘设备，使排入大气中的颗粒物量达到最小。

经过一段时间的修复，比起以前的土壤，土壤质地提高明显，植物能够更好地发育生长，大气颗粒物指数明显下降。

参 考 文 献

[4-1] 刘光立，陈其兵. 四种垂直绿化植物杀菌滞尘效应的研究[J]. 四川林业科技，2004，25(3)：53-55.

[4-2] 滕雁梅. 城市大气污染的植物修复进展研究综述[J]. 黑龙江农业科学，2008，(6)：64-66.

[4-3] 鲁敏，李英杰，齐鑫山. 植物修复大气 SO_2 污染能力的比较[J]. 山东建筑工程学院学报，2003，18(4)：44-46.

[4-4] 骆永明，查宏光，宋静等. 大气污染的植物修复[J]. 土壤，2002，3：113-119.

[4-5] 谢慧玲，李树人，阎志平，等. 植物杀菌作用及其应用研究[J]. 河南农业大学学报，1997，31(4)：367-370.

[4-6] 张永生，房靖华. 森林与大气污染[J]. 环境科学与技术，2003，26(4).61-64.

[4-7] 姚超英. 化学性大气污染的植物修复技术[J]. 工业安全与环保，2007，33(9)：52-53.

[4-8] 吕海强，刘福平. 化学性大气污染的植物修复与绿化树种选择(综述)[J]. 亚热带植物科学，2003，32(3)：73~77.

[4-9] 张翠萍，温琰茂. 大气污染植物修复的机理和影响因素研究[J]. 云南地理环境研究，2005，17(6)：82-86.

[4-10] 陶雪琴，卢桂宁，周康群，等. 大气化学污染的植物净化研究进展[J]. 生态环境，2007，16(5)：1546-1550.

[4-11] 罗充，理燕霞，张伟，等. 19 种园林植物组织杀菌作用的研究[J]. 安徽农业科学，2005，33(5)：810-811.

[4-12] 丁菡，胡海波. 城市大气污染与植物修复[N]. 南京林业大学学报(人文社会科学版)，2005，5(2)：84-88.

[4-13] 鲁敏，程正渭，李英杰. 绿化树种对大气氯、氟污染物的吸滞能力[J]. 山东建筑工程学院学报，2005，20(3)：75~79.

[4-14] 庄树宏，王克明. 城市大气重金属(Pb，Cd，Cu，Zn)污染及其在植物中的富积[J]. 烟台大学学报(自然科学与工程版)，2000，13(1)：31~36.

[4-15] 韩阳，李雪梅，朱延姝，等. 环境污染与植物功能[M]. 北京：化学工业出版社，2005.

[4-16]　曹洪法. 我国大气污染及其对植物的影响[J]. 生态学报，1990，10（1）：7-12.

[4-17]　刘培桐，薛纪渝，王华东. 环境学概论[M]. 北京：高等教育出版社，1995：9-15.

[4-18]　刘天齐. 环境保护通论[M]. 北京：中国环境科学出版社，1997：8-13.

[4-19]　王淑兰，张远航，钟流举，等. 珠江三角洲城市间空气污染的相互影响[J]. 中国环境科学，2005，25(2)：133-137.

[4-20]　程发良. 环境保护基础[M]. 北京：清华大学出版社，2002.

[4-21]　周启星，宋玉芳. 污染土壤修复原理与方法[M]. 北京：科学出版社，2004.

[4-22]　Shao Min, Tang Xiaoyan, Zhang Yuanhang, et al. City cluster in China：air and surface water pollution[J]. Frontiers in Ecology and the Environment，2006，4：353-361.

[4-23]　任希岩，吉东生，王跃思，等. 北京大气细粒子其成分的浓度变化特征[J]. 地球信息科学，2008，10（4）：426-430.

[4-24]　郭明，闫志顺，段金荣，等. 土壤农药残留的化学修复探索[J]. 农业环境科学学报，2003，22(3)：368-378.

[4-25]　Tang Aohan, Zhuang Guoshun, Wang Ying, et al. The chemistry of precipitation and its relation to aerosol in Beijing[J]. Atmospheric Evironmenta，2005，39：3397-3406.

[4-26]　郭观林，周启明，李秀颖. 重金属污染土壤原位化学固定修复研究进展[J]. 应用生态学报，2005，16(10)：1990-1996.

[4-27]　陈玉成. 污染环境生物修复工程[M]. 北京：化学工业出版社，2003.

[4-28]　陆克定，张远航，苏杭，等. 珠江三角洲夏季臭氧区域污染及其控制因素分析[J]. 中国科学（B辑），2010，40(4)：407-420.

[4-29]　刘艳菊，丁辉. 植物对大气污染的反应与城市绿化[J]. 植物学通报，2001，18(5)：577-586.

[4-30]　叶镜中. 城市林业的生态作用与规划原则[J]. 南京林业大学学报，2000，24(增刊)：13-16.

[4-31]　李雷鹏. 绿色植物在改善环境方面的效应初探[J]. 东北林业大学学报，2002，30(3)：63-64.

[4-32]　Freer Smith P H, Elkhatib A A, Taylor G. Capture of particulate pollution by trees：a comparison of species typical of semiarid areas（ficus nitida and eucalyptusg lobulus）with european and north American species[J]. Water Air and Soil Pollution，2004，146：1-15.

[4-33]　熊治廷. 环境生物学[M]. 武汉：武汉大学出版社，2000：74-90，519-520.

[4-34]　David T. Tsao. Overview of phytotechnologies[M]. Tsinghua University Press，2003：143-147.

[4-35]　张京来，王建波，常冠钦等. 环境生物技术及应用[M]. 北京：化学工业出版社. 2007.

[4-36]　赵景联. 环境修复原理与技术[M]. 北京. 化学工业出版社，2006：8-9，13-19，49-52.

[4-37]　庄兆军. 含微细颗粒的挥发性有机废气[J]. 广东化工，2012，39(3)：139-140.

[4-38]　夏北成. 污染环境生物修复工程[M]. 北京：化学工业出版社，2003.

[4-39]　宁平，易红宏，等. 工业废气液相催化氧化净化技术[M]. 北京：中国环境科学出版社，2012：26-51，254-259.

[4-40]　Yao Xiaohong, Lu Yongqi, Hao Jiming, et al. Reaction mechanism of Fe^{3+} aqueous oxidation SO_2 in acid solution[J]. Environmental Science，1998，19（5）：15-17.

[4-41]　Brandt C，R van Eldik. Transition metal catalyzedoxidation of sulphur（Ⅰ）oxides atmospheric revevant processes and mechanism[J]. Chem Rev，1995，95（1）：119-190.

[4-42]　陆震维. 有机废气净化技术[M]. 北京. 化学工业出版社，2011：83-86，186-187.

[4-43]　崔爽，周启星. 生态修复研究评述[J]. 草业科学. 2008，25(1)：87-90.

[4-44]　杨丹. 菱镁矿粉尘污染废弃地的生态修复[D]. 中国科学院研究生院，2001.

[4-45]　万薇，张世秋，邹文博. 中国区域环境管理机制探讨[J]. 北京大学学报（自然科学版），2010，46（3）：449-456.

［4-46］　涂书新，韦朝阳. 我国生物修复技术的现状和展望［J］. 地理科学进展. 2004，23(6)：2-3.

［4-47］　张红振，骆永明，章海波，等. 中国主要土壤环境问题及对策［M］. 南京：河海大学出版社，2008：30-35.

［4-48］　Bach H. Schwefel im abwasser［J］. Gesundheits-Ingenieur，1923：46，370.

［4-49］　Pomeroy R D. De-odorizing of gas streams by the use of microbial growths：US，2793096［P］. 1957.

［4-50］　Ottengraf S P P. Exhaust gas purification［J］. Biotechnology，1986，8：427-452.

［4-51］　Joanna E B，Simon A P，Richard M S. Development in odour control and waste gas treatment biotechnology［J］. Biotechnology Advance，2001，19：35- 63.

［4-52］　Buismanc，Dijkmanh，Prinsw，et al. Biological gas desulphurization ［J］. Lucht，1994，(4)：135- 137.

［4-53］　Eberhard M，Edward D S，Daniel P Y C，et al. Nutrient limitation in a compost biofilter degrading hexane ［J］ . Journal of the Air & Waste Management Association，1996，46：300- 308.

［4-54］　吴玉祥. 有机废气的生物处理［J］. 环境污染与防治，1996，14(4)：21～24.

［4-55］　Tartakovsky B，Andrews G，DarronM. Coupled nitrification processes in a mixed culture of co-immobilized cells：Analysis and experiment［J］ . Chem Eng Sci，1996，51：23～27.

［4-56］　周集体，王竞，杨凤林. 微生物固定 CO_2 的研究进展［J］. 环境科学进展，1999，7(1)：1-8.

［4-57］　Keffer J E，Kleinheinz G T. Use of Chlorella vulgaris for CO_2 mitigation in a photobioreactor［J］. Journal of Industrial Microbiology & Biotechnology，2002，29(5)：275～280.

［4-58］　Benemann JR. CO_2 mitigation with microalgae systems［J］. Energy Conversion and Management，1997，38：475～479.

［4-59］　王竞，周集体，张晶晶，等. 固定 CO_2 氢细菌的筛选及其培养条件优化［J］. 应用与环境生物学报，2000，6(3)：271～275.

［4-60］　Kyung-Oh Kwak，Soo-Jung Jung，Seon-Yong Chung[a]，et al. Optimization of culture conditions for CO_2 fixation by a chemoautotrophic microorganism, strain YN-1 using factorial design［J］. Biochemical Engineering Journal，2006，31(1)：1～7.

［4-61］　Yunker S B，Krawiec S. Eff ects of alginat e composit ion and gelling conditions on diffusional and mechanical properties of caleium-alginate gel beads［J］. Journal of Chem Eng of Japan，1995，28：462～ 468.

［4-62］　Tartakovsky B，Andrews G，DarronM. Coupled nitrification processes in a mixed culture of co-immobilized cells：Analysis and experiment ［ J ］ . Chem Eng Sci，1996，51：23～27.

［4-63］　曹从荣，柯建明，崔高峰，等. 荷兰的烟气生物脱硫工艺［J］. 中国环保产业，2002，5：38-39.

［4-64］　黄海鹏，李英，黄仁云. 火力发电厂烟气生物脱硫技术简介［J］. 环境工程，2010，28(增刊)：163-166.

［4-65］　蒋文举，毕列锋，李旭东. 生物法废气脱硝研究［J］. 环境科学，1999(3)：34-37.

［4-66］　Tiedje J. Ecology of denitrification and dissimilatory nitrate reduction to ammonium［M］. In：Biology of anaerobic microorganisms. Zehnder，J (ed)，Wiley，New York，1988：179-244.

［4-67］　Remde A，Conrad R. Production and consumption of nitric oxide by denitrifying bacteria under anaerobic and aerobic conditions［J］. FEMS Microbiol Lett. ，1991，80：329-332.

［4-68］　Schuster M，Conrad R. Metabolism of nitric oxide and nitrous oxide during nitrification in soil at different incubation conditions［J］. FEMS Microbiol Ecol. ，1992，101：133-143.

［4-69］　Joni M B，William A A，Karen B B. Removal of nitrogen oxides from gas streams using biofiltration［J］. J. Hazard. Mater. ，1995，41：315-326.

［4-70］ Samdam G. Microbes nosh on NO_x in fluegas［J］. Chemical Engineering，1993，100(10)：25-26.

［4-71］ Nascimento D E D，Schroeder D P Y. Chang. Bio-oxidation of nitric oxide in a nitrifying，aerobic filter［J］. Presented at the Air ℰ Waste Management Association 93rd Annual Meeting ℰ Exhibition，Salt Lake City，Utah，June 18)22，2000.

［4-72］ Davidova Y B，Schroeder E D，Chang D P Y. Biofiltration of nitricoxide［A］. Proceedings of the 90thAnnual Meeting and Exhibition of AℰWMA［C］. Canada：Toronto，Ontario，1997(6)：8-13.

［4-73］ 王士盛. 土壤空气净化系统［J］. 环境保护，2001，(3)：14-16.

第 五 章

■■ 水体的生物修复工程 ■■

第一节 水 体

一、水体的特性

1. 水体与水资源

根据《中国大百科全书》所述，水体是江河湖海、地下水、冰川等的总称，是被水覆盖地段的自然综合体。它不仅包括水，还包括水中溶解物质、悬浮物、底泥、水生生物等。

水体按类型可划分为海洋水体和陆地水体。海洋水为咸水，陆地水体又分为地表水体和地下水体，地表水体包括河流、湖泊等。分布于冰川、多年积雪、两极和多年冰土中的陆地水体，在现有的经济技术条件下，很难被人类利用。人类可利用的淡水资源量只有 $0.1 \times 10^8 km^3$，仅占全球水总储量的不到 1‰，包括地表水（湖泊、河流等）和地下水（主要分布在 600m 深度以内的地下含水层）。通常把这部分水称为水资源，即指人类在一定的经济技术条件下能够直接使用的淡水。

因此，地球上水的储量巨大，但可供人类利用的淡水资源在数量上极为有限。

2. 地球上的水循环

地球上水的循环，又称为水文循环，体现为在太阳辐射能的作用下，从海洋及陆地的江、河、湖和土壤表面及植物叶面蒸发成水蒸气上升到空中，并随大气运行至各处，在水蒸气上升和运移过程中，遇冷凝结而以降水的形式又回到陆地或水体。降到地面的水，除植物吸收和蒸发外，一部分渗入地表以下成为地下径流；另一部分沿地表流动成为地面径流，并通过江河流回大海。然后，又继续蒸发、运移、凝结形成降水。这种水的蒸发→降水→径流的过程周而复始、不停地进行着。

自然界的水循环根据其循环途径，分为大循环和小循环，如图 5-1 所示（黄廷林等，2006）。

大循环是指水在大气圈、水圈、岩石圈之间的循环过程。具体表现为：海洋中的水蒸发到大气中后，一部分飘移到大陆上空形成积云，然后以降水的形式降落到地面。降落到地面的水，其中一部分形成地表径流，通过江河汇流入海洋；另一部分则渗入地下形成地下水，又以地下径流或泉流的形式慢慢地注入江河或海洋。

小循环是指陆地或者海洋本身的水单独进行循环的过程。陆地上的水，通过蒸发作用（包括江、河、湖、水库等水面蒸发、潜水蒸发、陆面蒸发及植物蒸腾等）上升到大气中形成积云，然后以降水的形式降落到陆地表面形成径流。海洋本身的水循环主要是海水通过蒸发成水蒸气而上升，然后再以降水的方式降落到海洋中。

水循环是地球上最主要的物质循环之一。通过形态的变化，水在地球上起到输送热量、

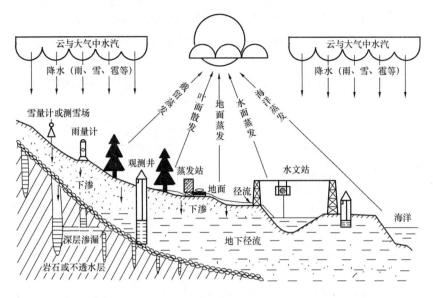

图 5-1　地球上的水文循环

调节气候、不断再生淡水资源的作用，为人类和生物的生存提供基本的物质基础。

水循环过程中存在着水量平衡关系，即根据质量守恒原理，一个流域多年平均降雨量 $\overline{P}$ 等于多年平均年蒸发量 $\overline{E}$ 加上多年平均径流量 $\overline{R}$，即 $\overline{P}=\overline{E}+\overline{R}$。因此，通过对水量平衡的研究，有助于了解水循环各要素的水量关系，估计地区水资源量，以及分析水循环各要素之间的相互转化关系，使水循环向着良性方向发展。以下通过雨水回收利用的例子说明水循环的重要性。

中国自古有"肥水不流外人田"的说法，"肥水"就是"雨水"。雨水是水循环系统中的一个重要环节，对地区生态环境发挥着极为关键的作用。而高度现代化的城市几乎是一片钢筋混凝土的"森林"，雨水落到硬化的地面上，几乎全部从排水管道中流走，有数据显示，在城市一场降雨过后，铺装的地面 90% 雨水从下水道流走，10% 被蒸发。由于雨水不能渗入地下，地下水位下降，导致许多城市出现地面塌陷；不仅如此，降雨还给城市排水带来巨大压力，许多城市在暴雨面前不堪一击，甚至逢雨即淹。

人类的城市化进程破坏了原有的水文条件和水文循环系统，引发了城市内涝不断。要改变这个状况，就要通过低影响开发模式，实现城市的良性水循环；通过各种综合性措施，恢复原有的水文条件。

武汉市解放公园的湖塘曾经是一处污染严重的池塘，周边居民的生活污水全都排入公园湖塘，水质很差，每年需要大量自来水补充水源。2005 年 11 月，解放公园实施了生态湿地改造工程，雨水收集系统是改造工程中的重要一环。公园的 25 万 m² 的绿地下铺设了雨水收集管，总长度达 1200m，并修筑了汇水收集沟 3000m，将收集到的雨水全部引入湖塘，用于湖塘补水和公园绿化。按着武汉市年均降雨量 1250mm 计算，每年有近 300 万 m³ 雨水回收入湖，使这座城市"绿肺"呼吸吐纳，焕发生机。雨水收集系统彻底取代了大量自来水补给方式，而且经过处理的水质达到国家地表水质二类标准，可以作为人畜生活饮用水源。

3. 自然水循环与社会经济系统的耦合

自然界的水文循环除受到太阳辐射能作用，进行着自然水循环之外，由于人类生产与生活活动的影响，还不同程度地发生"人为水循环"，如图 5-2 所示（李广贺，2002）。其中，回归水包括工业生产与生活污水处理排放、农田灌溉回归。回归水的质量状况直接或间接对水循环的水质产生影响，如区域河流与地下水污染。不可复原水量所占比例越大，对自然水文循环的扰动越剧烈，天然径流量的降低将十分显著，从而引起一系列的环境与生态灾害。

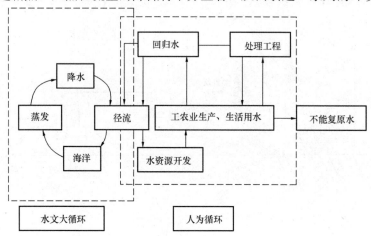

图 5-2　自然-人为复合水文循环概念简图

由图 5-2 可见，自然界水循环的径流部分除主要参与自然界的循环外，还参与人为水循环。水资源的人为循环过程中不能复原水与回归水之间的比例关系，且回归水的水质状况局部改变了自然界水循环的途径与强度，使其径流条件局部发生重大或根本性改变，主要表现在对径流量和径流水质的改变。人为循环对水量的影响尤为突出，河流、湖泊来水量大幅度减少，甚至干涸，地下水水位大面积下降，径流条件发生重大改变。显然，在研究与阐述自然界水文循环方面，除系统自然水循环外，人为水循环对自然径流的干扰与改造作用对于实现水文的良性循环至关重要。

二、地表水体的特性

地表水为河流、冰川、湖泊、沼泽等水体的总称。根据流动的速度，地表水可分为两类：一类是动水，即河流；另一类是静水，主要指湖泊、水库。

1. 河流分级和流域

水系中有各种大大小小的沟道和河流，划分河流级别是用来表达它们之间差异的分类方法。目前，比较通用的是 Strahler 分级方法，如图 5-3 所示，各个河流按自上而下分为 1 级、2 级、…，主流向河源延伸的顶端不再分枝的部分作为第一级河流，这样所有最小的不分枝的支流都作为第一级河流，两条第一级河流相汇以后所形成的河流作为第二级河流，汇合了两条第二级河流的作为第三级河流，依此类推。不同级别的河流汇合时，不增加汇合后河流的级别，如第四级河流与第二级河流交叉，其交点下游仍是第四级河流。

流域指的是河流或湖泊的集水区域，如图 5-3所示。

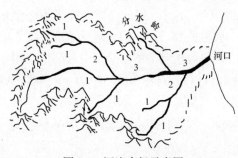

图 5-3　河流序级示意图

2. 河槽基本特征

（1）河流的纵断面。河流的纵断面一般是指沿河流深泓线的断面。用高程测量法测出该线上若干河底地形变化点的高程，以河长为横坐标，河底高程为纵坐标，可绘出河槽的纵断面图，如图 5-4 所示。它明显地表示出河底的纵坡和落差的分布，是推算水流特性和估计水能蕴藏量的主要依据。

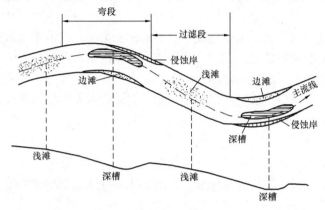

图 5-4　河流的深槽与浅滩

（2）河流的横断面。河流的横断面一般是指与水流方向相垂直的断面。枯水期水流通过的部分，称为基本河槽，也称枯水河槽或主槽；只有在洪水期才为洪水泛滥淹没的部分，称为洪水河槽或称河漫滩，如图 5-5 所示。

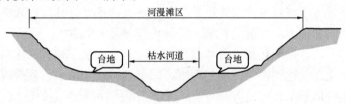

图 5-5　河流横断面图

三、地下水体特征

埋藏在地表以下岩石空隙中的水称为地下水。

1. 地下水类型

地下水在岩石空隙中的存在形式，包括气态水、结合水、毛细水、重力水等，各种形态的水在地壳中呈现规律性分布。在重力水面上，岩石的空隙未被水饱和，通常称为包气带。以下称为饱水带。

地下水存在于各种自然条件下，因为埋藏条件不同，故其分布规律、水动力特征、物理性质、化学成分、动态变化等方面，都具有不同特点。

按地下水的埋藏条件，把地下水分为三大类：上层滞水、潜水和承压水，如图 5-6 所示。

上层滞水是包气带中局部隔水层之上具有自由水面的重力水。它是在大气降水或地表水下渗时，受包气带中局部隔水层

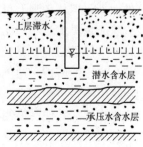

图 5-6　地下水的类型

的阻托滞留聚集而成的。上层滞水因完全靠大气降水或地表水体直接渗入补给，水量受季节影响特别显著，一些范围较小的上层滞水旱季往往干枯无水，当隔水层分布较广时，可作为小型生活水源。这种水的矿化度一般较低，但因接近地表，水质容易被污染，作为饮用水源时必须加以注意。

潜水是指饱水带中第一个具有自由表面的含水层中的水。潜水在自然界分布范围大，补给来源广，所以水量一般较丰富，特别是潜水与地表常年性河流相连通时，水量更为丰富。加之，潜水埋藏深度一般不大，因而是便于开发的供水水源。但由于含水层之上无连续的隔水层分布，水体易受污染和蒸发，水质容易变坏，选作供水水源时应全面考虑。

承压水是指充满于上下两个稳定隔水层之间的含水层中的重力水。承压含水层的埋藏深度一般都比潜水大，在水位、水量、水温、水质等方面受水文气象因素、人为因素及季节变化的影响较小，因此富水性好的承压含水层是理想的供水水源。

2. 地下水污染的含义

关于地下水污染的含义，目前国内外仍无统一的定义，主要分歧在于以下两个方面：一是污染标准问题。有人提出了明确的标准，即地下水某些组分的浓度超过水质标准的现象，称为地下水污染；有人只提一个抽象的标准，即地下水某些组分浓度达到"不能允许的程度"或"适用性遭到破坏"等现象，称为地下水污染。二是污染原因问题。有学者认为，地下水污染是人类活动引起的特有现象，天然条件下形成的某些组分的富集和贫化现象，均不能称为污染；而有的人认为，不管是人为活动引起的还是天然形成的，只要浓度超过水质标准，都称为地下水污染。

本文采用刘兆昌等在"供水水文地质学"这本书上的定义：凡是在人类活动影响下，地下水质变化朝着水质恶化方向发展的现象，统称为"地下水污染"。即判定地下水污染必须具备两个条件：第一，这种变化是人类活动引起的；第二，水质朝着恶化的方面发展。不管此种现象是否使水质恶化达到影响使用的程度，只要这种现象发生，就应视为污染。至于在天然环境中所产生的地下水某些组分相对富集及贫化而使水质恶化的现象，不应视为污染，而应称为"天然异常"。

3. 地下水污染的特点

地下水污染的特点由地下水的储存特征所决定。地下水储存于地表以下一定深度处，上部有一定厚度的包气带土层作天然屏障，地面污染物在进入地下水含水层前，必须首先经过包气带土层；地下水直接储存于多孔介质中，并进行缓慢的运移。上述特点使得地下水污染有如下特性。

（1）隐蔽性。由于污染是发生在地表以下的孔隙介质中，因此常常是地下水已遭到相当程度的污染，但从表观上很难识别，一般仍然表现为无色、无味，不能像地表水那样，从颜色及气味或鱼类等生物的死亡、灭绝鉴别出来。即使人类饮用了受有害或有毒组分污染的地下水，对人体的影响也只是慢性的长期效应，不易觉察。

（2）难以逆转性。地下水一旦遭到污染就很难恢复，由于地下水流速缓慢，如果等待天然地下径流将污染物带走，则需要相当长的时间。而且作为孔隙介质的砂土，对很多污染物都具有吸附作用，使污染物的清除更加困难。即使切断了污染来源，靠含水层本身的自然净化，少则需十年、几十年，多则甚至需要上百年的时间才能彻底清除污染物。

（3）延缓性。由于污染物在含水层上部的包气带土壤中经过各种物理、化学及生物作用，故会在垂直方向上延缓潜水含水层的污染。对于承压含水层，由于上部的隔水层顶板存在，污染物向下运移的速度会更加缓慢；由于地下水是在孔隙介质的串珠管状的微孔中缓慢渗透的，日夜的实际运动速度仅是米的数量级，因此地下水污染向附近的运移、扩散亦是相当缓慢的。由于上述原因，地下水的污染程度亦相对的小于河水。例如，某市排污河中氰的浓度达 1.6mg/L，其下部 5～25m 的潜水含水层中氰的浓度仅为 0.02mg/L，而 60～80m 的承压含水层中未检出氰。

4. 地下水污染源

地下水的污染源繁多，从其形成原因来看，基本上就是两大类：人为污染源和天然污染源。这里主要阐述人为污染源。人为污染源主要包括以下几个方面。

（1）城市液体废物。城市液体废物主要包括污水、工业污水及地表降雨径流，城市地区的初期雨水地表径流往往含有较高的悬浮固体、重金属、病毒和细菌。在北方的冬天，由于路面抛撒防结冰剂，如 NaCl 和尿素，使地表雨水径流中 Na^+、Cl^- 和 NH_4^+ 含量较高。

（2）城市固体废物。城市固体废物包括生活垃圾、工业垃圾及污水河渠和污水处理厂的污泥等。

（3）农业生产及采矿活动。农业生产中广泛使用的农药、化肥，部分被植物吸收，部分被蒸发分解，还有一部分随水下渗，污染地下水。此外，我国部分地区利用污水灌溉，亦会对地下水造成大面积的污染。

矿床开采过程中，可能成为地下水污染源的是尾矿淋滤液及矿石加工厂的污水；此外，矿坑疏干，氧进入原来的地下水环境里，使某些矿物氧化而成为地下水污染来源。例如，煤矿的主要污染源是含煤地层中的黄铁矿，它被氧化并经淋滤后，使地下水的 Fe^{2+} 和 SO_4^{2-} 升高。

四、水体的生物修复工程优势

水体的生物修复工程是一种将天然净化能力与人工强化技术相结合并具有多种功能的良性生态处理系统。例如，稳定塘可以作为养殖塘养殖水产，土壤渗滤技术可以将废水中的营养物质作为水肥资源利用。水体的生物修复工程属于原位处理技术，是对水域外常规处理技术的一种补充和强化。与常规处理技术相比，它具有工艺简便、操作管理方便、建设投资和运转成本低的特点。建设投资仅为常规处理技术的 1/3～1/2，运转费用仅为常规处理技术的 1/10～1/2，可大幅度降低污水处理成本。这些技术还可以持续发挥治污作用，对自然界的负面作用小，还可以与景观建设相结合，美化环境。

水体的生物修复工程技术常用的有：强化水体自然净化技术、氧化塘净化技术、人工湿地技术、土壤渗滤技术、生物操纵技术、河流生态修复技术、地下水生物修复技术等。

第二节　强化水体自然净化技术

自然净化是河流的一个重要特征，指河流受到污染后能够在一定程度上通过自然净化使河流恢复到受污染以前的状态。污染物进入河流后，有机物在微生物作用下被氧化降解，逐渐被分解，最后变为无机物。随着有机物被降解，细菌经历着生长繁殖和死亡的过程。当有机物被去除后，河水水质改善，河流中的其他生物也逐渐重新出现，生态系统最后得到恢复。

强化自然净化技术指通过采取措施，向河流输送某种形式的能量或者物质，强化河流固有的自我净化过程，以加快河流的修复过程，是一类原位修复技术。它包括河道生物接触氧化技术、水层循环技术、人工浮岛技术、生物试剂添加技术等。

一、河道生物接触氧化技术

生物接触氧化法指在河床内添加对氮、磷具有吸附特性、对微生物具有亲和性的滤料并实施适当曝气，从而利用滤料去除水中的悬浮物、氮、磷，由附着在滤料上的生物膜降解有机污染物的方法。

1. 技术原理

该技术借鉴污水处理技术中的生物接触氧化技术，属于生物膜法。其特点是在河道内设置具有多孔性、高比表面积的载体材料，利用载体上形成的生物膜对水体中的污染物进行降解转化。严重缺氧的河道可在载体底部进行适量曝气，为生物膜充氧并促进新生物膜的活性。曝气使水体处于流动状态，保证水中污染物同载体上的生物膜充分接触，提高生物接触氧化工艺的效率。

河道生物接触氧化法具有以下特点。

（1）装置运行成本低。利用河流水头和水体自然流入、流出生物接触氧化装置，节约能源。载体材料一般为天然石料、陶粒和聚乙烯高分子材料，长久耐用。除为防止堵塞而需定期清淤作业外，平时无须专人看护管理。

（2）专用占地面积小。在河道或河床以下空间布设载体材料，缓解用地紧张难题，使得在城市河道中应用该技术成为可能。由于这种装置布设在水下，因此对河道景观影响小。

（3）抗冲击破坏性能好。生物接触氧化装置具有较高的容积负荷，遇有偶发的水力、污染负荷冲击，装置仍能保持良好的稳定性，即使载体上的生物膜遭到破坏性损失后，在短时间内也可快速恢复正常，故对水质、水量的骤变有较强的适应能力。

载体性能是决定生物接触氧化装置效率高低的关键。首先，要求载体材料无毒、对生物具有亲和性；其次，其结构要保证具有高的比表面积，为微生物提供充足的附着生长区域。载体材料应经久耐用，经常使用的载体材料有碳酸岩、页岩、水沸石、多孔水泥砌块、陶粒、塑料纤维、无纺布、塑料波纹板和塑料球体等。

2. 韩国良才川河道修复就采用了河道生物接触氧化技术

韩国良才川，位于首尔市的江南区。由于河流地处住宅区，加之治理不善，良才川的水质受到较大污染，进而影响了汉江的水质。1995 年起，当地政府决定主要采用接触氧化方法治理良才川。

水质净化设施主体是设于河流一侧的地下生物—生态净化装置（图 5-7）。采用卵石接触氧化法，即强化自然状态下河流中的沉淀、吸附及氧化分解现象，利用微生物的活动将污染物转化为二氧化碳和水。净化设施日处理能力为 32 000t/d。

韩国良才川生物-生态修复设施于 1995 年建成，经多年运行治污效果显著。对 BOD 和 SS 的处理率分别达 75％和 70％。

图 5-7　韩国良才川接触氧化廊道工程净化设施橡胶坝

（董哲仁等，2002）

二、水层曝气循环技术

水层曝气循环是指向河流或湖泊中进行人工复氧，可以是空气，也可以是纯氧，达到曝气充氧、破坏水体分层现象的目的。

水库水体温度的分层现象，使上下水层对流减缓，造成水体下层溶解氧不足。特别是有机物污染比较严重的水体，由于有机物的分解要消耗大量的溶解氧，从而进一步加剧了底部水体的缺氧程度。水体底部溶解氧的降低使底泥表层还原电位降低，促使底泥中的污染物如氮、磷和硫化氢等向水体释放有害物质。同时，好氧微生物的环境受到了破坏，水体生态系统失去平衡，一些生物减少或消失，而另外一些物种又大量繁殖，如藻类的爆发现象，致使水体功能丧失。可采取水层曝气循环技术等人为干预方式促使上下水层循环，以期解决上述问题。

水层曝气循环技术自 20 世纪 60 年代起，在一些国家得到应用。例如，1977 年，英国在泰晤士河上使用充氧能力 10t/d 的曝气复氧船；1985 年，又使用高达 30t/d 的曝气复氧船，显著提高了水体的 DO（溶解氧），提高了水体自净能力，减少了暴雨期间地面径流排水和污水溢流等负荷的冲击影响，减少了鱼类因缺氧而窒息死亡的现象。1989 年，美国为了改善 Hamewood 运河的水质，减轻其对 Chesapeake 海湾的影响，在 Hamewood 河口安装了曝气设备，结果证明，水体底层 DO 显著增加，河道生物量变得丰富起来。1994 年，德国在 Berlin 河上也使用了曝气复氧设备，充氧能力为 5t/d，提高了河流水体的净化功能，改善了水质。1990 年 8～9 月亚运会期间，我国有关部门在清河的一个河段中放置了 8 台 11.025kW 的曝气设备，结果溶解氧的含量从 0 上升到 6mg/L。水体 BOD_5 去除率达到 60%，河流臭味基本消除。

1. 技术原理

为了促使上下水层进行循环，补充水体下层的溶解氧，可采取曝气等人工措施。

2. 结构类型

目前，比较通用的曝气方法包括鼓风曝气法、机械曝气法以及鼓风机械联合曝气法。

鼓风曝气是将由空压机送出的压缩空气通过一系列的管道系统，送到安装在曝气池底部的空气扩散装置，然后空气从那里以微小气泡的形式逸出，使水体处于混合、搅拌状态，其装置又分为小气泡型、中气泡型、大气泡型、水力剪切型、水力冲击型和空气升液型等类型。

机械曝气则是利用安装在水面上、下的叶轮高速转动，剧烈地搅拌水面，产生水跃，使空气中的氧转移到混合液中去，并促进水体上下层的循环。

国内外的成功经验表明，河道水体人工曝气是治理污染河流的一种有效技术。河道曝气技术具有占地面积小、设备投资少、运行简单、处理水量大等优点且无二次污染，其费用仅为达到同样处理效果的污水处理厂投资的 1/4 以下。

3. 示例：新经港曝气技术试验研究与示范工程

新经港是苏州河的一条支流，水体受有机物严重污染并呈黑臭。上海市环境科学研究院于 1998 年 11～12 月在河道内三个断面各设一个曝气点，进行水体曝气复氧生物修复试验，结果表明，人工曝气复氧可大大提高原先呈厌氧水体的 DO，从而刺激降解有机物的好氧土著菌的生长。在后者的作用下水中有机物 COD_{Cr} 和 BOD_5 去除达 10.7%～22.3%左右，水体色泽由黑或黑黄变成乳白色，底泥亦由黑色转为乳白色，表明有机质氧化较为明显，沉积物中微生物由厌氧菌占优势转变为兼性菌占多数，并出现好氧菌，试验得出单位溶解氧的COD_{Cr}去除量约$1.4kgCOD_{Cr}/kgO_2$，单位电耗COD_{Cr}去除量为$1.4kgCOD_{Cr}/(kW \cdot h)$。

三、人工浮岛技术

1. 技术原理

人工浮岛技术，也称生物浮床技术，就是以浮岛作为载体，将高等水生植物或改良的陆生植物种植到富营养化水体的水面，通过植物根部的吸收作用、吸附作用和物种竞争相克机理，削减富集水体中的氮、磷及有机物质，从而净化水质，可创造适宜多种生物生息繁衍的栖息地环境，重建并恢复水生态系统，并可通过收获植物的方法将其搬离水体，使水质得到改善。

人工浮岛最早起源于我国三国时代，南方一些地区的农民利用菰的根系和茎多年聚集起来的漂浮"板块"或由植物秸秆编织成的浮体做栽培床种稻。20世纪80年代，生物浮床技术经过改造，用聚苯板为载体，辅以其他措施，用于自然水域人工栽培农作物。20世纪90年代，为解决水体污染问题，该技术经过进一步改进，逐步用于富营养化水体的治理，形成了一套完善的新型水上无土种植技术，植物品种也由农作物转向对水中氮、磷等营养物质吸收能力强的花卉品种，并在太湖等水域得到广泛应用，取得较好效果。

2. 结构类型

人工浮岛一般由植物栽培基盘（浮床）和固定系统（锚桩）构成。人工浮岛可分为有框架和无框架两种，前者的框架一般可由纤维强化塑料、不锈钢加发泡聚苯乙烯、特殊发泡聚苯乙烯加特殊合成树脂、混凝土等材料制作而成；无框架浮岛一般可由椰子纤维编织而成，或者用合成纤维作植物的基盘，然后用合成树脂进行包裹。

3. 设计、运行管理

一般而言，浮岛形状多采用四边形，也可采用三角形、六角形或各种不同形状的组合，边长通常为$2 \sim 3m$。各浮岛单元之间预留一定的间隔，相互间用绳索连接。固定系统要根据地基状况来确定，常用的有重量式、锚固式等。为了保持浮岛的正常运行，通常在浮岛周边设置警示标志。

四、生物试剂添加修复

生物试剂添加技术，也称投菌法，指向被污染的河流中投加人工培养的活性微生物，强化河流有机物的降解。投菌法理论认为，尽管自然界中细菌无处不有，但在某特定环境中，自然生成的菌群虽能很好地适应这种环境，但并不一定是这种环境中的最强者，因此，有必要投加经过筛选、具有特殊分解能力的菌种。投菌法具体又分为有效微生物修复、Clear-Flo系列菌剂修复、LLMO生物活液修复等。

1. 有效微生物修复

投菌法采用的有效微生物（Effective Microorganisms，EMs）是由乳酸菌、酵母菌、放线菌、光合细菌四大类80余种微生物组成的复合菌剂的统称。对于EMs，国内外学者历来有不同的看法，颇有争议，甚至有相反结论的报道。在此介绍华南植物园人工湖泊的成功实例。

李雪梅等在重度富营养化的人工湖（约$1000m^2$）进行投加多糖EMs制剂试验，1998年$4 \sim 6$月投加的制剂达到湖水菌剂浓度187mg/L，均匀投加60个固定了高浓度EMs的泥球。从投菌之日起经 75d，湖水透明度从原来的 0.09m 提高到 0.48m，提高了 433%；此后，停止投菌 45d，透明度回落到 0.3m。透明度提高的原因在于 EMs 抑制了水体藻类的生长，从水体叶绿素看，投菌 30d 表面水就从 3780mg/m^3 降到 130mg/m^3，下降 96.5%。在投菌 75d 后，总氮从 6.3mg/L 降为 2.5mg/L，下降 96.5%；此后，停止投菌 45d，又回升到 4.5mg/L。总磷在投菌 35d 后即从 3.5mg/L 降到 0.15mg/L，从停止投菌起 45d 又回到 0.2mg/L。COD 在投菌 75d 后，从 29mg/L 降为 13mg/L，停止投菌 45d 又回到 24mg/L。可喜的是停止投菌后，尽管各项指标有所反弹，但再未见"水华"发生。所以，从这个案例看，EMs 修复湖泊富营养化是有效的。

2. Clear-Flo 系列菌剂修复

美国的几家公司生产经过筛选的天然菌种或人工培养的变异菌种，产品分菌粉和菌液，如菌液产品中，Alken-Murry 公司开发的 Clear-Flo 系列菌剂、GES 公司所生产的 LLMO 生物活液具有一定的知名度。菌粉系将所培养的菌种吸附在粉末介质上，产品包装容积小，便于堆放和运输，但其中的细菌 99.9% 处于休眠状态，使用时有一活化过程，故效果稍差。菌液则相反，一经使用能立即生效。

Clear-Flo 系列菌剂专门用于湖泊和池塘生物清淤、养殖水体净化、河流恢复及污泥去除，有不少成功案例。

1992 年，美国 MoulinVert 水渠使用 Clear-Flo1200 三个月，氨氮从 0.02mg/L 降为零，COD 降低 84%，BOD$_5$ 降低了 74%，无毒性检出。由于菌剂不断矿化污泥，恢复了水渠自净容量。接种处理连续几年后，便完成了这一工作。

1993 年，用 Clear-Flo7018、Clear-Flo1200、Clear-Flo7000 修复我国昆明的一条河流。这条河由于接纳农家肥、动物粪便、渔场副产品、化粪池渗滤液、工业废水和倾倒垃圾使其悬浮物、有机物负荷极高，导致该河臭气熏天、富营养化严重。治理后，氨氮和 H$_2$S 浓度降低，污泥被分解，并随着渔场副产品所含 H$_2$S 的氧化，游离氧开始增高。

1997 年，美国马里兰州 Gaithersburrg 城的一个湖，用补充了添加剂 C 的 Clear-Flo1200 阻止了丝状蓝绿藻的孳生。1998 年，西班牙瓜达拉哈拉城郊俱乐部，用 Clear-Flo7000 抑制了大部分池塘表面的藻类，但水体仍持续呈绿色，令人不快。因而将少量"聚合物"加到少量 Clear-Flo1001 里，使用后塘水立即变清。之后，持续用 Clear-Flo1200 补加 Clear-Flo1001 进行处理，以保持塘水清澈。治理后 BOD$_5$ 下降 97%，COD 下降 85%，SS 总量下降 98%，磷酸盐浓度下降 69%。

投菌法在水产养殖水体生物修复中也得到应用。近年来，集约化水产养殖迅速增长，由于养殖密度高、投饵量大，导致水质恶化、疾病爆发，已成为制约养殖业可持续发展的关键。华东师范大学在承担上海市农业委员会重点课题水产养殖水质净化中采用投菌法，在生产性温室养鳖池、河蟹育苗池中投加光合细菌，硝化细菌和玉垒菌，对养殖水体进行生物修复。试验表明，投加高效有益微生物，可使有机物 COD$_{Cr}$ 去除率提高 14% 以上，投加组合菌种比投加单一菌种去除有机污染物的效果更好；此外，还能有效改善养鳖池底泥的环境，有利于水质的改善，大大减少换水的次数，促进养殖生物的生长发育。由于换水次数的减少，还可避免或减少养殖污水向周围水体的排放，节省了用于换水的大量资金，并取得了相应的环境效益和经济效益。

第三节　稳定塘净化技术

稳定塘又称氧化塘或生物塘，是经过人工适当修整或修建的设围堤和防渗层的污水池塘。污水在塘内经较长时间的停留，通过水中包括水生植物在内的多种生物的综合作用，使有机污染物、营养素和其他污染物进行转换、降解和去除，从而实现污水的无害化、资源化和再利用的目的。这里所谓"稳定"，是指污染物在处理过程中的反应速率和去除效果达到稳定水平。

一、稳定塘的污水净化机理

稳定塘生态系统由生物及非生物两部分组成，生物部分包括细菌、藻类、原生动物、后生动物、水生植物以及其他水生动物；非生物部分包括光照、风力、有机负荷、温度、溶解氧等因素。兼氧塘是典型的稳定塘系统，其净化功能模式如图 5-8 所示（张自杰，1998）。

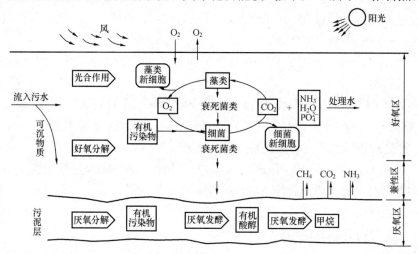

图 5-8　典型稳定塘的生态系统

在稳定塘中，对有机污染物降解起主要作用的是好氧、兼氧和厌氧的异养细菌，以有机物为碳源，并以这些物质分解过程产生的能量为能源。当稳定塘内生态系统处于良好的平衡状态时，细菌的数目能够得到自然平衡和控制。

在稳定塘内藻类起着较重要的作用。在稳定塘内存活的藻类主要是绿藻、蓝绿藻、裸藻和衣藻。藻类是一种自养型微生物，可通过光合作用放出氧气，并利用无机碳、氮和磷合成藻类细胞物质，使自身繁殖。

在这些生化反应过程中，细菌和藻类相互促进、共同生存，形成菌藻共生体系，共同降解污水中的溶解性有机物。例如，异养菌利用水中的溶解氧降解有机物，生成 CO_2、NH_4^+、NO_3^- 等藻类的食料。

细菌对有机物（以葡萄糖为代表）的降解反应式为

$$C_6H_{12}O_6 + 6O_2 \longrightarrow 6CO_2 + 6H_2O + 能量 \tag{5-1}$$

藻类光合作用可表示为

$$NH_4^+ + 5CO_2 + 2.5H_2O \longrightarrow C_5H_9O_{2.5}N + 5O_2 \tag{5-2}$$

稳定塘中还存在以细菌和藻类为食料的浮游生物，如枝角类的水蚤、甲壳类后生动物。浮游生物吞食游离细菌、藻类、胶体有机污染物和细小的污泥颗粒，分泌能够产生絮凝作用的黏液，可使塘水进一步澄清。浮游生物在稳定塘生态系统中是藻类和细菌的最终消费者，而在水生动物生态塘中又是鱼类的饵料。放养的鱼类也有助于水质净化，它们捕食微型水生动物或残留于水中的有机大颗粒。各种生物处于同一生物链中，互相制约，它们的动态平衡有利于水质净化。

水生植物生态塘内种植水生维管束植物，水生维管束植物主要在以下几方面对水质净化起作用：水生植物吸收氮、磷等营养，提高稳定塘去除氮、磷的功能；根部具有富集重金属的功能，可提高重金属的去除率；水生植物的根和茎，为细菌和微生物提供了生长介质并可向塘水供氧，为细菌去除 BOD 和 COD 提供溶解氧。水生植物收获后，还能取得一定的经济效益。常见的水生维管束植物有下列三类：沉水植物，如马来眼子菜、叶状眼子菜；浮水植物，如浮萍等；挺水植物，如水葱、芦苇等。

为了使稳定塘具有一定的经济效益，塘内还可以放养杂食性鱼类和鸭、鹅等水禽。这些高等动物捕食水中的食物残屑和浮游生物，控制藻类繁殖，建立稳定塘良好的生态系统。

菌藻共生是稳定塘内最基本的生态净化功能体系，其他水生植物和水生动物的作用则是辅助性的，它们的活动从不同途径强化了污水的净化过程。

二、稳定塘净化过程的影响因素

稳定塘环境因子的作用不可忽视，各项环境因子相互联系、多重作用，构成稳定塘的环境条件。

1. 温度

温度对稳定塘的净化功能有重要的影响，因为温度直接影响细菌和藻类的生命活动。好氧菌能在 $10\sim40℃$ 的范围内存活和代谢，最佳温度范围是 $25\sim35℃$。厌氧菌存活的温度范围是 $15\sim60℃$，$33℃$ 和 $53℃$ 左右最适宜。藻类正常存活的温度范围是 $5\sim40℃$，最佳生长温度则是 $30\sim35℃$。

稳定塘的主要热源之一是太阳辐射。非曝气塘在一年的夏季，上层水比较暖和，随塘的深度越深温度下降，常会产生温度梯度；秋季温度下降时，水面温度相对低于塘底部温度，上部水和下部水相互交换，形成所谓的秋季翻塘。当冰封融化和水温上升时，也会出现春季翻塘。春秋两季翻塘时，塘底的厌氧物质被带到表面而散发出相当大的臭味。稳定塘的另一热源可能是进水，当进水与塘水温差较大时，可能在塘内形成异重流。在寒冷地区，厌氧塘宜采用深塘，尽管较深的塘底部温度低，但在冬季塘的表面发生冰封时，较深的塘底部温度仍较高，仍能发生一定的降解作用。

2. 光照

光是藻类进行光合作用的能源，藻类必须获得足够的光，才能合成新的藻类细胞物质和提供必要的氧气。特别是好氧塘，因为好氧塘的关键是应使光线能穿透至塘底。

3. 混合条件

混合能使有机物与细菌充分接触，并避免由于短流而降低塘的有效容积，特别是当进水和塘水温差较大时，应注意避免发生异重流。因此，在设计稳定塘时，应注意采取适当措施，为稳定塘创造良好的水力条件，以有助于塘水的混合，如塘型设计、进出口的形式与位置设计以及在适当位置设导流板等。

4. 营养物质

为使稳定塘内微生物保持正常的生理活动，必须充分满足其所需要的营养物质。微生物所需要的营养元素主要是碳、氮、磷、硫、钾等。城镇污水基本上能满足微生物对各种营养元素的需要。用稳定塘处理工业废水时，应注意营养物质的平衡。

5. 有毒物质

有毒物质能抑制藻类和细菌的代谢和生长，应对进水中的有毒物质浓度加以限制或进行预处理。

6. 蒸发量和降雨量

蒸发的作用是使稳定塘中污染物浓度提高，如无机盐类的浓度，塘的出水量将小于进水量，水力停留时间将大于设计值。降雨的作用则相反，能够使稳定塘中污染物浓度得到稀释，促进塘水混合，但也缩短了污水在塘中的水力停留时间。

三、稳定塘的分类及其各自的特点

稳定塘有多种分类方式，常根据塘内微生物类型及供氧方式分为四类，见表 5-1（唐受印等，2001）。

根据稳定塘处理水的出水方式，稳定塘又可分为连续出水塘、控制出水塘与储存塘等类型。控制出水塘是人为地控制塘的出水，在年内某个时期内，如结冰期，不排放处理水，在某个时期，如灌溉期，又大量排水；储存塘只有进水，没有出水，主要依靠蒸发和微量渗透来调节塘容。

根据塘的功能，还可分为生态塘和深度处理塘。生态塘是利用污水养殖水生植物或水生动物，如芦苇、水浮萍、鱼等，塘内也存在细菌和藻类，利用不同营养级的生物构成复杂的塘生态系统。生态塘不仅可达到污水处理的目的，并可回收水产品作为工业原料或养殖畜禽的饲料，实现污水资源化。深度处理塘又称三级处理塘，也称熟化塘，是专门用于处理二级处理出水以满足受纳水体或回用要求的好氧塘。深度处理塘有机负荷很低，能进一步降低水中残余的有机污染物、细菌、氮、磷等。

1. 好氧塘

好氧塘（Aerobic Pond），塘深较浅，一般在 0.3～0.5m，阳光透射强，能透到池底，主要由藻类供氧，全部塘水呈好氧状态，主要由好氧微生物起有机污染物的降解作用。

好氧塘内存在藻、菌及原生动物的共生系统。在阳光照射时，藻类的光合作用释放出氧，塘表面也由于风力的搅动进行自然复氧，使塘水保持良好的好氧状态。水中生存的好氧异养型微生物通过其代谢活动对有机物进行氧化分解，而它的代谢产物二氧化碳又作为藻类光合作用的碳源。藻类摄取二氧化碳及氮、磷等无机盐类，利用太阳光能合成细胞物质，同时释放出氧。

表 5-1　　　　　　　　　　　　　　　稳定塘的类型及主要特征参数

指　标	好氧塘	兼性塘	厌氧塘	曝气塘
水深/m	0.4～1.0	1～2.5	>3	3～5
停留时间/d	3～20	5～20	1～5	1～3
BOD 负荷/[g/（m² · d）]	1.5～3	5～10	30～40	20～40
BOD 去除率（%）	80～95	60～80	30～70	80～90
BOD 降解形式	好氧	好氧、厌氧	厌氧	厌氧

好氧塘中的水质由于藻类的生命活动呈昼夜变化。在白昼,藻类光合作用放出的氧超过细菌降解有机物所需的氧,导致塘水中氧的含量增高,甚至达到饱和状态;晚间藻类光合作用停止,进行有氧呼吸,水中溶解氧浓度下降,在凌晨时最低;阳光开始照射时,光合作用开始,水中溶解氧再行上升。在好氧塘内,pH 值也是昼夜变化的。在白昼,由于光合作用,藻类吸收二氧化碳,pH 值上升;夜晚光合作用停止,有机物降解产生的二氧化碳溶于水中,pH 值下降。

综上所述,当好氧塘内藻类过多时,可导致晚上塘水中溶解氧浓度过低,引起塘水中水生生物(如鱼类)因缺氧而窒息死亡,或 pH 值变化过大,抑制生命活动。污水处理的好氧塘应控制一定的有机负荷,使藻类的生长繁殖和提供的氧量,与有机物降解提供给藻类所需的营养物质和需要消耗的氧量之间达到相互平衡。

好氧塘的优点是处理效率高,污水在塘内停留时间短,但进水应进行比较彻底的预处理,以去除可沉悬浮物,防止形成污泥沉积层。好氧塘的缺点是占地面积大,出水中含有大量的藻类,需进行除藻处理。

好氧塘根据有机物负荷率的高低,分为高负荷好氧塘、普通好氧塘和深度处理好氧塘(熟化塘)三种。高负荷好氧塘的有机物负荷率较高,污水停留时间短,塘水中藻类浓度很高,这种塘仅适于气候温暖、阳光充足的地区,常用于可生化性好的工业废水处理中。普通好氧塘有机负荷较前者低,常用于城市污水的处理。深度处理好氧塘是以处理二级处理出水为对象的好氧塘,有机负荷很低,水力停留时间较长,处理水质良好。

2. 兼氧塘

兼氧塘(Facultative Pond)是应用最为广泛的一种氧化塘,水深一般在 1.2~2.5m。从塘面到一定深度(0.5m 左右)阳光能够透入,藻类光合作用旺盛,溶解氧比较充足,呈好氧状态。塘底存在沉淀污泥层,底部处于厌氧状态,进行厌氧发酵。在好氧区与厌氧区之间是兼氧区,溶解氧随昼夜更替变化为有、无状态。兼氧塘的污水净化由好氧和厌氧微生物协同完成。

在兼氧塘内,生物相对比较丰富。好氧层进行的生物代谢及生物种群与好氧塘基本相同,兼氧层白昼进行的各项反应与好氧层相似,夜间则与厌氧层相似。在厌氧层,与一般的厌氧反应相同。据估算,约有 20% 的 BOD 是在厌氧层去除的。此外,通过厌氧发酵反应可以使沉泥得到一定程度的降解,减少塘底污泥量。

兼氧塘的主要优点是:由于污水的停留时间长,对水量、水质的冲击负荷有一定的适应能力;在达到同等处理效果条件下,其建设投资与维护管理费用低于其他生物处理工艺。因此,兼氧塘常被用于处理小城镇污水或污水处理厂的一级沉淀出水,但出水质量有一定限度,通常出水 BOD 为 20~60mg/L,SS 为 30~150mg/L。

除适用于城市污水、生活污水的处理外,兼氧塘还能够有效去除某些较难降解的有机化合物,如木质素、合成洗涤剂等。因此,兼氧塘适用于处理食品工业、木材加工、制浆造纸、石油化工等工业废水。对于高浓度有机工业废水,常设在厌氧塘后,作二级处理塘使用。

3. 厌氧塘

厌氧塘(Anaerobic Pond)塘水深,一般在 2.5m 以上,最深可达 4~5m,有机物负荷率高,一般可达 40~100gBOD/($m^3 \cdot d$),整个塘水呈厌氧状态,在其中进行水解、产酸和产甲烷等厌氧反应全过程。

厌氧塘一般在污水 BOD_5 ＞300mg/L 时设置，通常置于塘系统首端，将其作为预处理与兼氧塘和好氧塘组合运行，其功能是利用厌氧反应高效、低耗的特点去除有机物，保障后续塘的有效运行。

厌氧塘依靠厌氧菌的代谢功能，使有机污染物得到降解，厌氧塘在功能上受厌氧发酵的特征所控制，在构造上也服从厌氧反应的要求。在厌氧塘中共存有产酸发酵细菌、产氢产乙酸菌和产甲烷细菌等。根据三种微生物在生理和功能上的特征，必须使三个阶段之间保持平衡。有机酸在系统中的浓度应控制在 3000mg/L 以下；pH 值要在 6.5～7.5 之间；C∶N 一般应在 20∶1 的范围内；产甲烷细菌对温度有比较严格的要求，厌氧塘水温接近于 30℃，BOD_5 去除率约为 60%～70%；但水温一旦低于 15℃，BOD_5 的去除率就急剧下降。污水中不得含有能抑制细菌活性的物质，如重金属和有毒物质等。图 5-9 所示为厌氧塘功能模式。

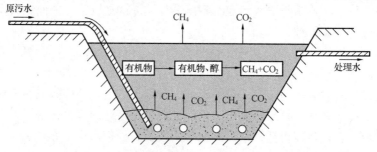

图 5-9　厌氧塘功能模式（来自网络图片）

厌氧塘多用于处理高浓度有机废水，如肉类加工、食品工业、畜禽饲养场等废水。厌氧塘应设格栅预处理设施，如污水含砂量大或含油量高应增设沉砂池或除油池。此外，厌氧塘的出水有机物含量仍很高，需要进一步通过兼氧塘和好氧塘处理。

以厌氧塘为首塘作为稳定塘系统的预处理构筑物，有下列优点：污染物可降解 20%～30%，因而可减小后续兼氧塘和好氧塘的容积；厌氧塘可使部分难降解有机物转化为易降解有机物，有利于后续塘处理；废水通过厌氧塘后，可消除后续塘的漂浮物和减小底泥淤积层厚度。

厌氧塘对周围环境有某些不利影响，应予注意，主要是：厌氧塘一般多散发臭气，应使其远离住宅区，一般应在 500m 以上；厌氧塘水面上可能形成浮渣层，浮渣层对保持塘水的温度有利，但有碍观瞻，而且在浮渣上孳生小虫，环境卫生条件差；厌氧塘内污水的污染物浓度高、深度大，易于污染地下水，因此，应采用适当措施加以控制。

当土质和地下水条件许可时，可采用深度较深的超深厌氧塘。面积小而深度大的厌氧塘具有以下优点：保温效果较好，可减少冬季塘表面的热量散失和季节变化对处理效率的影响；该塘能减少占地面积，减少表面复氧进入塘内的氧量，改善塘内厌氧微生物的生存条件，对于多级小而深的塘，出水的悬浮物浓度较低，并且运行灵活；深塘有利于底泥增稠。例如，对于食品废水，当去除率达到 70% 时，9m 深塘比 3m 深塘约可减少 1/3 的容积。英国玛拉（Mara）等研究的超深厌氧塘深达 15m，不仅减小了占地面积，而且具有环境条件变化影响小、厌氧微生物生存条件有所改善、处理效果稳定等优点。

4. 曝气塘

曝气塘（Aerated Pond）由表面曝气器供氧，塘水呈好氧状态，污水停留时间短。由于曝气增加了水体紊动，藻类一般会停止生长而大大减少。

曝气塘适用于土地面积有限，不足以建成完全以自然净化为特征的塘系统的场合或由超负荷兼氧塘改建而成，目的在于使出水达到常规二级处理水平。

曝气塘可分为好氧曝气塘和兼氧曝气塘两类，主要取决于曝气装置的数量、设置密度和曝气强度。曝气装置多采用表面机械曝气器，也可以采用鼓风曝气系统。如果曝气装置的功率较大，足以使塘水中全部污泥都处于悬浮状态，并提供足够的溶解氧时，则为好氧曝气塘。如果曝气装置的功率仅能使部分固体物质处于悬浮状态，而有一部分固体物质沉积于塘底进行厌氧分解，曝气装置提供的溶解氧也不能满足全部需要，则为兼氧曝气塘，如图5-10所示（张自杰，1998）。

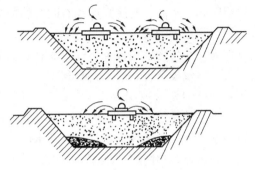

图5-10　好氧曝气塘和兼氧曝气塘

曝气塘的主要优点：由于经过人工曝气，曝气塘的净化功能、净化效果以及处理效率都明显地高于一般类型的稳定塘。污水在塘内的停留时间短，所需容积及占地面积均较小。但由于采用人工曝气措施，能耗增加，运行费用也有所提高，但仍大大低于活性污泥法。同时，由于出水悬浮物浓度较高，使用时可在其后设置兼氧塘，来改善最终出水水质。

5. 深度处理塘

深度处理塘一般是低负荷（一般 BOD 不大于 30mg/L，COD 不大于 120mg/L，而 SS 则在 30～60mg/L 之间）的好氧塘或曝气塘，可在塘中养殖水生动物、植物，强化处理效果，提高经济效益。因此，处理对象是常规二级处理工艺（如活性污泥法、生物膜法）的出水，或处理效果与二级处理技术相当的稳定塘系统出水，它使处理水达到更高的水质标准，以适应受纳水体或回用水的水质要求。

通过深度处理塘的处理，可使 BOD、COD 等指标进一步降低，并进一步去除水中的细菌、藻类以及氮、磷等植物性营养物质。污水经二级处理工艺处理后，残余的 BOD、COD 都较难降解，因此，深度处理塘对这些污染物的去除效率不可能太高，一般 BOD 的去除率在 30%～60% 之间，残留的 BOD 值，可能还在 5～20mg/L 之间；COD 的去除率一般仅为 10%～25% 左右，出水中残留的 COD 值可能能在 50mg/L 以上。

在深度处理塘内氮、磷的去除主要依靠塘中藻类以及水生植物的吸收，有明显的季节变化。在夏季塘水中藻类含量高，氮、磷去除率亦高，氮的去除率达 30% 左右，磷的去除率可高达 70% 以上。在冬季，氮的去除率仅为 0～10%，磷的去除率也降至 2%～27%。除藻类的吸收外，氮还能够通过反硝化反应去除，如在底部有污泥层的浅塘，在泥水交界面上，硝酸盐氮就有可能通过反硝化过程而去除。由于光合作用形成高 pH 值的环境，磷酸盐可以通过沉淀而从水中去除。在冬季和夜间，pH 值下降，底泥中的磷可能重新溶入水中。

未经除藻处理的深度处理塘的出水，仍含有大量藻类。有些塘的出水中，叶绿素 a 达 17～310μg/L，有味。这种处理水的 BOD\COD 值仍很高，不符合排放或回用的要求，而且在氯化后生成三氯甲烷等"三致"物质。在稳定塘内养鱼，使塘中形成"藻类-动物性浮游生物-鱼类"这一生态系统，既可降低塘水中藻类含量，又可从养鱼中取得效益。利用水蚤等甲壳类后生动物或种植水生植物等，也可有效地去除藻类。

深度处理塘对细菌（如葡萄球菌属、大肠杆菌、结核杆菌以及酵母菌等）的去除，受水力停留时间、水温、光照强度和时间等的影响，但都有较好的去除效果。

四、稳定塘的特点

作为污水生物处理技术，稳定塘具有以下优点。

（1）建设投资省。能够充分利用废河道、沼泽地、山谷、河漫滩等，基建投资约为常规污水处理厂的 $1/3 \sim 1/2$。

（2）风能是稳定塘系统的重要辅助能源之一，经过适当的设计，可实现风能的自然曝气充氧，基本无电能消耗。运行和维护单价仅为常规污水处理厂的 $1/5 \sim 1/3$。

（3）运行维护简便，维护人员少。

（4）污泥产生量少，约为活性污泥法的 $1/10$。

（5）适应能力和抗冲击负荷能力强，能承受水质和水量大范围的波动。

（6）能实现污水资源化。稳定塘处理后的污水能达到农业灌溉水质标准，充分利用污水的水肥资源。塘中的污泥与水生植物等混合堆肥可生产土壤改良剂。种植水生植物、养鱼、养鸭等的生态塘，其经济收入可抵偿运行费用。

（7）如处理适当，可形成生态景观。

但是，稳定塘也有以下缺点：①占地面积大；②容易散发臭气和孳生蚊蝇。③污水处理效果受季节、气温和光照等影响，全年内不够稳定，在北方有过冬问题和春秋季翻塘气味问题；④防渗处理不当时，可能污染地下水。

五、稳定塘的设计计算

1. 稳定塘的流程选择

工艺流程的选择和确定原则是：确保出水能满足预期的要求，且在经济上合理。

稳定塘处理工艺流程包括预处理、稳定塘系统、后续处理及出水利用等多种工艺单元。

（1）预处理。目的在于尽量去除水中杂质或粒径不利于后续处理的物质，减少塘中的积泥。预处理工艺包括格栅、沉砂、沉淀或水解酸化等。

为防止大部分无机固体积累在稳定塘底，在提升泵站后最好设置沉砂池。污水流量小于 $1000 \text{m}^3/\text{d}$ 的小型稳定塘前，一般可不设沉淀池；处理大水量的稳定塘前，可设沉淀池，防止稳定塘塘底沉积大量污泥。为减少稳定塘的水力停留时间和占地面积、减小后续塘的负荷，污水进稳定塘前可进行水解酸化预处理。厌氧塘前，可不设沉淀池或进行水解酸化处理。

（2）稳定塘系统。稳定塘系统应根据不同的废水水质、处理程度及气候条件，选用不同类型的塘或组合形式，或串联运行或并联运行。稳定塘串联运行时，一般要求每一种稳定塘至少应有 $2 \sim 3$ 个塘并联。

2. 稳定塘设计的一般规定及参数

（1）用作二级处理的稳定塘系统，处理规模不宜大于 $5000 \text{m}^3/\text{d}$，稳定塘的分格数不应少于两格。

（2）为取得较好的水力条件和运转效果，推流式稳定塘宜采用多个进水口，出水口尽可能布置在距进水口远一点的位置上。风能使塘产生环流，为减小这种环流，进水、出水轴线宜与当地主导风向垂直，也可以利用导流墙控制风力产生的环流。

（3）各级稳定塘的每个进水口、出水口均应设置单独闸门，各级稳定塘之间应考虑加设超越设施。此外，采用多段稳定塘串联时，要设回流设施，回流比为1∶6。

（4）稳定塘必须采取防渗措施，包括自然防渗和人工防渗。稳定塘内坡应衬砌或铺砌防冲石块，衬砌的最小厚度宜为0.5m。稳定塘的超高不应小于0.9m。

（5）当处理城市污水时，稳定塘的设计参数应由试验确定。当无试验资料时，根据污水水质、处理程度、当地气候和日照等条件，可以参照相关经验数据选用。稳定塘的总平均BOD_5表面负荷可采用1.0～10g/（m^2·d），总停留时间可为20～120d，视稳定塘的类别和气候条件而异。

3. 好氧塘的设计

好氧塘的水深应保证阳光投射到塘底，使整个塘都处于好氧状态。

塘表面形状以矩形为宜，长宽比2∶1～3∶1，塘堤外坡4∶1～5∶1，内坡2∶1～3∶1，堤顶宽度取1.8～2.4m。以塘深1/2处的面积作为设计计算面积。

可以考虑处理水回流，也可以在原污水中接种藻类，以增高溶解氧浓度。

如氧塘的工艺设计参数见表5-2［《污水稳定塘设计规范》（CJJ/T 54—1993）］。

表5-2　　　　好氧塘的工艺设计参数

BOD_5表面负荷/[kg/(hm^2·d)]			水力停留时间/d			塘深/m	处理效果（%）
1区	2区	3区	1区	2区	3区		
10～20	15～25	20～30	20～30	10～20	3～10	0.5～1.0	60～80

注　1区指平均温度小于8℃的地区，2区指处于8～16℃的地区，3区指大于16℃的地区。

设计计算：好氧塘一般根据有机物表面负荷法设计。

4. 兼氧塘的设计

兼氧塘可作为独立处理设置，也可作为多塘处理系统中的一个处理单元设置。

塘深一般采用1.2～2.5m，塘深应考虑污泥层的厚度和保护高度，在北方寒冷地区还应考虑冰盖的厚度。污泥层厚度可取0.3m，保护高度按0.9～1.0m考虑，冰盖厚度由地区气温而定，一般为0.2～0.6m。

塘的表面形状以矩形为好，矩形塘易于施工和串联组合，有助于风对塘水的混合，而且死角少；如果把直角做成弧形，则死区更少，长宽比为2∶1～3∶1。

一般采用多级串联，第一塘面积大约占总面积的30%～60%，采用较高的负荷率，以不使全塘都处于厌氧状态为限。也可以采用并联，并联可使污水中有机污染物得到均匀分配。矩形塘进水口应使进水在塘横断面上配水均匀，宜采用扩放管或多点进水。

停留时间一般规定为7～180d，高值用于北方，包括冰封期高达半年以上的高寒地区，低值用于南方，但应能保证处理水水质达到规定要求。

兼氧塘的工艺设计参数见表5-3［《污水稳定塘设计规范》（CJJ/T 54—1993）］。

设计计算：兼氧塘一般根据有机表面负荷法设计。

表 5-3　　　　　　　　　　　　　　**兼氧塘的工艺设计参数**

BOD$_5$表面负荷/［kg/（hm^2·d）］			水力停留时间/d			塘深/m	处理效果（%）
1 区	2 区	3 区	1 区	2 区	3 区		
30~50	50~70	70~100	20~30	15~20	5~15	1.5~2.5	60~80

注　1 区指平均温度小于 8℃的地区，2 区指处于 8~16℃的地区，3 区指大于 16℃的地区。

5. 厌氧塘的设计

厌氧塘一般为矩形，长宽比为(2.0~2.5)∶1。厌氧塘数应不少于两座，处理高浓度有机废水时，宜采用二级厌氧塘串联设置和运行。

塘的有效深度（水深＋泥深）一般为 3~5m，实践证明，多级小而深且水力停留时间短的厌氧塘比大而浅的塘更有效。

厌氧塘的塘底部应有大于等于 0.5m 的污泥储存深度。污泥清除的周期取决于废水性质。

为提高厌氧塘的有机负荷和净化效果，缩短停留时间，可以采取一些强化措施，如在塘内增设生物膜载体和在塘底设置污泥消化坑等。

塘底采用平底，略带坡度，以利于排泥。堤内坡度，一般按照垂直∶水平的比例为 1∶1~1∶3。

厌氧塘多采用多点进水，距塘底 1m 处一般采用淹没管式出水，如采用溢流出水，在堰与孔口之间应设置挡板，以便在塘面形成浮渣层。

应控制进水水质，硫酸盐浓度小于 500mg/L，氨浓度小于 1500mg/L。氨浓度大于 1500mg/L 时，对产甲烷菌不利；大于 6000mg/L 时，将产生毒害作用。

厌氧塘的工艺设计参数见表 5-4［《污水稳定塘设计规范》（CJJ/T 54—1993）］。

设计计算：厌氧塘一般根据有机表面负荷法设计。

表 5-4　　　　　　　　　　　　　　**厌氧塘的工艺设计参数**

BOD$_5$表面负荷/［kg/（hm^2·d）］			水力停留时间/d			塘深/m	处理效率（%）
1 区	2 区	3 区	1 区	2 区	3 区		
200	300	400	3~7	2~5	1~3	3~5	30~70

注　1 区指平均温度小于 8℃的地区，2 区指处于 8~16℃的地区，3 区指大于 16℃的地区。

6. 曝气塘的设计

曝气塘一般不少于 3 座，串联运行，单塘面积不大于 40 000m^2。塘内污水流态为完全混合型，有机物在塘内的降解呈一级反应，无污泥回流。

曝气塘的工艺设计参数见表 5-5［《污水稳定塘设计规范》（CJJ/T 54—1993）］。

表 5-5　　　　　　　　　　　　　　**曝气塘的工艺设计参数**

塘　型	BOD$_5$表面负荷/［kg/（hm^2·d）］			水力时间	塘深/m	处理效率（%）	比功率/（W/m^3）
	1 区	2 区	3 区				
部分	50~100	100~200	200~300	2~5	3~5	60~80	1~2
完全	100~200	200~300	200~400	1~3	3~5	70~90	5~6

注　1 区指平均温度小于 8℃地区，2 区指处于 8~16℃的地区，3 区指大于 16℃的地区。

7. 稳定塘设计计算公式

稳定塘最常用的设计方法是根据有机表面负荷计算塘的面积，然后再确定塘的其他结构尺寸，最后校核停留时间。

（1）塘的总面积 A（m^2）：

$$A = \frac{QS_0}{L_A} \tag{5-3}$$

式中　Q——进水设计流量，m^3/d；

　　　S_0——进水 BOD_5 浓度，mg/L；

　　　L_A——BOD_5 表面负荷，$g/(m^2 \cdot d)$。

（2）水力停留时间 HRT（d）：

$$HRT = nV_1/Q \tag{5-4}$$

式中　V_1——单塘有效容积，m^3；

　　　n——塘个数。

（3）出水有机物的浓度可根据以下经验公式计算：

$$c_e = 16.3c_0^{0.7}(HRT)^{-0.44}t^{-0.66} \tag{5-5}$$

式中　c_e——出水 BOD_5 浓度，mg/L；

　　　c_0——进水 BOD_5 浓度，mg/L；

　　HRT——水力停留时间，d；

　　　t——平均水温，℃。

第四节　人 工 湿 地 技 术

人工湿地是一种由人工建造和调控的湿地系统，由人工基质和生长在其上的水生植物（如芦苇、香蒲、苦草等）组成，形成基质-植物-微生物生态系统，通过其生态系统中物理、化学和生物作用的优化组合来进行废水处理。

人类利用自然沼泽即自然湿地处理污染已有很长的历史。一些发达国家利用自然湿地处理污水，早期取得了较好的效果。但经过几年或十几年运行后发现，湿地的生态系统受到严重破坏，生物多样性降低。为保护环境，避免现存有限的湿地生态系统被破坏，不宜利用自然湿地处理污水。

人工湿地是近 40 年才发展起来的技术。在 20 世纪 70 年代后期，人工湿地工艺首次出现在德国，然后从欧洲发展到美国、加拿大、澳大利亚等国。在 40 多年的时间里，在欧洲和北美地区分别建造了 500 多座和 600 多座人工湿地处理系统。我国开始研究和发展人工湿地始于 20 世纪 80 年代末，至今已在我国各地建立了多座示范工程。

人工湿地具有投资低、运行维护简单和美化景观等优点，具有较好的经济效益和生态效益，具有广阔的推广应用前景。

一、人工湿地净化原理

填料、植物、微生物与多湿的环境共同构成了人工湿地的基本要素，形成了湿地特有的生态系统。填料为微生物的生长提供了稳定的附着表面，为湿地植物提供载体和营养物质；湿地植物除直接吸收营养物质、富集污染物外，还为根区微生物的生长、繁殖和降解污染物提供氧气；附着在基质和植物根系的微生物可降解污染物，并为植物提供养分。人工湿地净化原理示意图如图 5-11 所示。

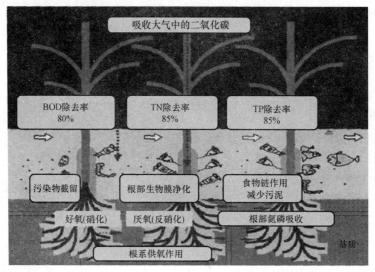

图 5-11　人工湿地净化原理示意图

人工湿地中氧的来源主要包括：进水中携带的氧、水面更新溶解氧及植物光合作用产氧、植物根系对氧的传递和释放。湿地植物通过光合作用产生的氧，一部分通过植物组织的运输和根系的输送作用释放到湿地环境中，在根系周围形成好氧区域；同时，由于好氧生物膜对氧的利用而在离根系较远的区域形成缺氧区域，在更远的区域形成厌氧区域。湿地床中溶解氧的这种分布，有利于污水中不同污染物的降解、转化及去除。

P 则主要通过土壤中 Al、Fe、Ca 的吸附/沉淀作用以及植物的吸收作用得以去除。其中，作物吸收磷的量占 17%，土壤截留磷的量占 70%。沉淀作用一般只发生在 P 浓度较高时，且反应不可逆；而吸附作用则部分可逆，浓度较高时，吸附的 P 会在低浓度时释放出来。植物死亡后，吸收的 P 也会重新释放出来。

氨氮的去除途径：根系好氧区的自氧型亚硝化细菌和自养型硝化细菌将水体中的氨态氮转化为硝态氮，湿地厌氧区的异养型反硝化细菌将硝态氮转化为氨气而逸出水体。同时，植物自身对氮、磷等污染物的吸收和对水体净化，也发挥着重要作用。

与传统的城市二级污水处理厂相比，人工湿地具有较强的脱氮除磷效果，一般人工湿地对 BOD、TN 和 TP 的去除率可分别达到 80%、85% 和 85% 左右；基建投资低，一般为生物处理的 1/4～1/3；能耗省，运行费用低，为生物处理的 1/6～1/5；运行操作简便，机械、电气、自控设备少，设备的管理工作量较少；可定期收割作物，增加收入；若设计、运行得当，既能净化污水，又可产生经济、社会以及生态景观效益，如水产、畜产、造纸原料、建材、绿化、野生动物栖息、娱乐和教育等。

人工湿地系统不仅可以用于城市和各种工业废水的二级处理，还可用于废水的深度处理和对农田径流的处理，在有些情况下，人工湿地可能是唯一的适用技术。但人工湿地也存在一些不足：占地面积大，缺乏精确的设计运行参数，对生物和水动力复杂性了解不足，易受病虫害的影响，需要对水生植物进行管理以及容易孳生蚊蝇等。

二、人工湿地类型

人工湿地按水流形态分为三种基本类型，即表面流人工湿地、水平潜流人工湿地、垂直潜流人工湿地。

1. 表面流人工湿地

表面流人工湿地是指水面在固体介质表面以上，污水从池体进水端水平流向出水端的人工湿地，如图 5-12 所示（董哲仁，2007）。典型的系统由水池和集水沟组成，并设有地下隔水层，以防止渗漏，在床体或池体内充填一定深度的土壤层，在土壤层种植芦苇之类的维管束植物。污水由湿

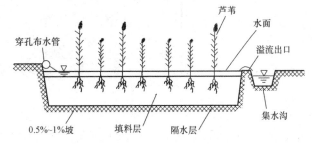

图 5-12　表面流人工湿地

地的一端通过布水装置进入，并以较浅的水层在地表面上以推流方式向前流动，从另一端溢流入集水沟，并在流动过程中保持自由水面（水位一般为 0.1～0.5m）。该工艺的有机负荷及水力负荷较低，有机负荷介于 $1.8～11gBOD_5/(m^2 \cdot d)$ 之间。同时，由于存在自由水面，夏季易孳生蚊蝇，并有臭味。

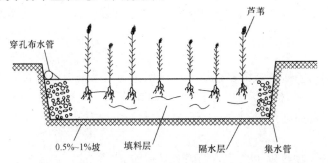

图 5-13　水平潜流人工湿地示意图

2. 水平潜流人工湿地

水平潜流人工湿地如图 5-13（董哲仁，2007）所示。它由土壤或不同类型的介质和植物组成。床底有隔水层，纵向有坡度。进水端沿床宽构筑有布水沟，内置砾石。废水从布水沟引入床内，沿介质下部潜流呈水平渗滤前进，从另一端出水沟流出。在出水端砾石层底部设置多孔集水管，可与能调节床内水位的出水管连接，以控制、调节床内水位。

在系统中，污水在湿地床的表面下流动，一方面可以充分利用填料表面生长的生物膜、丰富的植物根系及表层土和填料的截留等作用，提高处理效果和处理能力；另一方面，由于水流在地表下流动，保温性好，处理效果受气候影响较小且卫生条件较好，是目前国际上较多应用的一种湿地处理系统，但此系统的投资比 FWS 系统略高。该系统去除氮、磷和 SS 效果较好。

3. 垂直潜流人工湿地

垂直潜流人工湿地指污水垂直通过池体中滤料层的人工湿地，如图 5-14 所示（董哲仁，2007）。污水从湿地表面垂直向下流过填料床或从底部垂直向上流过填料床，床体处于非浸泡状态，氧可通过大气扩散和植物传输进入人工湿地。垂直潜流人工湿地的硝化能力高于水平潜流人工湿地，用于处理含氨氮浓度较高的污水更具优势。

根据污水在湿地床内的流向，可将系统分单向垂直潜流人工湿地和复合垂直潜流人工湿地两种。间歇运行是单向垂直潜流人工湿地特有的运行方式，目前普遍采用的是下向垂直潜流人工湿地。复合垂直潜流人工湿地由两个底部相连的池体组成，污水从一个池体垂直向下

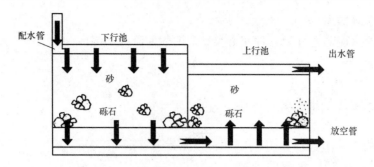

图 5-14　垂直潜流人工湿地示意图

（或向上）流入另一个池体中后，垂直向上（或向下）流出。在复合垂直潜流人工湿地中，通过延长污水的流动路线，增加了污水的停留时间，从而提高了人工湿地对污染物的去除能力。该类型人工湿地一般采用连续运行方式。

三、人工湿地设计

1. 场地的选择

人工湿地处理单位体积污水时的占地面积是传统二级生物处理工艺的 2～3 倍，故在选择场址时，应尽量选择有一定自然坡度的洼地或经济价值不高的荒地。同时，还需考虑以下因素：当地的土地利用条件与土地面积、地形地貌、土壤状况、气象气候条件、水文状况、动植物生态因素、投资费用等。

2. 填料的选择

湿地床一般由表层土壤层、中间填料层和底部衬托层三层组成。当地表层土可作为湿地床表层材料，铺设 0.15～0.25m 厚。湿地床总厚度一般控制在 0.6m 左右。根据湿地床底部受力状况和中间填料层粒径，选择底部衬托层材料和粒径。衬托层粒径一般要小于中间层粒径，而且要对防渗层有保护作用。

人工湿地中的填料在为植物和微生物提供生长介质的同时，还能通过沉淀、过滤和吸附等作用直接去除污染物。进水配水区和出水集水区填料粒径一般在 40～80mm，分布于整个床宽。处理区填料粒径美国 EPA 建议为 20～30mm，此外填料还应考虑便于取材、经济适用等因素。填料深度一般为 30～70cm（王爱萍等，2005）。

填料在湿地建设费用中的比例最大，可达到总费用的 50%～60%。

传统湿地所用的填料以砂、砾石、碎石为主，但这些填料的吸附、交换性能以及防止填料发生堵塞的性能不够理想。近年来，出现了一些新型填料，特别是使用新产品，诸如某些工业副产品作为湿地的填充材料是一种趋势，如石英砂、煤灰渣、高炉渣、水沸石和陶粒等。具有多孔性的陶粒可为微生物提供较高的比表面积，从而增加微生物活性，提高污染物的净化能力。水沸石具有特殊结构，可快速吸附氨离子。氨离子吸附饱和的水沸石可通过缓释和微生物的作用，恢复其吸附容量。

为防止湿地系统因渗漏而对地下水造成污染，一般要求在施工时尽量保持原状土层，并采取防渗措施。

3. 植物选择

人工湿地系统种植的植物按其生长状态，分为挺水型、漂浮型、浮叶型和沉水型四类。在人工构筑湿地中，常选用的挺水型植物有芦苇、香蒲等。芦苇是湿地系统最常选用的水生植物之一，其输氧能力较强，除磷能力也较强。常用湿地植物见表 5-6（董哲仁，2007）。

表 5-6　　　　　　　　　　　　常用湿地植物及其性质

植物名称	性　质
睡莲	具有一定耐污性，根系发达，有较强的输氧能力
莲藕	输氧能力强，耐污，繁殖力强
芦苇	根系发达，去污力强，繁殖力强，对土壤无特别要求
美人蕉	具有一定的观赏效果，广泛用于各地栽培
水葱	具有观赏效果且能提供一定的去污效果
水烛	对磷有较强的需求，且根系发达，寒冷地区冬季管理简单
菱草	高效的去污能力
水葵	对氮、磷有很高的去除率，目前只在我国南方地区进行试验
黄菖蒲	有观赏功能，但根系不是特别发达，常与其他植物混合种植
灯心草	冬季能够继续生长，且对磷的去除率特别高

选择湿地植物时，应遵循以下原则：

（1）应是能适应当地生长的植物或天然湿地原存的优势种。

（2）根据处理对象，即污水的特性选择适宜植物。

（3）多种植物混植或串联种植，发挥各自优点，如前级种芦苇，后级种香蒲，可提高系统的总体净化能力。

（4）采用综合利用价值高的作物，提高经济效益。

（5）景观效果好，能美化环境，为野生动、植物提供良好的生存环境。

4. 预处理

为保证人工湿地的正常运行，必须设置预处理设施。预处理的目的在于尽量去除污水中那些性质或粒径不利于后续处理的物质，减少因 SS 和有机物积累导致的填料堵塞，加速污染降解，常用的预处理设施有格栅、沉砂池、化粪池、氧化塘、除油池、水解池等。

5. 人工湿地集配水系统的设计

人工湿地的进水方式有多种，目前采用的主要有推流式、阶梯进水式、回流式和综合式四种。

推流式进水最为简单，水动力消耗低，输水管渠少。回流式进水可增加水中的溶解氧、延长水力停留时间并减少出水中可能出现的臭味，出水回流同样可以促进填料床中的硝化作用。阶梯进水有利于均匀分布有机负荷，可避免湿地床前部堵塞，提高 SS 和 BOD 的去除率，植物长势均匀，也可为后继的脱氮过程提供更多的碳源，利于后部的硝化和反硝化脱氮作用。综合式进水一方面设置出水回流，另一方面还将进水分配至填料床的中部，以减轻填料床前端的负荷。

人工湿地的集配水系统应保证配水、集水的均匀性，宜采用穿孔管、配（集）水管、配（集）水堰等方式，实现集配水的均匀。进出水构筑物的设计应便于建造和维护，出水设计应保证池中水位可调，且应在出水处设置放空管。水平潜流人工湿地在系统接纳最大设计流量时，湿地进水端不得出现壅水和表面流现象。

6. 防渗处理

为防止人工湿地给地下水造成污染，湿地底基要做防渗处理，如用黏土、膨润土夯实和用复合土工膜作为防渗材料铺设在湿地床底部，并在其上设置一定厚度的保护土层（现多为水泥土）。

7. 设计参数

人工湿地系统的设计受很多因素的影响，主要有水力负荷、有机负荷、湿地床构造形式、工艺流程及其布置方式、进水系统和出水系统的类型和湿地所栽种的植物种类等。由于不同国家及不同地区的气候条件、植被类型以及地理情况各有差异，因而大多根据各自的情况，经小试或中试取得有关数据后，进行人工湿地的设计。无试验资料时，可参考表 5-7（董哲仁，2007）的数据。

表 5-7　　　　　　　　　　　　　不同类型湿地系统的设计参数

技术参数	表面流人工湿地	水平潜流人工湿地	垂直潜流人工湿地	天然湿地
适宜气温/℃	−7～+35	−7～+35	−7～+35	−7～+35
进水水温/℃	7～25	7～25	7～25	7～25
出水水温/℃	0～8	2～25	2～25	0～27
水力负荷/（cm/d）	2.4～5.8	3.3～8.2	3.4～6.7	2.4～4.0
水力负荷/（m/a）	7～17	11～31	12～24	7～12
年运行天数/d	300	365	365	300
水层深度/m	0.1～0.4	0	0.1～0.4	0.2～0.8
水力停留时间 HRT/d	1.5～4	4～5	>10	<10
布水周期/（d/周）	6～7	6～7	6～7	6～7
投配时间/（h/d）	8～24	8～24	8～24	8～24
有机负荷/[kgBOD$_5$/(hm^2·d)]	65	64～150	80～130	60
氮负荷/[kg/(hm^2·d)]	16	28	25	11

8. 设计计算公式

（1）表面流人工湿地。由于污水在人工湿地中流动缓慢，故人工湿地通常可视作一级推流式反应器，稳态条件下可用以下反应动力学描述：

$$C_e = C_0 A e^{-0.7K_T A_v^{1.75} t} \tag{5-6}$$

$$K_T = K_{20} \times (1.05 - 1.1)^{(T-20)} \tag{5-7}$$

式中　C_e——出水 BOD$_5$浓度，mg/L；

C_0——进水 BOD$_5$浓度，mg/L；

A——以污泥形式沉积在湿地床前部的 BOD$_5$浓度（一般取 0.52mg/L）；

K_T——设计温度的反应速率常数，d^{-1}；

T——设计水温，℃；

K_{20}——20℃时的反应速率常数，一般取 0.0057d^{-1}；

A_v——比表面积（一般为 15.7m^2/m^3）；

t——水力停留时间，h：

$$t = \frac{湿地长度 \times 湿地宽度 \times 湿地深度}{流量} \tag{5-8}$$

一般表面流人工湿地的长宽比大于或等于 3，水面深度在 0.1～0.6m 的范围内。

（2）潜流人工湿地。潜流人工湿地床所需面积按下式确定：

$$A_S = \frac{Q(\ln C_0 - \ln C_e)}{K_T dn} \quad\quad (5\text{-}9)$$

式中　A_S——湿地床面积，m^2；

　　　K_T——设计温度的反应速率常数，d^{-1}；

　　　d——湿地床深，m；

　　　n——湿地床孔隙率；

其余符号意义同前。

潜流型系统的有效过流断面面积可用达西定律计算：

$$A_c = Q/K_s S \quad\quad (5\text{-}10)$$

式中　A_c——与水流方向垂直湿地床截面积，m^2；

　　　S——床层坡度，%；

　　　K_s——介质的水力传导率，$m^3/(m^2 \cdot d)$，K_s 与基质层采用的填料有关，在填料类型及其级配确定后，应通过试验确定。美国环保局用清水测得的 K_s 见表 5-8（董哲仁，2007）。为安全计，取该值的 1/3 作为设计有效水力传导率。

表 5-8　　　　　　　　　　　潜流人工湿地中典型介质的特性

类型	有效粒径/mm	孔隙率	$K_s/[m^3/(m^2 \cdot d)]$
粗砂	2	0.32	1000
砾砂	8	0.32	5000
细砾砂	16	0.38	7500
中等砾砂	32	0.40	10 000
粗岩石	128	0.45	100 000

潜流湿地处理单元中，绝大部分的 BOD 和悬浮物的去除发生在进水区域，因此有资料建议，潜流湿地处理单元长度应控制在 12～30m。

水力停留时间 t 可用下式表示

$$t = Vn/Q = Adn/Q \quad\quad (5\text{-}11)$$

在湿地处理污水过程中，潜流湿地的孔隙率随时间而变化，处理系统的水力停留时间很难准确确定。研究表明，实际水力停留时间通常为理论值的 40%～80%。

K_T 值由已知潜流人工湿地的 K_{20} 结合式（5-7）确定，包括从一般填料到粗质填料在内的典型填料的 K_{20} 值约为 1.28。

9. 运行方式

人工湿地的运行可根据处理规模的大小进行多种方式的组合，一般有单一式、并联式、串联式和综合式等。在日常使用中，人工湿地还常与氧化塘等进行串联组合。

第五节　土 壤 渗 滤 技 术

土壤渗滤技术是污水有控制地投配到土地上，通过土壤—微生物—植物系统物理、化学、生物的吸附及过滤与净化作用和自我调控功能，使污水可生物降解的污染物得以降解、净化，氮、磷等营养物质和水分得以再利用，促进绿色植物的生长并获得增产。

最早文献记载的是德国本兹劳的污水灌溉系统，距今已有 300 多年的历史。该技术具有投资省、运行管理简便、对氮和磷等污染物去除效率高、处理水可回用等优点，目前越来越受到关注，已成为可替代二级处理甚至三级深度处理的重要污水处理方法。但该系统对土质的要求较高，一般以土质通透性能强、活性高、水力负荷大、处理效率好为原则。

一、净化原理

1. 土壤颗粒的过滤、吸附、化学沉淀作用

土壤渗滤净化污水的原理如图 5-15 所示（董哲仁，2007）。污水通过渗滤系统时，部分水分被蒸发，余下的部分不断扩散、下渗。土壤颗粒间的孔隙具有截留、滤除水中悬浮颗粒的作用。土壤颗粒具有吸附作用：水中的金属离子与土壤中的无机胶体和有机胶体颗粒，或污水中的某些有机物与土壤中的重金属离子由于螯合作用，形成可吸性螯合物而固定在土壤中；重金属离子与土壤颗粒之间，进行阳离子变换而被置换吸附并生成难溶性的物质固定在土壤中等。同时，污水中的重金属离子与土壤的某些组分进行化学反应，生成难溶性化合物而沉淀。

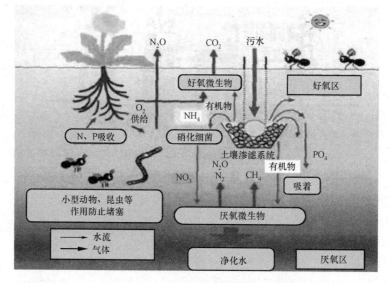

图 5-15　土壤渗滤净化机理示意图

2. 微生物代谢作用

土壤表面形成的生物膜将有机污染物分解为无机物。土壤表层的植物根系对营养物质进行吸收，好氧区的微生物将氨态氮硝化，一部分被植物利用，另一部分被厌氧微生物反硝化为氮气，部分有机物被厌氧分解时，同时产生沼气和二氧化碳。磷被土壤颗粒吸附固定在土壤团结构中。土壤中的小型动物、昆虫类具有疏松土壤、保持土壤通气、防堵塞的作用。

3. 植物吸附和吸收作用

在土壤渗滤系统中，污水中的营养物质（氮、磷）主要靠植物吸附和吸收而去除，再通过作物收获，将其转移出土壤系统。

土壤渗滤技术对污染物的去除效能是上述作用的综合结果，污水中的污染物是通过上述多种途径去除的。

二、结构类型

根据土壤渗滤系统中水流运动的速率和轨迹的不同，土壤渗滤系统通常可分为四种类型：慢速渗滤系统、快速渗滤系统、地表漫流系统和地下渗滤系统。

不同的土地处理类型具有不同的工艺条件、工艺参数和场地要求，其主要特征见表5-9（董哲仁，2007）。

表5-9　　　　　　　　　　　土壤渗滤系数典型设计数据表

工艺特性	慢速渗滤	快速渗滤	地表漫流	地下渗滤
投配方式	表面布水、喷洒	表面布水	表面布水、喷洒	地下布水
水力负荷/（cm/d）	1.2～1.5	6～122	3～21	0.2～0.4
预处理最低程度	一级处理	一级处理	格栅、筛滤	化粪池、一级处理
投配废水最终去向	下渗、蒸散	下渗、蒸散	径流、下落、蒸散	下渗，蒸散
植物要求	谷物、牧草、林木	无要求	牧草	草皮、花木
适用气候	较温暖	无限制	较温暖	无限制
达到处理目标	二级或三级	二、三级或回灌	二级、除氮	二级或三级
占地性质	农、牧、林	征地	牧业	绿化
土层厚度/m	＞0.6	＞1.5	＞0.3	＞0.6
地下水埋深/m	0.6～3.0	淹水期：＞1.0 干化期：1.5～3.0	无要求	＞1.0
土壤类型	砂壤土、黏壤土	砂、砂壤土	黏土、黏壤土	砂壤土、黏壤土
土壤垂滤系数/（cm/h）	≥0.15，中	≥0.15，快	≤0.5，慢	0.15～5.0，中

1. 慢速渗滤系统

慢速渗滤系统（Slow Rate Infiltration System，SR系统）示意图如图5-16（张自杰，1998）所示。慢速渗滤系统是让污水流经种有作物、渗透性良好的土地表面，污水缓慢地在土地表面流动并向土壤中渗滤，一部分污水直接被作物吸收；一部分渗入土壤中，从而使污水得到净化。该系统适用于渗水性能良好的土壤，如砂质土壤和蒸发量小、气候湿润的地区。

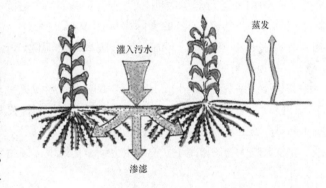

图5-16　慢速渗滤系统示意图

（1）预处理要求。慢速渗滤系统的预处理分为一级预处理和二级预处理。一级预处理是指采用沉淀池或水解酸化池对污水进行预处理，采用这种预处理方式的渗滤田的产出作物不能供食用；二级预处理是指采用稳定塘处理或传统二级处理，预处理后出水应控制大肠杆菌小于100MPN/100mL。

（2）设计参数。土壤渗滤系数 K 值为 0.036～0.36m/d，地下水埋深的最浅深度大于 1.0m。

年水力负荷是指每年单位土地面积上施用的污水深度。年水力负荷应通过现场试验确定，一般在 6～122m/a 的较大范围内变动。

（3）工艺设计。

1）土地面积的计算。慢速渗滤系统所需要的土地面积可分为以下两部分：实际承受投配污水的占地为灌溉田；辅助、缓冲区的占地，为非灌溉田。主要有预处理设备、管理和维护建筑物、道路、缓冲带、隔离沟、储水塘等。

灌溉田又可分为两部分：主运行系统与调节系统。主运行系统是主体部分。例如，沈阳市慢速渗滤试验场水稻田是主运行系统，其调节系统是林地和高粱地，用于水田插秧、晒田、收割等季节不能投配污水时承担处理废水的功能。通常，调节系统占地面积为主运行系统的 8%～10%。灌溉田的面积依据设计的水力负荷，用下式计算：

$$A = \frac{365Q + \Delta V_s}{CL} \tag{5-12}$$

式中 A——主系统灌溉田占地面积，hm^2；

Q——平均日污水量，m^3/d；

C——换算系数，取值 10 000；

L——设计水力负荷，m/a；

ΔV_s——在预处理系统中，由于降雨、蒸发和渗漏而净损失或净增加的水量，m^3/a。

公式中采用 365（一年 365 日）是针对终年运行条件而言的，如在寒冷地区，不能实现终年运行的情况下，应改为实际可能运行日数。

2）布水方式的选择。布水方式可选用垄沟布水、坡畦布水、喷洒布水系统。

慢速渗滤系统主要具有以下优点：污水在土壤中的渗滤速度慢，停留时间长，水质净化效果好。国内外运行经验表明，此工艺对 BOD_5 的去除率一般可达 95% 以上，对 COD 的去除率可达 85%～95%。氮的去除率可达 80%～90%。但该系统具有以下缺点：受季节和植物营养需求的影响较大；同时，该方法水力负荷低，土地需求面积大。

2. 快速渗滤系统

快速渗滤系统（Rapid Infiltration，RI）是一种高效的土地处理技术，适用于透水性良好的土壤，如砂土、壤土砂或砂壤土。该系统将污水有控制地投配到具有良好渗滤性能的土地表面，在污水向下渗滤的过程中，在过滤、沉淀、氧化、还原以及生物氧化、硝化、反硝化等一系列物理、化学、微生物的作用下，使污水得到净化处理，如图 5-17 所示（张自杰，1998）。

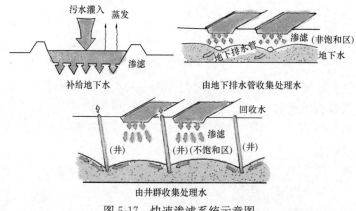

图 5-17 快速渗滤系统示意图

　　该系统将渗滤田分为多个单元，污水周期性地向各单元灌水和休灌，使表层土壤处于淹水/干燥，即厌氧、好氧交替运行的状态。在休灌期，表层土壤恢复好氧状态，产生较强的好氧降解反应，被土壤层截流的有机物为微生物所分解，休灌期土壤层脱水干化，有利于下一个灌水周期水的下渗和排除。在土壤层形成的厌氧、好氧交替的运行状态，有利于氮、磷的去除。

　　（1）预处理要求。预处理程度和快速渗滤系统的处理目标与场地条件密切相关。对于所有的快速渗滤系统，一级处理是最基本的预处理要求，可减少悬浮物对土壤的堵塞。

　　（2）设计参数。

　　1）水力负荷。水力负荷与场地的水力传导能力、投配负荷周期、投配污水水质以及净化要求等因素密切相关，通常变动范围较大，在5~120m/a之间。

　　2）淹水期与干化期之比。快速渗滤系统的优良性能必须有定期的干化期作为保证。干化期的长短受土壤和污水中可降解有机物及气候影响。对于一级处理出水而言，该比值一般小于0.2；对于二级处理出水，该比值与处理目标有关。如果快速渗滤系统是为了获得最高的氮去除率（最大的反硝化效果），则该比值应在0.5~1.0之间。

　　3）投配面积计算。快速渗滤系统需要的废水投配面积由下式计算：

$$A = \frac{1.9Q}{LP} \tag{5-13}$$

式中　　A——渗滤池面积，hm^2；

　　　　Q——设计的日流量，m^3/d；

　　　　L——设计的年水力负荷，m/a；

　　　　P——每年运行的周数，周/a。

　　快速渗滤系统具有污染物去除效果好、投资省、管理方便、占地面积小、可常年运行、处理出水可回用或回灌地下水等优点。但该系统对地质条件要求较高，对总氮去除效率不高，处理出水中的硝态氮可能导致地下水污染。该处理系统对BOD_5去除率可达95%，COD去除率达91%，氨氮去除率达85%左右，TN去除率达80%，总磷去除率可达65%；去除大肠菌的能力强，可达99.9%。

　　3. 地表漫流系统

　　地表漫流系统（Overland Flow System，OF系统）示意图如图5-18（张自杰，1998）所示。将污水有控制地投配到种植有植物、坡度和缓、土壤渗透性低的坡面上，污水在地表以薄层沿坡面缓慢流动，在此过程中污水得到净化。该系统以处理污水为主，兼有种植植物的功能。在处理过程中，只有少部分水分因蒸发和入渗地下而损失，大部分径流水汇入集水沟。本系统适用于渗透性较低的黏土、亚黏土，最佳坡度为2%~8%。在漫流坡面种植稠密的草类覆盖作物，有吸收氮、磷等营养物、降低污水流速、防止地面侵蚀和作为微生物生存条件

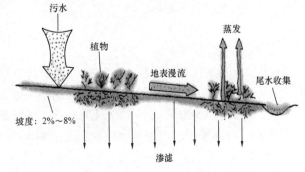

图5-18　地表漫流系统示意图

等作用，是地表漫流系统有效运行的最基本条件。

布水系统可采用表面布水、低压布水和高压喷洒三种方式。

（1）水力负荷。地表漫流系统所能承受的水力负荷与投配污水中的 BOD_5、氮等污染物的浓度及形态有关。水力负荷应根据试验确定；在无试验资料时，污水负荷可按 $3\sim20m/a$ 范围取值。

（2）投配时间。地表漫流处理系统应在投配时间 P（h）内接纳全日的污水量，在不投配时间（24−P），废水需要储存。

（3）投配频率和投配率。投配频率是每周投配污水的日数。投配率是指投配到单位坡面宽度土的污水流量，即单宽流量。污水投配率、水力负荷、投配时间和坡长的关系如下式所示：

$$L_w = \frac{100qP}{Z} \tag{5-14}$$

式中　　L_w——水力负荷，cm/d；

　　　　q——投配率，$m^3/(h \cdot m)$；

　　　　P——投配时间，h/d；

　　　　Z——坡面长度，m。

地表漫流处理系统中，污水的处理效果与污水投配率有关，常采用的投配率范围为 $0.03\sim0.25m^3/(h \cdot m)$。

（4）坡面长度与坡度。地表漫流系统的处理效果与坡面长度有关。在相同的处理程度下，当投配率较大时，所需要的坡面长度也相应要长些；反之，坡面长度可短些。设计中，坡面长度一般采用 $30\sim60m$。处理城市污水时，坡长一般选用下限；处理高浓度有机废水时，坡长宜采用上限。

实际采用的坡度多为 $2\%\sim8\%$。坡度小于 2% 时坡面上易产生积水；而坡度大于 8% 时，易发生沟流，地表土壤可能受水流冲刷，造成水土流失。

（5）处理田面积。根据污水投配率、坡面长度计算确定：

$$A_P = \frac{QZ}{qP} \times 10^{-4} \tag{5-15}$$

式中　　A_P——处理田面积，hm^2；

　　　　Q——污水流量，m^3/d；

　　　　Z——坡面长度，m；

　　　　q——投配率，$m^3/(h \cdot m)$；

　　　　P——投配时间，h/d。

地表漫流系统具有以下优点：预处理要求低，而出水可达二级或以上出水水质；投资省、管理简单；地表种植经济作物可综合利用，处理出水也可用；相对其他土壤渗滤系统，对土壤渗透性要求低。但也有以下缺点：受气候、作物需水量和地表坡度影响大；在 $0℃$ 以下和雨季环境中的应用受到限制；处理的水力负荷受植物需水量影响；处理出水排放前需考虑消毒问题。

实际运行资料表明，地表漫流系统对 BOD_5 的去除率可达 90% 左右，总氮的去除率为 $70\%\sim80\%$，悬浮物的去除率高达 $90\%\sim95\%$，细菌总数去除率在 90% 以上，大肠菌群的去除率高达 99.99%，重金属的去除率在 80% 左右。

4. 地下渗滤系统

地下渗滤系统（Subsurface Wastewater Infiltration System，SW 系统）属于就地处理小规模土地处理系统。将污水有控制地投配到距地表一定深度、具有一定构造和良好扩散性能的土层中，污水在土壤的毛细管浸润和渗滤作用下向周围运动，在土壤-微生物-植物系统的综合净化作用下，达到处理利用要求。

如图 5-19 所示，在该工艺中，污水先经化粪池或沉淀池等预处理，去除其中的悬浮物，然后进入埋在地下渗滤沟中的有孔布水管，污水从布水管中缓慢向周围土壤浸润、渗透和扩散。布水管一般埋设在距地表 0.4m 以下的砾石中，砾石层底部宽 0.5~0.7m，其下部铺厚约 0.2m 的砂。

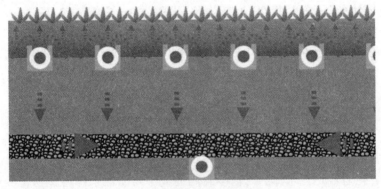

图 5-19　污水土壤渗滤净化沟

该处理系统运行管理费用低、负荷低、停留时间长、水质净化效果好且稳定，不影响地面景观。适用于分散的小规模污水处理，并可与绿化和景观建设相结合。但受场地和土壤条件影响较大，负荷控制不当会出现堵塞问题，且工程由于在地下其投资较其他土壤渗滤处理系统要高些。

（1）预处理要求。地下渗滤系统采用的预处理设施有沉淀池、化粪池、水解酸化池、沼气发酵池等。

（2）设计参数。渗滤系统采用的水力负荷和慢速渗滤系统相当，设计水力负荷不应超过渗滤场土壤饱和渗滤系数的 4%~10%；如果整个场地土层剖面的渗滤系统数值变化很大，应取低限。在日本，地下毛细管渗滤系统的水力负荷通常取 30~40L/(m·d)。中国科学院沈阳应用生态研究所建设的地下毛细管渗滤系统进水为一级处理出水，水力负荷取 60L/(m·d)，取得了良好的处理效果。

（3）工艺设计。

1）土壤的选配。土壤的颗粒组成、结构等性质和渗滤土层厚度，决定了地下渗滤系统的处理能力和净化效果。实际应用中，往往根据场地的土质条件进行适当的调整，包括土壤的颗粒组成、土壤有机质含量等。常采用掺土法改变土壤颗粒组成，得到适当的渗滤速率和毛细作用强度，其方法是在土壤中掺加一定量的砂土或黏土。在土壤中掺加有机肥料（绿肥、厩肥、泥炭、草灰、褐煤等），可提高土壤有机质含量，得到良好的团粒结构，改善土壤的通气透水性。

2）植物栽种。地下渗滤系统对植物没有特殊的要求。由于地下渗滤工程设施埋在地下，地表可以进行各种生态工程建设，如建花园、植物园，种草和农作物等。地表植物可吸收污水中的有机物、氮、磷等污染物，还可以改善土壤的渗透性，增加土壤有机质，有利于地下渗滤系统对污染物的降解。常用的草坪植物有暖季型和寒季型之分，暖季型的有野牛草、结缕草、爬根草等，寒季型的有早熟禾、翦股颖、黑麦草等。

3）占地面积。可根据设计的水力负荷用以下公式计算：

$$A_w = \frac{Q \pm \Delta V_s}{CL_w} W \tag{5-16}$$

式中　A_w——渗滤场占地面积，m^2；

　　　Q——每日平均处理废水量，m^3/d；

　　　C——换算系数，1/1000；

　　　L_w——设计水力负荷，$L/(m \cdot d)$；

　　　W——渗滤沟间距，通常取 1.5m；

　　ΔV_s——在预处理系统中，由于降雨、蒸发和渗漏而净损失或净增加的水量，损失为负，增加为正，m^3/d。

第六节　富营养化的生物操纵技术

一、水体富营养化概述

水体富营养化通常是指水库、海湾等封闭性或半封闭性水体内植物营养成分（氮、磷等）不断补给，过量积聚，水体生产力提高，某些特征藻类（主要是蓝藻、绿藻）异常增殖，致使水质恶化，同时还伴随一系列水生生态恶化的现象。

富营养化分为天然富营养化和人为富营养化两种，天然富营养化是水库水体在生长、发育、老化和消亡的整个生命史中必经的天然过程，其过程漫长，常常需要以地质年代来描述其进程。目前所指的富营养化主要指人为富营养化，是因人为排放含营养物质的工业废水和生活污水所引起的水体富营养化现象，它的演变速度非常快，可在短期内使水体由贫营养状态变为富营养状态。

水体富营养化是全球面临的水环境问题之一。在全球范围内，30%～40%的水库和湖泊遭受不同程度的影响。近 20 年来，我国水库富营养化的发展形势十分严峻。据全国水资源综合规划成果，全国水库总体以中富营养化为主，自南而北、自东向西，大型水库以中营养为主，中型和小型水库中营养和富营养均有。在 2000 年评价的 633 座水库中，贫营养水库3 座，中营养水库 391 座，富营养水库 239 座。松花江、辽河、海河、西北诸河和黄河区水库以富营养化为主，一半以上水库呈富营养状态；淮河、长江区的水库中营养和富营养并存，以中营养水库居多；珠江、西南诸河区域水库以中营养为主。

1. 水库富营养化的成因

水体的富营养化过程受许多因素的影响，包括营养物质、水库所处的地理位置、水文气象特征、水库形态、水深、水体的流动和其他水生生物等因素。

（1）水库富营养化的物理因素。水库中的水流处于相对静止状态，水流交换周期比较长，属于静水环境。水库水生生态系统相对比较封闭，周边土壤性质、植被类型和水文、气候条件的主要影响因素为水温、光辐射、水深和水体流动条件等。

1）水温和光辐射。温度和光辐射是藻类进行光合作用的必要条件，前者决定细胞内酶促反应的速率；后者提供代谢的能源。两种因素的协同作用决定生产力的水平。

地处温带地区的水库，由于受季节变化的影响而引起水体温度分层和对流现象，对水体富营养化有着不可忽视的影响。由于热分层效应，使得水体的表层水在夏季光照充足，温度较高。若这时供给水体的营养物质充分，藻类光合作用便随之加强，因而生长旺盛。因此，在夏季富营养化水库经常发生"水华"现象。同时，水体的底层往往处于缺氧状态，很容易加速底泥磷的释放，从而导致水库水体磷浓度的增高。到了秋季，水体对流，底层的内源性磷对流到了水库表层，提高了水库表层水中的磷浓度，为第二年藻类的大量繁殖提供了充足的营养物质，使得水库继续保持富营养状态。

2）水深和水体流动条件。水库深度不同，接受到的光照程度也不同，造成了水体生产力的高低悬殊。通常，深水水库的生产力都较低，而浅水水库的生产力则较高。从另一方面来说，在较深的水库，营养物质浓度将能得到更多的稀释，因而使营养物质浓度降低。这意味着，深水水库比浅水水库可以接纳更多的营养负荷，对富营养化的缓冲能力高于浅水水库。这就是为什么大多数富营养化水库都是浅水水库的缘故。

水库的水体流动一般较为缓慢，引起水体流动的动力，包括风、太阳辐射、人工调度泄流与入流等。而水体流动快，对营养物质的输移有利，不利于富营养化的发生。由此可见，改善水体流动条件，对于防止水库水体富营养化具有重要作用。

（2）营养物质。水体富营养化的根本原因是营养物质的增加，氮和磷被认为是主要的营养元素，特别是磷对水库的富营养化具有特殊的作用。营养物质还包括有机碳、维生素和微量元素。

藻类多半利用以磷酸盐、磷酸氢盐和磷酸二氢盐等形式溶解的磷，但也可吸收有机磷化合物。自然界中的磷主要来源于磷酸盐矿、动物粪便以及化石等天然磷酸盐沉积物。但人类的活动使得大量的磷通过各种方式进入水循环中，成为水体中磷负荷增高的主要原因，这些活动包括化肥的大量使用、土壤的侵蚀、生活污水和含磷生产废水的排放等。磷是大部分水库富营养化的限制性因素。

大部分氮与藻类、微生物、水中真菌类、动物区系代表种类及高等水生植物等有机体有关。有机体死亡时，含氮的有机物部分被矿质化，然后进入水体深层，或集聚在水底沉积物中。同时，某些藻类具有固氮能力。当环境中的氮减少时，它们可以把大气中的氮通过固氮作用转化为硝酸盐。但引起水体富营养化的氮素的主要来源为人类活动，农业环境中大量化肥的使用与流失、生活污水及生活垃圾的排放，成为水体氮素的主要来源。

氮、磷、碳是植物生长必需的元素，但在富营养化水体中，一般认为，磷是其中的限制性营养物质。在植物组织中，单位质量的构成为 1P：7N：40C：100 干重：500 湿重（新鲜物质），因此，从理论上讲，磷可以产生其自重 500 倍的藻类，氮可以产生其自重 71 倍的藻类，而碳可以生产其自重 12 倍的藻类。这说明，氮、磷是藻类生长的触发因子。

2. 富营养化评价及判别标准

生态学家和环境专家根据水体中所含营养物质的浓度以及生物学、物理学和化学指标，人为地将水体的营养状态划分为贫营养、中营养、富营养和重富营养四种状态。贫营养是表示水体中植物性营养物质浓度最低的一种状态。贫营养水体生物生产力水平最低，水体通常清澈、透明，溶解氧含量一般比较高。与贫营养水体相反，富营养水体则具有很高的氮、磷浓度及生物生产力水平，水体透明度下降，溶解氧含量一般比较低，水体底层甚至出现缺氧情况。

随着营养物质在水体中的不断累积，水体从低生产力的贫营养状态逐渐向高生产力的富营养状态过渡。当水体中营养物质过多时，水库水体呈富营养状态。如不及时治理，一些水库，特别是浅水水库将向沼泽化方向发展，直到最终消亡。

在富营养化状态的评价中，通常采用总氮（TN）、总磷（TP）、叶绿素 a（Chl -a）、透明度（SD）等指标。富营养化分级判别标准见表 5-10。（董哲仁，2007）

表 5-10　　　　　　　　　　　　　富营养化分级

营养状态	TN/(mg/m³)	TP/(mg/m³)	Chl-a/(mg/m³)	SD/m
贫营养化	<350	<10	<3.5	>4
中营养化	350~650	10~30	3.5~9	2~4
富营养化	650~1200	30~100	9~25	1~2
重富营养化	>1200	>100	>25	<1

3. 富营养化的危害

富营养化已经成为水库水体的主要问题，不但制约了水库资源的可利用性，而且直接影响着人类的健康、生存与社会经济的可持续发展。水库富营养化的危害主要表现在以下几个方面。

（1）破坏水体生态系统的平衡，加速水库老化。富营养化使水体中藻类及浮游生物急剧增殖，藻类只是在水体表层能接受阳光的范围内生长并排出氧气，在深层的水中就无法进行光合作用而出现耗氧，在夜间或阴天也会耗氧。藻类的死亡和沉淀把有机物转入深层或底层的水中，由于没有足够的溶解氧供应，而变为厌氧分解状态，使大量的厌氧细菌繁殖起来，加剧了水体底部的厌氧发酵，引起微生物种群、群落的演替，改变了原来的生态环境。

（2）水质恶化。在富营养化水体中，因表层藻类的遮盖隔离，阳光很难投射到下层水体，因此，下层水体中的光合作用很弱，水体中的氧源很不充足，甚至呈厌氧状态，引起一系列不良后果，如有机物无机化不完全，产生甲烷气体，硝酸盐还原，发生脱氮反应，硫酸盐还原产生 H_2S 气体，底泥中铁、锰、磷等溶出，从而影响水库水质。

（3）影响正常的饮用或观赏等功能。水库的功能是多方面的，往往担负供水、灌溉等多个目标。随着水库富营养化的日益严重，水中氮、磷有机物的含量也相应增加，藻类过度繁殖，易使人们在饮用后致病，对人们的健康产生不良影响。此外，也影响水域景观，降低其观赏价值。

（4）破坏水产资源。富营养化水库藻类分泌生物神经毒素，可以使鱼类等水生生物中毒、病变和死亡。同时，水中藻类、浮游植物过度繁殖，覆盖于水面，大气中的氧不易溶于水而造成缺氧，导致大量鱼类死亡，损失严重。此外，富营养化还会使一些珍贵的鱼种消失，使养殖业的经济效益大幅度下降。

二、生物操纵防治水库富营养化技术

富营养化的显著特征是浮游植物大量衍生，其中，有毒蓝藻的大量增殖所引起的危害是富营养化的核心问题。因此，控制藻类大量繁衍孳生是防治水库富营养化的重要内容。关于水体富营养化污染的治理，只有通过外源污染负荷的有效根治，同时结合内源污染的治理，采取有效的生态措施并建立健康的生态系统，富营养状态才能得到根本的改善。

生物操纵是从生态系统管理角度研究治理水体富营养化的有效方法。国内外已对此技术做过多方面、富有意义的研究和探索。

1. 生物操纵的概念

20 世纪 60 年代初，Hrbacek 等（1961）与 Brooks 和 Dodson（1965）以管理为目的提出了关于食物网操纵的思想。Brooks 和 Dodson（1965）提出的浮游植物-浮游动物相互关系的体积效率假说，认为大型枝角类是浮游动物中更有效的牧食者，而小型浮游动物只有当食浮游动物鱼类丰度很高时，才有机会大量繁殖；由于鱼类的选择性捕食作用，大型浮游动物被小型浮游动物所取代，而小型浮游动物不能减少和保持浮游植物生物量在低水平。他们的工作使湖沼学家开始注意到顶级消费者（如鱼类）能对水生态系统食物链较低级的生物（如藻类）产生深远的影响。

生物操纵的概念最先是由捷克水生生物学家 Shapiro 等（1975）提出的，指利用调整生物群落结构的方法来控制水质。主要原理是通过调整鱼群结构，即发展某些鱼种并抑制或消除某些鱼种，以保护和发展大型牧食性浮游动物，使整个食物网适合浮游动物或鱼类自身对藻类的牧食或消耗，从而控制藻类的过量生长并改善水质。这种方法的特点是通过减少藻类的生物量而达到减轻营养盐负荷的效果，而不是直接通过减少营养盐负荷的方法来改善水质。生物操纵概念的提出及进一步的试验推动了生物操纵的许多后续研究。

我国于 20 世纪 80 年代引入了生物操纵的理念后，许多学者也从不同角度对生物操纵治理水体富营养化进行了思考。刘建康等在东湖利用原位围隔进行试验研究，并提出了通过放养滤食性鱼类（鲢、鳙）来直接牧食蓝藻的生物操纵的概念，并称为非经典生物操纵。水利部中国科学院水工程生态研究所开展了"巢湖微囊藻水华的生物控制技术研究"（2002～2005）和"利用生物操纵技术治理茜坑水库水污染的研究与示范"（2001～2005）也初步进行了一些有益的尝试。

2. 生物操纵技术的几种类型及工作原理

近 30 年来，科学家们利用不同规模的试验系统（围隔、池塘和整个湖泊、水库水体）对生物操纵进行了广泛研究，从而出现了多种不同的技术类型。现以生物操纵技术应用的关键操纵要素为特征，将生物操纵技术的类型划分如下。

（1）投放鱼食性鱼类以间接控藻的生物操纵技术。这种类型的生物操纵技术是典型的生物操纵。在自然水体中，水生生物的食物链通常为：鱼食性鱼类摄食小型鱼类，小型鱼类摄食浮游动物，而浮游动物摄食浮游植物。由此可见，浮游植物的主要天敌是浮游动物，特别是大型浮游动物。而当水体鱼食性鱼类缺乏而导致小型鱼类为优势种群时，浮游动物种群便受到抑制，浮游植物少了天敌，便会在水体大量存在并快速繁殖，水体富营养化的特征便会明显表现出来。

针对这种关系，生物操纵的主要措施是放养鱼食性鱼类来控制浮游动物食性鱼类，使浮游动物食性鱼类的种类和数量减少，发展壮大滤食效率高的藻食性大型浮游动物（特别是枝角类）的种群，来遏制浮游植物的发展，从而降低藻类生物量，提高水体的透明度；最后，达到改善水质的目的。

浮游动物对浮游植物的牧食能力较强。唐洪玉等（2003）在水槽中的试验表明，长刺溞能较好地控制叶绿素 a 和藻类的生长。当长刺溞接种密度为 258 个/L 时，接种 10d 后，可去除叶绿素 a 的比例为 80.54%，藻类去除率为 66.52%。20d 后，长刺溞密度为 366 个/L，去除叶绿素 a 的比例达到 92.60%，去除藻类 91.80%。在小南湖（3hm²）的试验中（徐锐贤等，2001），利用枝角类对富营养水体进行控制试验，4 个月内叶绿素降低 36%，藻类数量降低 96%，TN 降低 54.4%，TP 降低 44.5%，透明度提高 139.9%，说明枝角类对富营养污染水体有很好的控制和净化作用。

在我国，引入的鱼食性鱼类应为鳜、乌鳢、翘嘴红鲌、鲶、鲢等。尤其是鳜，以活体小鱼虾为食，有可能起到较好的生物操纵效果。

（2）人工去除浮游动物食性鱼类以间接控藻的生物操纵技术。这种类型的生物操纵技术是先将水体中的鱼类全部去除掉，然后再重新投放以鱼食性为主的鱼类。去除水体鱼类的方法有网具捕捞、化学方法（如鱼藤酮毒杀）、电捕、放干水体清除所有鱼类等。这种生物操纵的结果是重构了水体生态系统和生物组成，使之朝着人们所期望的生态系统向自净功能强化的方向发展。

（3）投放滤食性鱼类以直接控制藻类水华的生物操纵技术。这种类型的生物操纵技术是非典型的生物操纵。我国主要投放鲢鱼、鳙鱼，鲢鱼、鳙鱼是主要以浮游生物为食的滤食性鱼类，是浮游植物（特别是蓝藻）的天然克星。利用鲢、鳙的滤食作用来直接摄食控制水体中的浮游植物，可达到抑制藻类水华爆发、控制水体富营养化的效果。

关于这种生物操纵的作用机理，谢平（2003）曾做过详细分析，现做一简介。

1）鲢、鳙有较大的鳃孔（相对于枝角类的滤食器官而言）。可有效地摄取形成水华的群体蓝藻，在蓝藻水华爆发的富营养水体中，滤食性鱼类——鲢、鳙的大量存在能有效地控制大型蓝藻。

2）鲢、鳙可持久地控制浮游植物。鲢、鳙可存活数年，种群量可人为调控，食谱相对较宽，种群容易长期稳定。在武汉东湖近 20km² 的主体湖区，曾经于 1970～1984 年间在湖表面遍布严重的蓝藻水华，通过大量放养鲢、鳙后，蓝藻水华消失，至今已 19 年。

3）野外和室内试验均证明，鲢、鳙对蓝藻毒素有较强的耐受性。20 世纪 80 年代中期，把在武汉东湖采集到的水华蓝藻，经过反复冻融或部分纯化后，用腹腔注射小白鼠的方法研究其毒性，发现铜绿微囊藻（干藻）对小白鼠的半致死量 LD_{50} 为 100～370mg/kg，水华鱼腥藻（干藻）为 230mg/kg（何家菀等，1990）。而通过对采自武汉东湖的纯度超过 95% 的铜绿微囊藻进行放射性同位素 ^{32}P 的示踪研究表明（朱蕙和邓文瑾，1983），鲢、鳙均能摄食和消化吸收铜绿微囊藻，投喂 96h 后，实际吸收率达 49.6%（鲢）和 34.6%（鳙）。

4）通过鲢、鳙的捕捞，可降低水体营养库存。鲢、鳙处于食物链的较底层，具有生长速度快且捕捞容易等特点，通过捕捞可从系统中移走大量营养盐。鲢、鳙的氮含量为 2.59%，磷含量为 0.67%。在武汉东湖，每年通过鲢、鳙的捕捞从系统中移出了相当数量的氮、磷（N 44t，P 8.8t）（谢平，2003）。

（4）投放螺、蚌、贝类以直接控藻的生物操纵技术。在水体富营养化治理中，螺、蚌、贝类可起到生物过滤器和沉淀器的作用，机理如下。

1）河蚌主要以浮游植物为食，具有较强的从水中过滤获取浮游植物和悬浮物的能力。匡世焕等（1996）测定 3.37～21.03g 的栉孔扇贝在 9 月的滤水率平均值为 3.4L/h；在桑沟湾养殖扇贝 10 亿粒左右，意味着 24h 内可滤过整个湾的水体。河蚌一方面通过过滤将浮游植物和悬浮物的一部分吞食并消化；另一方面，通过过滤，将另一部分未吞食的浮游植物等过滤物形成所谓"假粪块"排出体外，从而让水中悬浮物下沉埋藏于土壤，使水质变清。在水质净化过程中，河蚌起着过滤器和沉淀器的作用。河蚌的内部结构如图 5-20 所示。

同样，河流中的螺类对附生藻类有明显的抑制作用，如牡蛎能够抑制藻类的孳生，促进海草的生长，并使海水中氮通过反硝化作用减少，而使海水变清（Newell，1999）。

2）蚌、贝类在天然状态下是营底栖生活。河蚌的足一般为斧状，插入泥土中，不断伸缩时，可使身体和壳慢慢移动，从而觅食底泥中的有机碎屑。水体底层一般溶解氧含量较低，因而河蚌具有较强的耐低氧的能力。因此，在富营养化水体中，河蚌比鱼类更耐低氧，可能更适合在重富营养化水体中作为生物操纵的放养物种，来控制水体中的浮游植物。

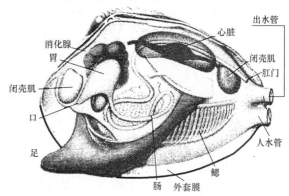

图 5-20　河蚌的内部结构（图片来自网络）

3）贝类对重金属、放射性元素等污染物有很强的富集作用。袁维佳和俞膺浩（2000）发现螺蛳对锌和铜的富集达数十万倍，对铬的富集达数万倍，对铅和镉的富集近万倍。

4）河蚌人工繁殖和育苗技术成熟，苗种易得，并可批量生产，能满足较大数量的需求。通过河蚌的投放和收获，可人为控制其种群生物量。例如，在水体中采取笼式挂蚌方式控制水体富营养化，其种群生物量完全可以人为控制，可根据防治计划需要人工投放或人工收获。

在富营养水体中实施河蚌的生物操纵，一般采取两种方式：一种是笼式挂养；另一种是底播。笼式挂蚌方式完全可以人工控制其生物量，具有容易捞获的特点，通过捞出取走河蚌，可从水体中移走大量营养盐类和污染物，从而降低水体营养和污染负荷。

（5）人工调控水生植被的生物操纵技术。水体中拥有良好的水生植被系统，对控制富营养化具有较好的作用。其一，水生植物的遮蔽作用，为浮游动物提供了良好的庇护场所，从而为浮游动物逃避鱼类的捕食提供了较好的环境条件；其二，水生植物的竞争作用，同浮游植物争光照、争营养，从而抑制了浮游植物的生长和发展，使水体透明度提高，水质得到改善。水生植被群落垂直空间配置示意图如图 5-21 所示。

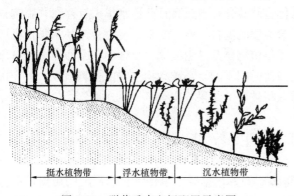

图 5-21　群落垂直空间配置示意图

对水生植被的人工调控主要包括两个方面，在水生植被已被破坏的富营养化水体，应采取积极、有效措施栽培水草，以恢复植被。而在水草疯长的水体，则应采取生物操纵措施去除水草，如放养草食性鱼类控制水草生物量。在我国，大部分原来水生植被茂盛的水体由于水污染的作用及渔业的过度开发，大量放养草鱼，导致水生植被破坏，目前的主要任务是恢复水生植被。

此类生物操纵措施在海水中也可尝试。李春雁和崔毅（2002）通过分析生物操纵原理，认为生物操纵法既然可以成功地应用于淡水水体，那么对河口和海岸、海洋生态系统，富营养化的控制也是可能的；认为人工栽培大型海藻（海带、裙带菜、紫菜等）是目前较为可行的一种治理海区富营养化的方法。我国北方海区开展海带的大规模栽培已有 40 余年，其生态效应一向比较好。实践证明，人工栽培的海藻（包括海带、裙带菜、紫菜等）单产远高于非人工栽培的自然种群海藻，而且越是在 N、P 含量高的肥沃海区，它们生长越好。在我国，总氮浓度超过 $100mg/m^3$ 以上的海域，才能有好的紫菜产量和质量；低于 $50mg/m^3$ 的海区，紫菜的产量和质量明显下降，必须进行海区的人工施肥。由此可见，通过对海藻的大量栽培，可以吸收海水中过量的 N、P，减少海水富营养化状况，成为改善海区环境的有效手段。

（6）培植微生物类群治理富营养化的生物操纵技术。该方法的机理是从污染环境中分离筛选出适当的菌株投加到污染水体中，形成的水体食物链为：细菌原生动物→大型浮游动物。细菌的转化吸收，使分散的 N、P 及有机物转变为颗粒状的有机菌体而进入食物链，浮游动物捕食细菌；伴随 N、P 等物质含量的减少，浮游动物大量繁殖，浮游植物被抑制。杨卫平（1996）探讨了利用混合菌液促进浮游动物的发展，混合菌液包含酵母菌、乳酸菌、光合细菌、放线菌等多种微生物，试验组结果表明，浮游动物数量增加，浮游植物数量降低，透明度高，从而达到控制藻类的目的。由此可见，通过合理的微生物类群的生物操纵，有可能形成具较强生态功能的水体生态环境。

3. 生物操纵的价值

（1）生物操纵措施的实施可在一定程度上治理水体富营养化，改善水质，为湖泊、水库等适宜水体的富营养化和水污染治理增添了一种新的有效方法。特别对那些已经削减治理点源污染，而面源污染很难直接控制，以及内源营养负荷严重的富营养水体，针对不同类型水体的功能目标实施相应的生物操纵技术，可望取得相对较好的防治效果。

（2）生物操纵措施和其他一些治理水体内源污染的方法，（如前置库、土地处理、氧化塘、底泥疏浚、底泥封闭、换水稀释、施放凝聚剂或杀藻剂等）相比生物操纵的经济成本相对较低，操作相对更为简便、可行。同时，还可以附带生产渔业产品，如典型的生物操纵为发展休闲、游钓渔业提供了条件；非典型生物操纵有利于提高鲢、鳙产量；投放河蚌可附带生产珍珠，从而充分发挥水域生态系统的物质生产服务功能。

（3）在生物操纵实践过程上提出的一些基本原则，对实际操作具有指导意义。例如，不同类型的生物操纵适合不同特征的水体；在水体富营养化程度较高且蓝藻水华大量存在并影响景观的水体，实施非典型生物操纵即投放食浮游生物的滤食性鲢、鳙来直接牧食蓝藻水华，可取得较好的效果；在那些营养盐富集不太多，浮游植物群落是由栅藻、小球藻、小环藻、针杆藻以及隐藻等组成，水体较小且水较浅，水的滞留时间不长，浮游动物主要由蚤类组成，鱼类可以控制的水体，采取典型生物操纵措施可望取得较好的结果（Reynolds，1994）。

第七节 河流生态修复

人类历史与自然河流历史相比要短暂得多。例如，据科学家估计长江形成的历史，应追溯到约 300 万年前喜马拉雅山强烈运动时期。而人类有记载的历史不过几千年，与河流的自然年代相比实在微不足道。但是这几千年，人类为了自身的安全与发展，开发利用水资源以谋取社会经济利益，特别是近百年人类的大规模经济活动，对于河流的干扰所引起的变化和影响超过了河流数十万年甚至数百万年自然演进的变化。

近100多年至今，全世界有大约60%的河流经过了人工改造，包括筑坝、筑堤、自然河道渠道化、裁弯取直等。一方面，这些工程为人类带来了巨大的经济和社会利益；另一方面却极大改变了河流自然演进的方向，造成了对于河流生态系统的胁迫，导致河流生态系统不同程度的退化。

人们在对于河流生态系统的胁迫效应反思和总结以后，认为应试图缓解对河流生态系统的压力，对各种胁迫因素给予补偿，恢复河流生态系统原有面貌，于是出现了"河流生态恢复"的概念和相应工程技术。

一、河流生态修复的发展阶段

1. 河流水质恢复

水质恢复，是以污水处理为重点的水污染控制，主要以水质的化学指标达标为目标。

从20世纪50年代起，西方国家把河流治理的重点放在污水处理和河流水质保护上。为恢复河流水质，政府投入了巨额资金。美国在1970～1984年公共和私人部门用于污水处理工程和运行的投资为2600亿美元。通过加强管理，强化污水处理和控制排放，推行清洁生产。著名的工程案例是美国俄亥俄河、英国泰晤士河等的水质恢复工程。河流水质恢复的努力一直持续至今。

2. 山区溪流和小型河流的生态恢复

自20世纪80年代初期开始，河流保护的重点从认识上发生了重大转变，河流的管理从以改善水质为重点，扩展到河流生态系统的恢复，这是一种战略性的转变。西方国家的河流生态恢复活动主要集中在小型溪流，恢复目标多为单个物种恢复。典型的案例是阿尔卑斯山区相关国家，诸如德国、瑞士、奥地利等国开展的"近自然河流治理"工程，20多年取得的成效斐然，积累了丰富的经验。这些国家制订的河川治理方案，注重发挥河流生态系统的整体功能；注重河流在三维空间内植物分布、动物迁徙和生态过程中相互制约与相互影响的作用；注重河流作为生态景观和基因库的作用。

在这一时期，一些国家的科学家和工程师对河流生态恢复工程开展了一些科学示范工程研究，较为著名的有英国的戈尔河（Gole）和思凯姆河（Skeme）等科学示范工程。

3. 以单个物种恢复为标志的大型河流生态恢复工程

大型河流生态恢复工程大约始于20世纪80年代后期。具有典型性的项目是莱茵河的"鲑鱼-2000计划"和美国密苏里河的自然化工程。从恢复目标来看，大体是按照"自然化"的思路进行规划设计。从20世纪90年代开始，欧盟已经把注意力集中在河流的生态恢复上，通过了《生命计划和框架计划Ⅳ及Ⅴ》。其目的是增进人类活动对于生物多样性冲击的认识，以恢复生物多样性的功能。

4. 流域尺度的整体生态恢复

河流生态系统是由生物系统、广义水文系统和人工设施系统等三个子系统组成的大系统。生物系统包括河流系统的动物、植物和微生物。广义水文系统包括从发源地直到河口的上中下游地带，流域中由河流串联起来的湖泊、湿地、水塘、沼泽和洪泛区，以及作为整体存在的地下水与地表水系统。水文系统又与生物系统交织在一起，形成水域生态系统。而人类活动和工程设施作为生境的一部分，形成对于水域生态系统的正负影响。因此，河流生态恢复不能只限于某些河段的恢复或者河道本身的恢复，而是要着眼于生态景观尺度的整体恢复。以流域为尺度的整体生态恢复，是 20 世纪 90 年代提出的命题。美国已经按照这种思路进行了部分河流恢复规划，已经开展整体生态恢复工程的大型河流有密西西比河、伊利诺伊河和基西米河。

二、河流生态修复的任务

河流生态恢复的任务有以下三项。

1. 水质条件、水文条件的改善

水质条件、水文条件的改善包括：水量、水质条件的改善，水文情势的改善，水力学条件的改善。通过水资源的合理配置以维持河流河道最小生态需水量。通过污水处理、控制污水排放、生态技术治污、提倡源头清洁生产、发展循环经济以改善河流水系的水质。提倡多目标水库生态调度，即在满足社会经济需求的基础上，模拟自然河流丰枯变化的水文模式，以恢复下游的生境。

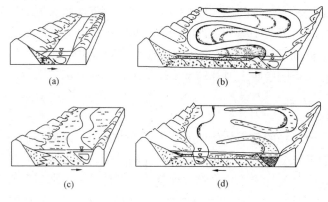

(a) (b)

(c) (d)

图 5-22　河流的自然演变过程

2. 河流地貌特征的改善

河流地貌特征的改善包括：恢复河流的纵向连续性和横向连通性；保持河流纵向蜿蜒性和横向形态的多样性（图 5-22）；外移堤防给洪水以空间并扩大滩地；退耕还湖和退渔还湖；采用生态型护坡以防止河床材料的硬质化。

3. 生物物种的恢复

生物物种的恢复包括：濒危、珍稀、特有生物物种的保护，河湖水库水陆交错带植被恢复，包括鱼类在内的水生生物资源的恢复等。

其总目的是改善河流生态系统的结构与功能，主要标志是生物群落多样性的提高。

三、河流地貌特征的保护和恢复

为了使河流生态系统恢复到受干扰或渠道化之前的状态，在西方国家，把拆除、后移、改建堤防等人工建筑物，恢复自然河流的本来面貌称为"完全恢复"。但是，在已经高度开发的大多数流域以及城市区域，由于人口密集和基础设施的约束，"完全恢复"几乎是不可能的。从生态学角度看，即使恢复了河流的地貌和水文情势，也不可能恢复河流生态系统的原貌。这是因为河流生态系统始终处于一种动态的演替过程，这种过程是不可逆转的。因此，必须面对现实，放弃使河流生态系统完全恢复到历史状态的、不切实际的构想，而应把精力放在河流部分修复和栖息地加强这些实际的技术措施上，使河流地貌和栖息地特征恢复到具有较高完整性和功能的水平。

目前，有关大尺度河流生态修复工程的案例比较少，仅有少数较少干扰的局部河段资料可以反映河流与河漫滩生态修复的可行性。美国科森尼斯河堤防改建工程、美国基西米河的生态恢复、美国密西西比河堤防后靠工程，这些案例应该代表了目前阶段的最新技术进展，从中可以看到流域尺度修复工程的轮廓。

1. 蜿蜒性恢复

一般的河流整治工程，往往把河道约束在很窄的区域内，河道的可摆动空间非常有限，但在有些情况下仍有可能恢复其蜿蜒性模式。在自然界中，特别是在平原区域，很难找到顺直的河道。河流地貌学家和治河工程技术人员早已认识到，从长期效果来看，直线化和渠道化的河流趋于不稳定，并有恢复到整治前地貌特征的趋势。在直线化河道内，相对均匀的流场会因一些局部扰动而发生小的紊乱，河岸造成的摩擦拖曳也会形成湍流漩涡。这些扰动在河道的不同位置会被放大和抑制，从而加速水流发散和收缩。因此，蜿蜒性会被这些正向反馈放大，使蜿蜒度增加，从而加速栖息地单元的形成，如图5-22所示。

设计中有关蜿蜒性修复的方法有如下几种：复制法、应用经验关系法、参考附近未受干扰河段的模式法、自然恢复法等。

2. 河道横断面

在渠道化河段内，促进河流蜿蜒性形成的方法之一是把河道横断面恢复到更加自然的地貌形态。在很多工程案例中，通过对渠道化河流（或枯水河道）（图5-23）的岸坡坡度进行重新设计，使河道横断面具有不对称的几何特征，从而导引水流和加速深潭浅滩序列的形成，最终有益于蜿蜒型河道和自然地貌的形成。

一般来讲，在具有适宜坡降和宽深比的河流中，具有深槽和浅滩交替的边滩。与渠道化河流相比，一条蜿蜒性较大、低流量、在交替的边滩之间摆动的河道，将极大地改善栖息地环境，如图5-24所示。

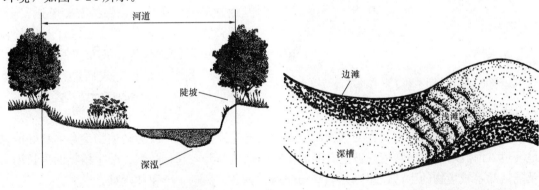

图5-23　不对称河道断面示意图　　　　　图5-24　蜿蜒河道的深槽和浅滩

河道横断面的设计一般从选择最适宜的河流平面形态开始，然后选择适宜的河床形态（如深槽、浅滩、边滩等），最后再确定河道的宽深比。如果流域环境条件未发生重大变化，应参考一些历史记载资料，如老图纸、航拍照片等；也可根据河流分类模式参考类似河流或河段的资料，或根据经验关系（如流域面积与宽深比的关系）来确定。

在河流受堤防工程约束的情况下，恢复断面几何特征、栖息地和蜿蜒性平面形态的另外一种方法是建设两级河道，如图5-5所示。枯水河道对应枯水流量或基流条件，其顶高程为平滩水位。尽管河道内的台地宽度较小，但作为河岸带廊道，仍具有多样的地貌、生态和河漫滩功能。两级河道地貌对于河岸带缓冲区生物群落的发育极其有益，其水文地貌特征可以使河道边缘形成一个潮湿、无遮蔽和有阳光照射的泥沙淤积区，非常适合柳树等河岸带物种的生长发育。这种工程设计方法特别适合于高度渠道化、严重退化并且无法实施堤防后靠或河漫滩连通工程的河流。

　　3. 栖息地加强结构

　　河道内栖息地是指具有生物个体和种群赖以生存的物理和化学特征的河流区域。栖息地质量包括水质、产卵地条件、摄食区条件和洄游通道等。栖息地的质量将直接影响水生生物的丰度、组成以及健康。

　　河流生物群落的空间和时间变化反映了非生物和生物因子的变化，包括水质、温度、流速、流量、底质、食物和营养物质、捕食与被捕食关系等，这些因子将影响水生生物的发育、生存和繁殖。许多河道内栖息地加强结构能调整这些因子的时空变化，提高河道内栖息地的质量，从而促使生物群落多样性的提高。例如，通过调整水流的时空分布可直接影响水流的局部和宏观分布形态，改变河道的物理结构，包括流速、深浅、湍流和均匀流、洪水和枯水流量等。

　　典型的河道内栖息地加强结构包括小型丁坝、堰、树墩、遮蔽物等，如图 5-25 所示。这些结构具有多种功能，如控制河道坡降，维持稳定的宽深比，削减能量，降低近岸流速，保护河道岸坡，维持不同流量条件下适宜的生物洄游通道，保护桥墩等结构基础不受淘刷，向河流补充木屑从而加强栖息地功能，保护游船航道安全，改善鱼类栖息地，使河道在感官上比较自然，避免泥沙淤积等。其布置和设计要在河流形态和水力设计完成后进行，并根据当地的材料情况选择适宜的结构类型。

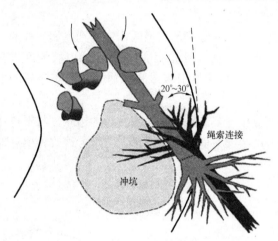

图 5-25　树墩、圆木和 J 型堰的组合结构示意图

四、岸坡防护生态工程技术

　　河流廊道因其自然空间特征和物质能量流动的连续性特征，成为动植物生存的良好栖息地环境。河流廊道中的河道岸坡是重要的生物栖息地单元，它是陆生、湿生植物的生长场所及陆地和水域生物的生活迁移区，一些动物在此觅食、栖息、产卵和避难。

　　传统的河道整治工程从稳定河道的目的出发，常采用一些岸坡防护措施，如抛石护岸、砌石护坡等。这些工程措施必然会对河道岸坡自然栖息地环境造成不同程度的影响。在水泥等现代材料出现以前，岸坡防护工程主要采取木、石、柴排等天然建筑材料，这些材料相对比较自然，对生物栖息地环境的冲击比较小。但伴随混凝土、土工膜等材料的应用，河流渠道化问题凸现，造成生物栖息地丧失或连续性中断，加速了栖息地破碎化与边缘效应的发生，同时也造成了水体物理及化学过程的变化，使河流廊道的潜在栖息地消失，水体质量下降，进一步加重了人类干扰对河流生态系统的冲击。除了河道地貌与生态系统结构发生改变外，孤立的栖息地碎块阻断了河流上下游间的生物基因交流，从而影响了河流水生生物群落的迁移与生态演替，导致生物多样性丧失。尤其是河流廊道渠道化之后，原来自然的河流廊道被混凝土护面的堤防所取代，河道植被的清除造成水溢升高，外部能量来源被切断，冲积物与营养物增加导致水质恶化。由于栖息地丧失、破碎化以及边缘化效应，兼具生物栖息或迁移功能的河流廊道发生严重退化，进而使生物群落多样性降低。

近年来，开发和应用兼具生态保护、资源可持续利用以及符合工程安全需求的岸坡防护生态工程技术，已经成为河流整治工程的创新内容。生态工程技术是指人类基于对生态系统的认知，为实现生物多样性保护及可持续发展所采取的以生态为基础、安全为导向，对生态系统损伤最小的可持续系统工程设计的总称。所遵循的原则可概括为，规模最小化，外形缓坡化，内外透水化，表面粗糙化，材质自然化及成本经济化。根据不同地域和河流的特点，其应用和结构设计也千差万别。但与常规方法相比，各类工程的总投资相对比较低，如图5-26所示（Coppin，Richards，1990）。

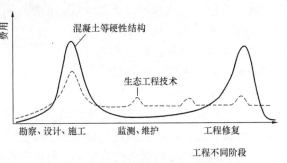

图 5-26　工程总费用对比图

岸坡防护生态工程技术遵循自然规律，它所重建的近自然环境除了满足以往强调的防洪工程安全、土地保护、水土保持等功能以及后来提倡的环境美化、日常休闲游憩外，同时还兼顾维护各类生物适宜栖息环境和生态景观完整性的功能。在防洪工程建设和安全管理与河流生态保护和修复间寻找一个最佳的平衡点。具体的护坡技术如下。

1. 岸坡植被

岸坡植被系统可降低土壤孔隙压力，吸收土壤水分。同时，植物根系能提高土体的抗剪强度，增强土体的黏聚力，从而使土体结构趋于坚固和稳定。此外，还可截留降雨，延滞径流，削减洪峰流量，调节土壤湿度，减少风力对土壤表面的影响。岸坡植被系统通过拦截、蒸发蒸腾和存储等方式来促进土壤水循环，促进土壤发育和表层活土的形成，调节近地面温度和湿度以促进植物生长。因此，植被系统能减少水流和波浪对河道岸坡的侵蚀淘刷，提供并改善多种生境，有助于水陆过渡带的生态功能和生物多样性的恢复。

浙江省海宁市辛江塘河流生态修复示范工程中，对于岸坡植被进行了有效利用。

2. 抛石

抛石措施在国内外河道整治工程中应用非常广泛，如能在传统技术的基础上结合植被等措施，即可达到兼顾加强和改善河岸栖息地的目的。抛石措施应符合粒径和级配要求，如果经济和施工条件允许，还应在抛石结构底部设置碎石或土工布反滤层，以达到促淤效果，为植物生长创建必要的基础条件。可在块石间隙扦插活枝条和木桩，或在水流相对平缓的区域内将大型树木残骸规则地放置在块石之间，也可以依赖自然修复力，在抛石缝隙间形成野生植被。

块石孔隙可为鱼类和其他野生动物提供多样性的栖息地环境，活枝条生长后形成的植被既可消散能量、减缓流速、促进携营养物的泥沙淤积，也可为野生动物提供产卵环境、遮阴和落叶食物，也是河流的一个营养物输入途径，同时形成天然景观，提升岸坡的整体美学价值。大型木头残骸可为鱼类提供遮蔽层、低流速区域，并为河流提供营养物质输入，也可减少河床冲刷、促进泥沙淤积。植被或大型植物残骸促使的泥沙淤积也为其他植被的生长提供了基质条件，如图5-27所示（董哲仁，2007）。

3. 梢料层

梢料层是应用活枝条组成的层体结构，其典型结构如图5-28所示（董哲仁，2007）。梢料层可减小河岸侵蚀，稳定边坡，防止发生浅层滑动，增强土体的整体稳定性。生长的植被能改善河道岸坡栖息地环境，并可增强景观效果。

在施工过程中，首先要将活体枝条（长 0.8～1.0m、直径 10～25mm）置于填土土层之间或埋置于开挖沟渠内。从边坡的底部开始，依次向上进行施工。可用上层开挖的土料对下层进行回填，依次进行。

图 5-27　在堆石缝隙进行植被恢复
（图为施工一年后的情况）

4. 天然材料织物

天然材料织物（垫）指用可降解的椰壳纤维、黄麻、木棉、芦苇、稻草等天然纤维制成的天然材料织物，可结合植被一起应用于河道岸坡防护。这类防护结构下层为混有草种的腐殖土，上层织物垫可用活木桩固定，并覆盖一薄层表土。可在薄层表土内撒播种子及穿过织物垫扦插活枝条。

施工结束后的状况

同一位置当年植被发育情况

图 5-28　梢料层的应用

由于织物由天然纤维制成，织物腐烂后可促进腐殖质的形成，增加土壤肥力。草籽发芽生长后通过织物的孔眼穿出形成一个抗冲体，插条也会在适宜的气候、水力条件下繁殖生长，最终形成的植被覆盖层可营造多样性栖息地环境，并可增强景观效果。

这项技术结合了织物防冲固土和植物根系固土的作用，因而比普通草皮护坡具有更强的抗冲蚀能力。不仅可以有效减小土壤侵蚀，增强岸坡稳定性，而且可起到减缓流速，促进泥沙淤积的作用。图 5-29 所示（董哲仁，2007）为应用天然材料织物进行岸坡防护工程及其效果的照片。类似的技术还有三维棕榈纤维垫产品、椰壳纤维卷、土工织物扁袋、土工网垫植被护坡等。

5. 预制混凝土块

利用预制混凝土块进行岸坡侵蚀防护是目前比较常用的技术。混凝土块可单块放置，也可通过多种方式连接，如相互咬合或用缆索连接等，以使其充分发挥结构柔性和整体性的优点，如图 5-30 所示（董哲仁，2007）。为避免护坡结构的硬质化，可采用空心混凝土块，这不仅使护坡结构具有多孔性和透水性，而且允许植物生长发育，改善了岸坡栖息地条件，增加了审美效果。结构底面必须铺设反滤层和垫层，可选用土工布或碎石。这项技术适用于水流和风浪淘刷侵蚀严重、坡面相对平整的河流岸坡。

图 5-29 天然材料织物护岸

类似的技术还包括木框挡土墙、石笼垫、土工格室、生态砖和鱼巢砖等。

图 5-30 不同形式的生态型预制混凝土件（日本）

第八节 地下水的生物修复工程

国外的许多经验表明，受到污染的地下水含水层，在污染源被控制后，一般几十年、甚至上百年都难以使水质复原。例如，美国明尼苏达州在 30 年代中期发生蝗灾，农民用砒霜等作为诱饵捕杀蝗虫，最后将剩余部分埋入地下。1972 年有人在附近打了一眼供水井，饮用此井水的人大部分生病，后发现皆系砷中毒，从井中取水样化验表明井水中含砷量高达 21mg/L（超过美国饮用水含砷量标准 2000 多倍），而当地土壤中的含砷量竟达 3000～12 000mg/L。同样事件在德国也有发生，德国巴伐利亚州一个地区从 1954 年起在一个干燥的砾石坑内堆放垃圾，1967～1970 年收集的资料证明：其渗坑下面的含水层已形成一个将近 3km 长的透镜体状污染层，其水质还将继续恶化，污染范围也正在延伸。类似地下水污染事件在世界各地均有发生。

地下水是城市和农村重要的水资源来源，在有些干旱地区甚至是唯一水源。我们不能设想地下水含水层一旦被污染就弃之不用了。如何挽救含水层并使被污染的含水层再生，是目前水资源保护的一项新课题和艰巨任务，并正对此展开大量的技术研发和治理工程建设。

由于地下水和土壤有着非常密切的关系，因此地下水的生物修复常与其土壤的生物修复结合进行。

一、包气带土层治理技术

地下水的污染往往都是因土壤污染而引起的，通过对土壤污染物的治理，可阻止污染物下渗到地下水含水层中。

包气带土层的治理采用的生物技术包括：原位微生物修复、原位植物修复、原位生态修复等，具体内容请参考土壤修复技术。要根据包气带土层物质和生物学特征，以及技术经济性分析结果选择合理的治理技术。

二、地下水污染治理技术与方法

治理地下水污染采用的生物技术包括抽提-处理修复、空气吹脱、原位生物进化技术、原位反应墙技术。

1. 抽提-处理修复

抽提-处理修复是一种传统的异位修复技术，即通过采用一定方法，将地下水中的液态污染物与气态污染物抽取出来，在地面进行处理净化。因此它又可分为泵-处理修复和气体抽提修复两大类。

（1）泵-处理修复。通过地下水取水构筑物（井群或渗渠等）将污染地下水抽至地面，利用净化设施进行处理。处理后的地下水重新注入地下或者排放进入地表水体，如图 5-31 所示（李广贺，2002）。

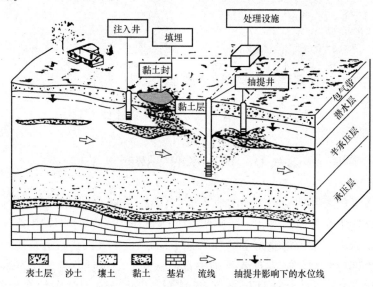

图 5-31　抽提-处理系统示意图

（2）气体抽提技术。利用真空泵和井，在受污染区域诱导产生气流，将挥发性有机污染物变为蒸气，或者将被吸附的、溶解状态的或者自由相的污染物转变为气相，抽提到地面，然后再进行收集和处理。

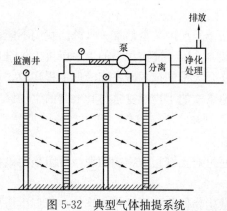

图 5-32　典型气体抽提系统

典型气体抽提系统如图 5-32 所示，包括抽提井、真空泵、湿度分离装置、气体收集管道、气体净化处理设备和附属设备等。

地面处理可采用活性污泥法或者生物膜法，将抽取上来的地下水中的有机物进行生物氧化分解。当然也可采用空气吹脱、活性炭吸附、化学氧化、沉淀法、交换树脂、膜分离等物理化学方法。

在美国，抽提处理技术几乎已经成为修复受加油站污染的地下水和土壤的"标准"技术。

2. 空气吹脱

空气吹脱是在一定的压力条件下，将压缩空气注入受污染区域，将溶解在地下水中的挥发性化合物、吸附在土壤颗粒表面上的化合物以及阻塞在土壤空隙中的化合物驱赶出来。空气吹脱包括现场吹脱、挥发性有机物的挥发、有机物的好养生物降解等三个过程。

在实际应用中，空气吹脱技术与抽提技术相结合，可以得到比用单独一种技术更好的效果，如图 5-33 所示（张锡辉，2002）。

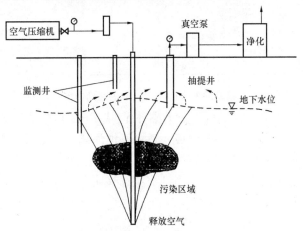

图 5-33　吹脱与抽提技术的组合示意图

对于注入井的深度，原则上应该是比污染物所处最深处再深 30～60cm，但是其实际的深度受土壤结构等影响，一般不超过地下水水位以下 9～16m。注入井的深度影响空气注入所需要的压力和流量。

空气吹脱技术中生物降解起主要作用的方法也称为生物吹脱或者生物曝气。它通过鼓气方法，提高地下水中的溶解氧水平，从而提高微生物的活性。因此，该技术能够在去除挥发性污染物的同时，借助生物过程降解去除非挥发性污染物。多数石油化工产品如苯、甲苯、乙苯、二甲苯，以及醇类、酮类和酚类等能够比较容易地得到生物降解。

3. 原位生物净化技术

利用抽水井将污染地下水抽至地表面，在地面与氧和营养剂等混合后重新注入污染的含水层中，通过地下水原本就存在的自然野生微生物或通过注水井注入专门培育的细菌溶液或微生物膜，以促进微生物对待清除的污染物的分解和转化作用，有效地控制污染物的迁移。

典型原位生物治理系统包括地下水回收井、混合池、注入井、回注地下受污染区域等。如图 5-34 所示（李广贺，2002），这一净化系统在美国部分地区的汽油泄漏治理中，已取得了相当的成功，碳氢化合物的去除率达到 70%～80%。

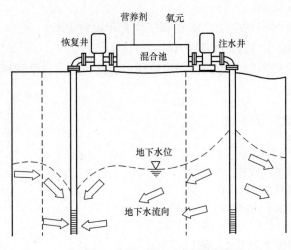

图 5-34　典型原位生物治理系统

4. 原位反应墙技术

原位反应墙，也称可渗透反应墙（PRB），是目前较为成熟、广泛采用的污染地下水原位修复技术，如图 5-35 所示。

PRB 是由渗透性反应介质（包括：零价铁、微生物、活性炭、泥炭、蒙脱石、石灰、锯屑或其他物质）构成的反应阻截装置，置于地下水污染羽流下游，

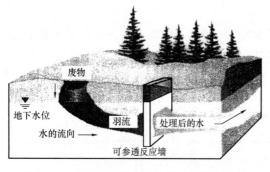

图 5-35　典型的可渗透反应墙系统的剖面图

并与地下水流动方向垂直。通过污染物与介质作用（沉淀、吸附、氧化-还原、固定、生物降解），实现地下水中污染物的去除。用于溶解性有机和无机污染物的去除，如氯代溶剂、石油烃、有毒微量金属组分、硝酸盐、磷酸盐和硫酸盐等的去除。适于埋深较浅、含水层较薄、含水层基底条件优越的地方。PRB 系统如图 5-35 所示（李广贺，2002）。

　　PRB 按照结构，分为漏斗-门式 PRB 和连续墙式 PRB。漏斗-门式 PRB 由不透水的隔墙、导水门和 PRB 组成，适用于埋深浅、污染面积大的潜水含水层。连续墙式 PRB 是由连续透水的反应墙构成的 PRB，适用于埋深浅、污染羽流规模较小的潜水含水层。其特点主要表现为 PRB 垂直于污染羽流运移途径，在横向和垂向上，横切整个污染羽流，如图 5-36 所示。

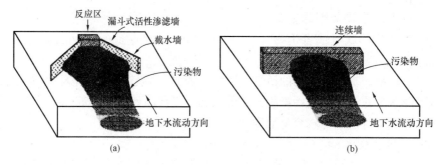

图 5-36　原位反应墙
（a）漏斗-门式；（b）连续墙式

　　按照反应性质，可分为化学沉淀反应墙、吸附反应墙（沸石、粒状活性炭、黏土、铝硅酸盐）、氧化-还原反应墙（FeO、KDF）；生物降解反应墙（释氧剂 ORC）等。其中关于原位生物降解反应墙的应用还处在实验室研究阶段。

　　根据场地地质条件、水文地质条件以及污染物类型、浓度和空间分布设计 PRB。地质、水文条件和污染物空间分布影响 PRB 形状设计与填充介质类型。

　　我国地下水污染严重，而关于地下水污染的防治却处在起步阶段。因此，环境科学领域专家应更重视地下水污染的监测和治理研究。

参 考 文 献

[5-1]　黄廷林，马学尼. 水文学[M]. 北京：中国建筑工业出版社，2006.

[5-2]　张自杰. 排水工程[M]. 北京：中国建筑工业出版社，1998.

[5-3]　刘兆昌. 供水水文地质[M]. 北京：中国建筑工业出版社，2011.

[5-4]　董哲仁. 生态水利工程原理与技术[M]. 北京：中国水利水电出版社，2007.

[5-5]　陈玉成. 污染环境生物修复工程[M]. 北京：化学工业出版社，2003.

[5-6]　李广贺. 水资源利用与保护[M]. 北京：中国建筑工业出版社，2002.

[5-7]　董哲仁等. 受污染水体的生物-生态修复技术[J]. 安徽水利科技，2002，（2）：3-5.

[5-8]　金相灿. 湖泊富营养化控制与管理技术[M]. 北京：化学工业出版社，2001.

[5-9]　张锡辉. 水环境修复工程原理与应用[M]. 北京：化学工业出版社，2002.

[5-10]　唐受印等. 废水处理工程[M]. 北京：化学工业出版社，2001

[5-11]　何家菀，何振荣，俞敏娟. 蓝藻有毒水华种类组成及其毒素的分离提纯和鉴定[M]. 刘建康，东湖生态学研究（一）[M]. 北京：科学出版社，1990.

[5-12]　匡世焕，方建光，孔慧玲. 桑沟湾栉孔扇贝不同季节滤水率和同化率的比较[J]. 海洋与湖沼，1996. 27(2)：94-199.

[5-13]　谢平. 鲢、鳙与藻类水华控制[M]. 北京：科学出版社，2003，116-126.

[5-14]　杨卫平. 富营养化水体生物调控及其机理研究[D]. 中国科学院动物研究所博士学位论文. 1996.

[5-15]　袁维佳，俞膺浩. 螺蛳对重金属元素的富集作用[J]. 上海师范大学学报，2000，29(3)：73-79.

[5-16]　朱蕙，邓文瑾. 鱼类对藻类消化吸收的研究（Ⅱ）鲢、鳙菱对微囊藻和裸藻的消化吸收[J]. 鱼类学论文集，1983. 3，77-91.

[5-17]　杨景春，李有利. 地貌学原理[M]. 北京：北京大学出版社，2001.

[5-18]　唐洪玉，苏胜齐，姚维志. 鲢和长刺溞与浮游植物相互作用关系研究[J]. 西南农业大学学报，2003. 5(25)：451-455.

[5-19]　徐锐贤，李志群，王宏等. 水溞净化富营养湖水实验研究[J]. 中国湖泊富营养化及其防治研究. 北京：中国环境科学出版社，2001.

[5-20]　李春雁，崔毅. 生物操纵法对养殖水体富营养化防治的探讨[J]. 海洋水产研究，2002.1(23)：71-75.

[5-21]　Brooks J L and Dodson S I. Predation，body size and composition of plankton[J]. Science，1965，150：288-35.

[5-22]　Hrbacek J，Dvorakova M，Korinek V and Prochazkova L. Demonstration of the effect of the fish stock on the species composition of zooplankton and the intensity of metabolism of the whole plankton association[J]. Verh. Int. Ver. Limnol，1961，14：192-195.

[5-23]　Newell R I E，Comwell J C，Owens M，Tuttle J. Role of oysters in maintaining estuarine water quality[J]. Journal of shellfish Research. 1999，18(1)：300-301.

[5-24]　Shapiro J，Lamarra V and Lynch M. Biomanipulation：an ecosystem approach to lake restoration. In：Brezonik P L and Fox J L. Proceedings of symposium on water quality management through biological control. University of Florida[J]. Gainesville，1975，pp. 85-89.

[5-25]　Reynolds C S. The ecological basis for the successful biomanipulation of aquatic communities[J]. Arch. Hydrobiol，1994. 130：1-33.

第 六 章

■■ 土壤的生物修复工程 ■■

土壤是人类的衣食之源和生存之本。随着现代经济的飞速发展，环境污染物的排放量与日俱增，人类赖以生存的土壤遭受了严重的重金属污染和有机污染。对污染的土壤实施修复，可以阻断污染物进入食物链，防止对人体健康造成伤害，促进土壤的保护和可持续发展。而土壤污染的生物修复成为当前土壤污染治理的主要方向。

第一节 土 壤

通常，土壤定义为发育于地球陆地表面能够生长绿色植物的疏松多孔结构表层。土壤是生物、气候、母质、地形、时间等自然因素和人类活动综合作用下的产物。土壤是独立的历史自然体，它有自身的发生、发展和演化规律。土壤在形成过程中，具有自己的物理性质和化学性质，这些性质影响着土壤中物质的迁移和转化，尤其是对于进入土壤的污染有着重要影响。

一、土壤的物理性质

土壤是由固、液、气三相组成的分散体系，三相物质彼此相互影响形成土壤独特的物理性质，对土壤水、肥、气、热状况以及土壤生物有着重要影响和制约。

（一）土壤的密度和容重

1. 土壤密度

单位体积土壤固相（固相土粒，不包括粒间的容积）质量，即土壤密度，其单位为 g/cm^3。土壤密度取决于土壤矿物组成和腐殖质含量。一般土壤密度在 $2.65g/cm^3$ 左右，含铁矿物较多的土壤密度大于 $3g/cm^3$，有机质含量丰富的可小于 $2.4g/cm^3$。一般情况下，土壤密度取 $2.65g/cm^3$，即通常所说的"常用密度值"。

2. 土壤表观密度

单位体积的原状土壤（包括固体和孔隙）的干土重（g/cm^3）即为土壤表观密度。土壤表观密度是由土壤孔隙及土壤固体决定，其大小取决于土壤矿物的组成、质地、结构以及固体颗粒排列的紧密程度等。一般来说，随着土壤中矿物含量增多，土壤表观密度增大；有机质含量高、疏松多孔的土壤表观密度小，有机质含量低、比较紧实的土壤表观密度就高。同一土壤不同层次的土壤表观密度不同，一般土壤底层表观密度在 $1.2\sim1.4\ g/cm^3$ 之间；不同类型的土壤其表观密度存在很大差别，黏土、壤土的表观密度约为 $1.0\sim1.6\ g/cm^3$，砂土和砂壤土的表观密度可达 $1.8\sim2.0g/cm^3$。

3. 土壤孔隙度

土壤固相是由不同颗粒和团聚体构成的分散系，土壤颗粒之间形成大小不一、形状各异和数量不等的空间，这些空间就是土壤孔隙。在单位体积原状土壤中，土壤孔隙所占的体积分数称为土壤孔隙度 P，可用式（6-1）表达：

$$P = （1-\rho/\rho_1）\times 100\% \tag{6-1}$$

式中　ρ_1——土壤密度；

　　　ρ——土壤表观密度。

土壤孔隙度的大小与土壤质地、结构和有机质含量之间存在密切关系，通常土壤孔隙度在 $40\%\sim 60\%$ 之间。随着土壤质地变细，孔隙度也增加；有机质含量高的土壤孔隙度也较高，如泥炭土的孔隙度可达 $60\%\sim 80\%$；而紧实的底层土孔隙度在 $25\%\sim 30\%$ 之间。无机黏粒形成的团聚体孔隙少，一般孔隙度小于 40%，且大部分属于非活性孔隙，水、空气和植物根部难以进入。

根据孔径不同，土壤孔隙可以分为毛管孔隙和非毛管孔隙两种。土壤孔隙直径小于 $0.1mm$ 的称为毛管孔隙，它使土壤具有持水能力，决定着土壤的蓄水性；孔隙直径大于 $0.1mm$ 的孔隙称为非毛管孔隙（或通气孔隙），它不具有持水能力，但能使土壤具有透水性，决定着土壤的通透性。此外，孔径小于 $0.001mm$ 的微小孔隙也称无效孔隙，由于其中水分所受吸力很大，基本上不能运动，故难以被植物利用。土壤孔隙度也可分为毛管孔隙度和非毛管孔隙度两种。通常团聚体愈大，非毛管孔隙度也愈大；毛管孔隙度随着土壤分散度或结构破坏程度的增加而增加。土壤孔隙度影响着土壤水分和空气的总含量，毛管孔隙度和非毛管孔隙度则决定着水、气的比例关系。

土壤孔隙担负着保持水分和通气（气体交换）双重功能，对于协调土壤水气关系至关重要，同时，土壤孔隙也是微生物活动的场所和植物根系伸展的主要通道。可见，土壤孔隙度是土壤的重要质量指标。

（二）土壤质地

1. 土壤颗粒

土壤颗粒（土粒）是构成土壤固相骨架的基本颗粒，这些颗粒数目众多、大小和形状各异。根据土粒的成分，土粒可分为矿物质颗粒和有机质颗粒两种。由于有机质颗粒在数量上占绝对优势，且在土壤中长期稳定的存在，故通常所说的土壤颗粒专指矿物质颗粒。为了研究需要，根据当量粒径把土壤颗粒进行分级，常见的土壤粒级制有国际制、美国农部制、卡钦斯基制和中国制。在各种粒级制中，均把大小颗粒分为石砾、砂粒、粉粒和黏粒 4 组，所不同的是分类界限有所差异。

2. 土壤机械组成与质地

土壤机械组成是指土壤中各粒级土粒含量的相对比例或质量分数。在自然界中，任何一种土壤都是由不同土粒以不同比例组合而成的，也就是说，每一种土壤都有自己的机械组成。土壤质地是根据土壤的机械组成划分的土壤类型。有人主张：土壤的机械组成就是土壤质地，这种说法不确切，是把两个联系紧密而又不同的概念混淆了。在研究土壤质地分类过程中，出现了三元制（砂、粉、黏三级含量比）和二元制（物理性砂粒与物理性黏粒两级含量比）两种分法，前者如国际制、美国农部制，后者如卡钦斯基制。在三元制划分土壤质地时，通常可以制作土壤质地三角形，依据该质地三角形可非常方便地查找土壤质地类型。一般来说，土壤质地可粗略地划分为砂土、壤土、黏土 3 个质地组，不同质地组可以反映该类土壤的基本特性。由于土壤质地有一定的变动范围，故同质地组的土壤又可细分为若干质地名称的土壤。即使同一质地名称的土壤，其质地也只是大体相近，不是完全相同。

（三）土壤的垂直结构

土壤在成土因素的作用下，产生一系列的土壤属性，这些属性的外在特征反映在土壤剖面的形态、发生层或土体构型上。土壤自地表至下形成若干天然的土壤分层。土壤剖面指地面向下的垂直土体的切面。在垂直剖面上可观察到与地面大致平行的若干层具有不同颜色、性状的土层（土壤发生层）。每个土壤发生层大致都与地面平行，其颜色、结构、有机质含量等各不相同。各土壤发生层在垂直方向有规律的组合和有序的排列状况就是土体构型。不同的土壤有不同的土体构型，因此，土体构型是识别土壤的很重要的特征。

作为一个发育完全的土壤剖面，从上到下一般有最基本的三个发生层。

（1）A层：淋溶层，处于土体最上部，故又称为表土层，它包括有机质的积聚层和物质的淋溶层。在这一层中，生物活动最强烈，进行着有机质的积聚或分解转化过程。在较湿润的地区，该层内发生着物质的淋溶，故称为淋溶层。这是土壤剖面中极为重要的发生学土层，任何土壤都具有这一层。

（2）B层：淀积层，处于A层下面，接受上层洗出的物质在本层淀积，由于洗入的矿物质及黏土会填充在土壤孔隙中，所以本层土壤致密，而且颜色一般为棕色或红棕色。另外，值得注意的是，淀积的物质可以来自土体的上部，也可以来自下部地下水的上升；可以是黏粒，也可以是钙铁锰铝等；淀积的部位可以是土体的中部，也可以是土体的下部。一个发育完全的土壤必须具备这一重要的土层。

（3）C层：母质层，处于土体最下部，由于C层是岩石风化物的残积物，并未受成土作用的影响，所以它并不是真正的土壤。

除了上述3个最基本的土壤发生层之外，在C层下还有R层，又称为母岩层，是完全未风化的岩层。

（四）土壤的结构

土壤固相物质很少呈单粒，多以不同形状的团聚体存在。因此，土壤结构是指土粒的排列、组合形式。这个定义有两重含义，即结构体和结构性，通常所说的土壤结构多指结构性。土壤结构体是指土粒相互排列和团聚成为一定形状和大小的土块或土团。它们具有不同程度的稳定性，以抵抗机械破坏（力稳性）或泡水时不致分散（水稳性）。土壤的结构性是指土壤结构体的类型、数量、排列方式、孔隙状况及稳定性的综合特征。评定土壤结构质量优劣的主要指标是团聚体的稳定性及孔隙性。稳定性包括机械稳定性、水稳定性和生物学稳定性，其中又以水稳定性最为重要。除黑龙江的黑土外，水稳定性团粒占优势的土壤很少。良好的土壤结构应具有受外力挤压不易破碎、遇水不散、抗微生物破坏能力强的特点。

土壤结构体依据其形态分为块状结构和核状结构、柱状结构、片状结构及团粒状结构。在各种土壤结构中，团粒状结构的综合性能最佳，它较好地解决了土壤透水性与蓄水性、通气性的矛盾，其内部团粒与团粒之间有大量非毛管孔隙，可减少地面径流的损失，有利于土壤透水和通气；而团粒内部或团粒与单粒之间存在大量的毛管孔隙，由于毛管力的作用，使其吸水和蓄水能力较强，土壤的水、气适宜，热量和养分状况得到协调。结构性不好的土壤是块状、核状、柱状、片状结构的，由于孔隙配置不当，团聚体内部紧密，以无效孔隙为主，有效水分少，空气难于流通；团聚体之间空隙过大，易漏水、漏肥。

二、土壤环境的化学性质

（一）土壤环境氧化还原平衡体系

土壤的氧化还原反应是发生在土壤溶液中的一个重要的化学性质。氧化还原反应始终存在于岩石风化和母质成土的整个土壤形成发育过程中，对物质在土壤剖面中的移动及剖面的分异、养分的生物有效性、污染物的缓冲等有深刻影响。

在土壤环境中，各种各样的氧化还原物质形成了多种氧化还原体系，见表 6-1（黄昌勇，2000）。

表 6-1　　　　　　　　　　　　　土壤中常见的氧化还原体系

体　系	氧化还原电位 E_h/V		$pE^0 = lgK$
	pH 值＝ 0	pH 值＝ 7	
氧体系	1.23	0.84	20.8
锰体系	1.23	0.40	20.8
铁体系	1.06	−0.16	17.9
氮体系 1	0.85	0.54	14.1
氮体系 2	0.88	0.36	14.9
硫体系	0.30	−0.21	5.1
有机碳体系	0.17	−0.24	2.9
氢体系	0	−0.41	0

氧气是土壤环境中最主要的氧化剂，土壤的生物化学过程的方向和强度，在很大程度上取决于土壤空气和溶液中氧气的含量。当土壤中 O_2 被消耗掉后，其他氧化态物质，如 NO_3^-、Fe^{3+}、Mn^{4+}、SO_4^{2-}，依次作为电子受体被还原。土壤中的主要还原性物质是有机质，尤其是新鲜未分解的有机质，在适宜温度、水分和 pH 条件下具有较强还原能力。

与纯溶液相比，土壤氧化还原体系较复杂，主要有以下几个特点：① 土壤氧化还原体系包括无机体系和有机体系两类，无机体系包括有氧体系、铁体系、锰体系、氮体系、硫体系和氢体系等；有机体系则包括不同分解程度的有机化合物、微生物的细胞体及其代谢产物（如有机酸、酚、醛类和糖类等化合物）；② 土壤氧化还原反应虽然属化学反应，但在很大程度上是由生物完成的；③ 土壤中氧化还原平衡是动态的体系，不同的时间和空间、不同耕作管理措施等都会导致氧化还原电位 E_h 改变；④ 土壤是一个不均匀的多相体系，要选择代表性土样测定 E_h 平均值。

土壤氧化还原体系主要受土壤结构、土壤微生物、土壤有机物、植物根系和土壤 pH 值等因素的影响。

（1）土壤结构。土壤结构对氧化还原体系的影响主要是通过土壤通气状况来实现的。通气状况决定了土壤空气中氧的浓度，通气良好的土壤与大气间气体交换迅速，土壤中氧的浓度较高，因此，E_h 也较高；反之，通气孔隙少的土壤与大气间的气体交换缓慢，氧浓度和 E_h 都较低。

（2）土壤微生物。土壤微生物的活动会消耗氧，其所消耗的氧可能是游离态的气体氧，也可能是化合物中的化合态氧。微生物活动越强，耗氧越多，此时土壤溶液中的氧压降低，或使还原态物质的浓度相对增加，从而导致 E_h 下降。

（3）土壤有机质。土壤有机质的分解以耗氧过程为主。因此，在一定的通气条件下，土壤中易分解的有机质越多，则耗氧越多，E_h 就越低。一般土壤中易分解的有机质包括植物组成中的糖类、淀粉、纤维素、蛋白质等以及微生物某些中间分解产物和代谢产物。

（4）植物根系。植物根系的分泌物可直接或间接影响土壤的氧化还原电位。植物根系分泌物含有多种有机酸，造成特殊的根际微生物活动条件；另外，有一部分分泌物还能直接参与土壤的氧化还原反应。例如，水稻根系能分泌氧，可以使根际土壤的 E_h 较根际外土壤高。

（5）土壤 pH 值。一般来说，土壤 E_h 随 pH 值的升高而下降。据测定，我国 8 个红壤性水稻土样本 $\Delta E_h / \Delta \mathrm{pH}$ 的平均值为 85mV，变化范围在 60~150mV 之间；13 个红黄壤平均 $\Delta E_h / \Delta \mathrm{pH}$ 约为 60mV，接近于 59mV。

（二）土壤环境酸碱性体系

1. 土壤酸碱度定义

（1）酸度。

土壤的酸度指土壤酸性的程度，以 pH 值表示。它是土壤溶液中 H^+ 浓度的表现，H^+ 浓度愈大，土壤酸性愈强。根据 H^+ 存在的形式，土壤酸度分为活性酸度和潜性酸度两种。

活性酸度是指土壤溶液中的 H^+ 浓度导致的土壤酸度，通常用 pH 值来表示。潜性酸度是指土壤固相物质表面吸附的交换性氢离子、铝离子、羟基铝离子被交换进入溶液后引起的酸度，以 cmol/kg 表示。这些离子的酸性只有在被交换进入土壤溶液后才能显示出来。

潜性酸度包括交换性酸度（指通过阳离子交换反应进入溶液的 H^+ 浓度）、盐置换性酸度（指土壤中可为中性盐，如 KCl、NaCl 或 $BaCl_2$ 等，置换进入溶液的氢、铝离子数量）和水解性酸度（指土壤中可为碱性缓冲盐解离的氢离子浓度）。其中，水解性酸度是用弱酸、强碱的盐类溶液（通常 pH 值为 8.2 的 1mol/L NaOAc 溶液）浸提土壤，将吸附的 H^+ 和 Al^{3+} 用 Na^+ 完全交换后测得的土壤酸度。土壤的水解性酸度一般大于盐置换性酸度，这是因为用中性盐液处理土壤的交换反应是可逆的阳离子交换平衡，交换反应容易逆转，因此，所测得的盐置换性酸度只能测得大部分土壤潜性酸度。

活性酸度与潜性酸度是土壤胶体交换体系中两种不同的形式，可以互相转化，处于动态平衡中。土壤活性酸度是土壤酸度的根本起点，没有活性酸度就没有潜性酸度。潜性酸度决定着土壤的总酸度（以强碱滴定的土壤酸度）。一般土壤潜性酸度数比活性酸度大 3~4 个数量级，是土壤酸度的容量指标。

（2）碱度。

土壤的碱性主要来源于土壤中交换性钠的水解所产生的 OH^- 以及弱酸强碱盐类（如 Na_2CO_3、$NaHCO_3$）的水解。除用平衡溶液的 pH 值表示以外，还可用土壤中的碱性盐类（特别是 Na_2CO_3 和 $NaHCO_3$）来衡量，有时称为土壤碱度（cmol/kg）。对于土壤溶液或灌溉水、地下水来说，其 Na_2CO_3 和 $NaHCO_3$ 的含量也称为碱度（mmol/L 或 g/L）。同时，土壤的碱性还决定于土壤胶体上交换性钠离子的相对数量。通常把钠饱和度（交换性钠离子占阳离子交换量的百分率）称为土壤碱化度，于是，碱化度在 5%~10% 的为弱碱化土，在 10%~15% 的为中碱化土，在 15%~20% 的为强碱化土，大于 20% 的为碱土。

土壤的酸碱度影响土壤胶体的带电性，通常 pH 值高，阳离子交换量增强；pH 值低，阳离子交换量减少，土壤保肥、供肥能力也降低。根据我国土壤酸碱度和肥力的实际差异，可把土壤分为 7 级。

2. 土壤酸性形成机理

土壤环境的酸碱性是气候、植被、成土母质以及人为因素等共同作用的结果。土壤中 H^+ 的来源有：① 动植物呼吸作用排出的 CO_2 溶解于水形成的碳酸解离产生的 H^+；② 微生物分解作用产生的有机酸、无机酸解离产生的 H^+；③ 土壤中铝的活化作用；④ 吸附性 H^+ 和 Al^{3+} 的作用；⑤ 酸雨。

土壤中 H^+ 的来源主要和土壤胶体的吸附作用有关。在多雨湿润的自然气候条件下，降水量大于蒸发量，土壤淋溶作用强烈，即土壤溶液中的盐基离子随渗滤水向下移动，使土壤中易溶性成分减少。这时溶液中的 H^+ 离子取代土壤吸收性复合体上的金属离子，为土壤所吸附，使土壤盐基饱和度下降，氢饱和度增加，引起土壤酸化。在吸附交换过程中，土壤溶液中 H^+ 的补给途径有：水的解离、碳酸和有机酸的解离、酸雨以及土壤中其他的无机酸等。

另外，土壤溶液中的 H^+ 会随着阳离子交换作用进入土壤吸收性复合体，当复合体（或铝硅酸盐黏粒矿物）表面吸附的 H^+ 超过一定的限度时，这些胶粒的晶体结构就会遭到破坏。有些铝离子的八面体结构被解体，变成活性铝离子，被吸附在带负电荷的黏粒表面，变成交换性铝离子。交换性铝离子的出现是土壤酸化的标志。

3. 土壤碱性形成机理

影响土壤碱化的因素主要有气候因素（年降水量远远小于蒸发量的干旱和半干旱条件）、生物因素（高等植物的选择性吸收、表层富集盐基离子）和母质（母质是碱性物质的来源，如基性或超基性的岩浆岩）等。

土壤中的碱性物质有钙、镁、钠的碳酸盐和重碳酸盐，以及胶体表面吸附的交换性钠等。土壤碱性反应的主要机理是碱性物质的水解反应。

（1）碳酸钙水解：在石灰性土壤和交换性钙占优势的土壤中，碳酸钙可通过水解作用产生 OH^- 离子。

（2）碳酸钠的水解：碳酸钠在水中能发生碱性水解，使土壤呈强碱性反应。土壤中碳酸钠的来源主要有重碳酸钠转化、硅酸钠与碳酸反应以及水溶性钠盐与碳酸钙反应生成。

（3）交换性钠的水解：交换性钠呈强碱性，是碱化土的重要特征。碱化土形成必须具备的条件：一是有足够数量的钠离子与土壤胶体表面吸附的钙、镁离子交换；二是土壤胶体上交换性钠解吸并产生碳酸钠类。交换结果产生了 $NaOH$，使土壤呈碱性。但由于土壤中不断产生 CO_2，所以交换产生的 $NaOH$ 实际上是以 Na_2CO_3 或 $NaHCO_3$ 形态存在的。

（三）生物对土壤酸碱性和氧化还原状况的适应

1. 植物适宜的酸碱度

植物对土壤酸碱性的要求是长期自然选择的结果。大多数植物适宜生长在中性至微碱性土壤上。有些植物对于土壤酸碱性有偏好，它们只能在某一定的酸碱范围内生长，故这些植物对于土壤酸碱性有一定的指示作用，因此它们通常可作为土壤酸碱性的指示植物。例如，茶、映山红只能在酸性土壤上生长，可作为酸性土壤的指示植物，而盐蒿、碱蓬等可作为盐土的指示植物。

2. 土壤 E_h 与植物生长

土壤中发生的一系列氧化还原反应都是在水的氧化还原稳定范围内进行的，即 E_h 在 $-800\sim1200mV$ 之间。由于土壤的 E_h 受 pH 值控制，而土壤的 pH 值一般在 $4\sim9$ 之间，所以土壤的氧化还原反应的 E_h 一般在 $-450\sim720\text{mV}$ 之间。旱地土壤的 E_h 较高，一般在 $400\sim700\text{mV}$ 之间，而水田的 E_h 较低，一般在 $-200\sim300\text{mV}$ 之间。不同作物对 E_h 有不同的适应范围。特别是靠近根圈的 E_h 的变化对作物生长会产生直接影响。试验研究表明，旱作植物在植物根圈内的土壤 E_h 较根圈外稍低，而水稻则相反。这样的变化影响根圈内外养分的转化和移动，从而改变着植物根生长的环境条件。

3. 土壤 pH 值和 E_h 与土壤微生物

土壤细菌和放线菌，如硝化细菌、固氮菌和纤维分解菌等，均适于中性和微碱性环境，pH<5.5 的强酸性土壤中，其活性明显下降。真菌可在所有 pH 值范围内活动，在强酸性土壤中真菌占优势。

土壤的氧化还原状况与微生物活性存在密切关系。E_h 愈大，微生物活性愈强，反之，则微生物活性小。这是因为微生物的呼吸作用需要耗氧。如果微生物活动旺盛，在短期内就可以消耗大量氧气，放出大量 CO_2，土壤氧压迅速下降。所以在土壤通气性基本一致的条件下，可用土壤 E_h 反映土壤微生物的活性。

（四）土壤酸碱性和氧化还原状况与有毒物质的积累

1. 强酸性土壤的铝、锰胁迫与毒害

在 pH<5.5 的强酸性土壤中，矿物结构中的有机络合态锰铝等均易被活化，交换性铝可占阳离子交换量的 90% 以上，且易产生游离铝离子。当游离的铝离子达 0.2cmol/kg 土时，可使农作物受害。大田作物幼苗期对铝极为敏感。铝害表现为根系变粗，影响养分吸收。施用石灰，使土壤 pH 值升到 $5.5\sim6.3$，则大部分或全部铝（Al^{3+}）沉淀，铝害得到消除。

在强酸性土壤中，当交换性锰（Mn^{2+}）达到 $2\sim9\text{cmol/kg}$ 土，或植物干物质含锰量超过 1000mg/kg 时会产生锰害。在大田作物中，豆类植物易产生锰害，禾本科植物抗性较强。施用石灰中和土壤酸度至 pH>6 时，锰害可全部消除。锰害常发生在通气不良的淹水土壤中，改善土壤通气性，使二价锰氧化可以排除锰的毒害。

2. 氧化还原状况与有毒物质积累

在还原性强的土壤中，如长期淹水条件下的水稻土中，二价的 Fe^{2+}、Mn^{2+} 甚至还原性物质 H_2S 和丁酸等易积累。在 $E_h<200\text{mV}$ 时，土壤中的铁锰化合物就从氧化态转化为还原态，而当 $E_h<-100\text{mV}$ 时，则低价铁（Fe^{2+}）浓度已超过高价铁（Fe^{3+}），会使植物产生铁的毒害。当 E_h 继续下降至小于 -200mV，就可能产生 H_2S 和丁酸等的过量积累，对水稻的含铁氧化还原酶的活性有抑制作用，影响其呼吸，减弱根系吸收养分的能力。在 H_2S 浓度高时，抑制植物根对磷、钾的吸收，甚至出现磷、钾从根内溢出的现象。H_2S 和丁酸积累对不同养分吸收受抑制的程度顺序为

$$H_2PO_4^-、K^+>Si^{4+}>NH_4^+>Na^+>Mg^{2+}、Ca^{2+}$$

水田土壤大量施用绿肥等有机肥时常常发生 FeS 的过量积累，使稻根发黑，土壤发臭变黑，影响其地上部分的生长发育。

第二节 土壤的生物修复

一、有机污染土壤的生物修复

土壤有机污染已成为土壤污染的主要方面，因此，有机污染的治理成为土壤治理的重

点。土壤有机污染主要包括化学农药污染、石油污染和持久性有机污染等方面。

（一）化学农药污染

农药是一类化学药剂的总称，主要是指用于防治农作物病害、虫害和杂草的化学物质、调节植物生长的药剂以及提高这些药剂效力的辅助剂、增效剂等。自 20 世纪 40 年代，各种农药开始在全球农业生产中陆续大量使用，其中，美国是农药生产和使用最多的国家。据学者初步统计，在美国如果不使用农药，农作物和家禽的年产量将降低 30%，农产品价格至少提高 50%～70%；同样，在日本使用农药防治病虫害的利润占整个农业收入的 20%，而防治耗费仅 3%。实际上，目前人类农业生产已经离不开农药，到了不得不使用农药的地步。化学农药的使用，一方面给人类带来巨大效益；另一方面，也对生态环境产生了不良后果，其中，最主要的是污染环境。例如，DDT 在水中的溶解度仅为 0.002mg/L，而在脂肪中溶解度高达 100g/kg，两者相差 5000 万倍，DDT 很容易累积于生物体的脂肪内，并通过食物链传递给人类而威胁人体健康。故农药污染已经成为当今世界上很多国家极为关注的生态环境问题之一。

化学农药在农业生产中，主要通过喷淋、土壤消毒以及雨水和尘埃降落等方式进入并残留在土壤中。一般情况下，化学农药按用途可分为杀虫剂、杀菌剂、除草剂、植物生长调节剂，以及杀螨剂、杀鼠剂、杀线虫剂、土壤处理剂等；按化学成分则可分为有机氯农药、有机磷农药、氨基甲酸酯类农药、拟除虫菊酯类农药、有机汞农药、有机砷农药等。

（二）石油污染

石油是由上千种化学性质不同的物质组成的复杂混合物，主要包括饱和烃、芳香烃类化合物等。20 世纪初，全世界开始大规模开采石油。目前，石油已成为人类最主要的能源之一。当今世界上石油的总产量每年约有 22×10^8 t，其中，800×10^4 t 石油污染物进入环境，同样，在我国每年也有近 60×10^4 t 进入环境，污染土壤、地下水、河流和海洋。在陆地上进行采油生产时，大量的生产设施，如油井、集输站、转输站、联合站等，由于各种原因，会使部分原油直接或间接地泄漏于油区地面，这些石油类物质进入土壤环境后，会发生一系列的物理、化学和生化作用，对环境造成污染，对人和生物健康造成威胁。除石油开采、冶炼、运输过程中的石油泄漏事故外，含油废水的排放、石油制品的挥发和不完全燃烧物等也会引起一系列的土壤石油污染。许多研究表明，一些石油烃类进入动物体内后，对哺乳动物及人类有致癌、致畸、致突变的作用。另外，受石油严重污染的土壤会导致石油烃的某些成分在粮食中累积，影响粮食的品质，并通过食物链危害人类健康。引起土壤石油污染主要有以下 3 种来源。

1. 含油固体废弃物的污染

这类物质主要包含含油岩屑、含油泥浆等。这些污染物在进入地表土壤环境前就已经被固体物质所吸附或夹带，进入土壤环境后，这些含油固体物质与土壤颗粒的掺混，其污染的范围和严重程度主要取决于含油固体的扩散特性。

2. 落地原油污染

落地原油是一种重要的污染物，排入土壤后，在重力作用下，会沿土壤垂直方向迁移，并在毛管力作用下发生水平扩散。由于石油黏度大、黏滞性强，会在短时间内形成小范围的高浓度污染。因此，原油污染通常是石油浓度大大超过土壤颗粒的吸附量，使过多的石油存在于土壤空隙中。这时，如果发生降雨并产生径流，一部分石油类物质随入渗水流进入深层土壤；另一部分随地表径流远离污染区。在径流过程中，由于水流的剪切作用，土壤团粒结构被破坏，分布在土壤颗粒空隙中的石油类物质释放出来。由于石油的疏水性，释放出来的物质很快浮于水面，并且相互结合形成大的石油团块。这就是在有油井分布的地区，洪水期往往水流表面有块状浮油出现的主要原因。

3. 含油废水的污染

含油工业污水主要来自石油开采、运输和炼油等加工部门。含油废水中的原油以乳化的形态分散在水体中，含油浓度可高达 7000mg/L。高浓度的含油废水排至井场地面后迅速下渗。下渗过程中极细的分散油粒不断以扩散、沉淀、截留等方式与土壤颗粒接触，被土壤颗粒吸附，造成土壤污染。

（三）持久性有机污染

20 世纪 30 年代以来，人工合成有机化学品的生产和使用急剧增长，其中，许多化学品对现代社会的发展发挥了重要作用，同时也给人体健康和生态环境带来严重危害。持久性物质是指化学稳定性强、难于降解转化、在环境中能长时间滞留的物质，具有这些性质的有机污染物通常称为持久性有机污染物（Persistent Organic Pollutants，POPs）。一般来说，POPs 类物质在水体中的半衰期大于 2 个月，在土壤或沉积物中的半衰期大于 6 个月，有些POPs 类物质的半衰期长达几年、数十年，甚至万年。鉴于持久性有机污染物已对人类健康和环境造成日趋严重的威胁，联合国环境规划署于 1995 年 5 月要求对 12 种持久性有机污染物进行国际评估，并就相应的国际行动拟定建议。2001 年 5 月 22～23 日，联合国环境规划署在瑞典首都斯德哥尔摩组织召开了《关于持久性有机污染物的斯德哥尔摩公约》的代表会议，并通过了《关于持久性有机污染物的斯德哥尔摩公约》。该公约旨在减少或消除持久性有机污染物的排放，保护人类健康和生态环境免受危害。第一批受控化学物质包括 12 种化学物质：DDT、氯丹（chlordane）、灭蚁灵（mirex）、艾氏剂（aldrin）、狄氏剂（dieldrin）、异狄氏剂（endrin）、七氯（heptachlor）、毒杀酚（toxaphene）、六氯苯（hexachloro-benzene）、多氯联苯（polychlorinated biphenyls，PCBs）、二恶英（dioxins）、呋喃（fu-rans）等。

（四）有机物污染的生物修复

目前，有机污染物正威胁着整个人类及环境的安全，有机物不但存在于土壤、水体、大气环境中，还积累在动植物组织中，甚至进入生殖细胞内破坏或者改变生物遗传物质。为修复有机物污染土壤，各国专家学者致力于研究各种土壤有机物污染的处理方法。

按有机污染物处理方法的性质，修复技术可分为三类：物理法、化学法和生物法。其中，物理法包括挖掘填埋法、气提吹脱法、电解法、冲洗法和隔离控制法等；化学法包括氧化剂氧化法、光化学降解法、热分解法、萃取法和化学栅法等；生物法主要包括农耕法和微生物法等。在实践中，微生物法是应用前景最为广阔的生物治理方法，由于其具有费用低、效果好、无二次污染的特点，已经迅速地成为土壤有机物处理的研究重点。下面将介绍几种较为成熟的微生物土壤修复方法。

1. 生物通风

伴随着石油工业的高速发展，土壤环境日益被石油类污染物严重污染。20 世纪 90 年代，美国投入大量资金发展一些新兴的、革命性的土壤原位修复技术，其中土壤气相抽提（Soil Vapor Extraction，SVE）和生物通风（Bioventing，BV）技术具有效率高、成本低、设计灵活和操作简单等特点，已经成为应用最广的"革命性"土壤修复技术。

生物通风技术是指把空气注入受有机污染的包气带土层，促进有机污染物的挥发及好氧微生物的降解，这是一种治理包气带内有机物污染的技术，是土壤气相抽提技术的衍生技术。土壤气相抽提技术是一种通过强制新鲜空气流经污染区域，将挥发性有机污染物从土壤中解吸至空气流并引至地面上处理的原位技术。生物通风技术综合了原位气相抽提与原位生物降解的特点，实际是一种生物增强式的土壤气相抽提技术。与土壤气相抽提技术相比，生物通风技术的操作费用更低（Downey et al.，1995）。生物通风技术的主要缺点是操作时间长，受土著微生物种类所限（黄国强等，2001）。

用生物通风技术修复有机污染的土壤，在待治理的土壤中打两口井，分别安装鼓风机和抽真空机，将空气（空气中加入氮、磷等营养元素，为土壤的降解菌提供营养物质）强行充入土壤中，然后抽出空气使土壤中的挥发性毒物随之去除。大部分低沸点、易挥发的有机物直接随空气一起抽出，而高沸点的有机污染物主要在微生物的作用下被矿化为 CO_2 和 H_2O；在抽提过程中，可以不断加入新鲜氧，有助于降解残余的有机污染物，如原油中沸点高、分子量大的组分。生物通风技术不仅能成功地用于汽油和柴油等轻组分有机物，还能用于燃料油等重组分有机物的污染修复，也可用于其他挥发或半挥发污染物的土壤修复。

生物通风系统通常有三种处理工艺：单注工艺、注-抽工艺和抽-注工艺。

（1）单注工艺。单注工艺只向包气带土层注入空气。其优点是工艺简单、费用低，可以使有机污染物在离开土壤以前完全被生物降解，但挥发性的有机气体也有可能污染附近建筑物地下室或污染当地的空气。

（2）注-抽工艺。注-抽工艺先把空气注入包气带土层污染带的中央，然后从一定距离的污染带的外围中抽出。含有挥发烃气体的空气从注气井再进入抽气井的过程中发生好氧生物降解，避免污染气体进入大气。适用于附近没有建筑物的场地。

（3）抽-注工艺。先从一定距离的非污染区中注入空气，然后把土层污染带中央的污染气体抽出，但这种工艺逸出的气体通常还需要进一步处理。

（4）设计标准。由于生物通风技术涉及非生物过程、生物过程及它们之间的相互作用，很难综合描述物理、化学和生物过程之间的耦合关系，因此，在设计、操作和预测生物通风系统时，大都只能凭借经验和参考很宽泛的设计标准。

一般生物通风是根据现场生物修复的需氧量和供氧能力进行设计的。设计时需要估算供氧的影响范围，同时，在运行时进行现场监测。供氧的影响范围一般根据土壤气体压力、氧气浓度和气流来确定，也可根据气体渗透性试验确定。通常，污染土壤区的通气井在注气或抽气 8h 以后，在多个监测点对压力的变化情况进行监测。监测点管道可用直径 0.64cm 的尼龙或聚乙烯管。推荐的监测点的距离间隔如表 6-2（沈德中，2002）所示。

表 6-2　　　　　　　　　　　　　　推荐的监测点距离间隔

土壤类型	到通气井筛网顶部的深度/m	距离间隔/m
粗砂	1.5	1.5~3~6.1
	3	3~6.1~12.2
	>4.6	6.1~9.1~18.3

土壤类型	到通气井筛网顶部的深度/m	距离间隔/m
中砂	1.5	3～6.1～9.1
	3	4.6～7.6～12.2
	＞4.6	6.1～12.2～18.3
细砂	1.5	3～6.1～12.2
	3	4.6～9.1～18.3
	＞4.6	6.1～12.2～24.4
粉砂	1.5	3～6.1～12.2
	3	4.6～9.1～18.3
	＞4.6	6.1～12.2～24.4
黏土	1.5	3～6.1～9.1
	3	3～6.1～12.2
	＞4.6	4.6～9.1～18.3

通气井直径一般为 5～10cm，用 1mm 聚氯乙烯管构建，压缩机功率一般为 0.75～3.7kW。

另外，在设计生物通风系统时，还应考虑水位、土壤气体组分、通气气体组分、通气流速设计、地表处理、水分和营养等因素。

2. 堆肥法

堆肥法是在人工控制的条件下，依靠自然界广泛分布的细菌、放线菌、真菌等微生物，促进可被生物降解的有机物向稳定的腐殖质转化的生物化学过程。一般堆肥法根据发酵原理，分为好氧堆肥和厌氧堆肥；按物料运动形式，分为静态堆肥和动态堆肥；按堆制方式，分为露天堆肥和封闭式堆肥。

好氧堆肥是指在有氧的条件下进行有机质的分解，主要代谢产物为 CO_2 和水，并释放一定热量，好氧堆肥对有机物分解速度快、降解彻底、堆肥周期短。厌氧堆肥是指在缺氧条件下，通过兼性厌氧细菌和厌氧细菌的作用使有机物分解矿化，生物代谢的最终产物是 CH_4、CO_2 和其他小分子有机物。厌氧堆肥一般可分为酸性发酵和甲烷发酵两个阶段。在酸性发酵阶段，首先是水解过程，即高分子有机物被兼性厌氧菌（发酵菌）胞外酶水解成可溶性小分子有机物；接下来是酸化过程，即酸化菌、产氢产酸菌利用这些溶解的微粒作为能量和生长基质，进行发酵，产生醋酸等挥发性脂肪酸，以及醇类、氨、二氧化碳、硫化物、氢和能量，并形成新的细胞物质。在甲烷发酵阶段，厌氧菌（产气菌、甲烷菌）进一步分解酸性发酵阶段的代谢产物，生成甲烷和二氧化碳。厌氧堆肥与好氧堆肥相比，分解缓慢且堆肥周期长，易产生恶臭物质，因此，不适合大面积推广应用。目前堆肥生产主要采用好氧堆肥技术。

静态堆肥是把新鲜有机废物分批次地进行堆制，一旦堆积后，不再添加新的物料，也不进行倒翻，使其在微生物作用下转化为腐殖质。动态堆肥采用连续进料、连续出料（或间歇进料、出料）的动态机械堆肥装置。这种堆肥周期短（3～7d）、物料混合均匀、供氧均匀充足、机械化程度高，但施工设计较复杂，对操作人员技能要求高，一次性投资和运转成本也较高。

露天堆肥采用自然通风方式，在其他条件不变的情况下，其发酵速度主要受限于氧扩散速度，这种方式发酵时间长、占地面积大、有恶臭气体排放。密闭式堆肥是将堆肥物密闭在固定的发酵装置（堆肥反应器）中（有塔式、筒仓式、卧式等），通过风机强制通风提供氧源或不通风厌氧堆肥，此种堆肥的机械化程度高、堆肥时间短、占地面积小、环境条件好、堆肥质量可以调控，但运行成本较高，适于大规模工业化生产。

堆肥过程是一个物质转化与再合成的过程，这个过程可以用如下反应式表示：

$$堆肥原料 + O_2 \longrightarrow 堆肥产品 + H_2O + Q$$

另外，堆肥法除了堆肥原料也称底料外（一般是农业废弃物、城市固体废弃物、庭院废弃物和污染土壤以及污泥等，有机质含量高，为微生物发酵提供营养），多数堆制处理系统还需使用堆肥调理剂，调理剂有木片、树皮块、锯末、树叶、秸秆、橡胶轮胎块等。调理剂可以增加介质的孔隙度，降低水分，因为堆制系统的水分不应超过60%，否则气体转移速率就会显著下降，致使降解速率下降。调理剂还提供了大量微生物群落快速繁殖所需要的基本能源。于是，大量微生物既消耗调理剂又消耗土壤中的石油类等污染物作为能源与碳源。在堆肥过程中，堆肥系统自身可以产生热量，使系统温度升高，这样，即使在冬季低温条件下也能保证降解过程的正常进行。

堆肥过程一般分为高速降解（第1阶段）和低速降解（第2阶段）两个阶段。在第1阶段，微生物活动很强烈，耗氧和降解的速率均很高，可以通过强制通风或频繁混合供氧，同时注意防止高温和恶臭气体的产生；在第2阶段，一般不需要强制通风或混合，通常可以通过自然对流供氧，这一阶段微生物活动大量减少、供能减少，温度不高、气味不重。

根据实际情况，堆肥制作或生产程序通常由前处理、主发酵（第1阶段）、后发酵（第2阶段）、后处理工序组成，如图6-1所示（王红旗，2007）。

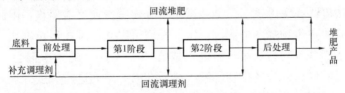

图 6-1　堆肥过程示意图

（1）前处理。一般以家畜粪便、污染土壤等为原料堆肥时，前处理的主要任务是调整水分和碳氮比，或添加菌种和酶制剂。若以城市垃圾为堆肥原料时，由于垃圾中往往含有粗大的废物和不能堆肥的物质，前处理往往通过破碎、分选和筛分去除粗大垃圾和不能堆肥的物质，并使堆肥原料和含水率达到一定程度的均匀化，易于微生物繁殖，提高发酵速度。

（2）主发酵。在露天堆肥或反应器内堆肥时，由于原料和土壤中存在微生物，堆制后不久便开始发酵。在此阶段，微生物吸取有机物中的碳、氮等营养物质，将有机物分解，产生CO_2和水，同时，将细胞中吸收的物质分解而产生热量，使堆温上升。在发酵初期，嗜温菌分解有机物质，随着堆温上升，嗜热菌逐渐取代了嗜温菌。在堆肥过程中，主发酵阶段通常为温度升高到开始降低为止的阶段。

（3）后发酵。经过主发酵的半成品被送到后发酵工序，在主发酵工序尚未分解的有机物进一步分解变成腐殖酸、氨基酸等比较稳定的有机物，最后得到完全成熟的堆肥制品。通常，把物料堆积到 1～2m 以后进行发酵，同时设有防止雨水流入的装置，有时还要进行翻堆或通风处理。

（4）后处理。经过两次发酵的物料中，几乎所有的有机物都已破碎和变形，但还可能存在一些没有完全去除的塑料、玻璃、陶瓷、金属、小石块等杂物，发酵后的物料粒径也不够均匀，需要进行再破碎，这一工序称为后处理。

3. 反应器

生物反应器处理是将受污染的土壤挖掘出来和水混合搅拌成泥浆，在接种了微生物的反应器内进行处理，其工艺类似于污水生物处理方法。处理后的土壤与水分离后，经脱水处理后再运回原地；处理后的出水根据水质情况直接排放或循环使用。反应器通常可分为生物反应器（Bioreactor）和土壤泥浆反应器（Slurry Reactor）两种类型，但一般将这两种类型的反应器统称为生物反应器。生物反应器技术适用于要求快速清除污染物现场且高环境质量要求的地区，主要用于处理杀虫剂、多环芳烃、燃料烃类以及 PCP 和氯苯、二氯苯等卤代化合物。

（1）生物反应器。生物反应器在结构上与常规生物处理单元相似。有机污染物吸附并结合在土壤颗粒上，故需要用易降解的有机溶剂或表面活性剂对污染土壤进行清洗，使污染物从固相转移到液相，再将此清洗液与土壤一起用反应器进行处理。研究者已在实验室内对石油、炸药、二氯乙烷、五氯酚等污染土壤进行了生物反应器修复研究；用 $20m^3/h$ 的生物反应器处理受阿特拉津污染土壤，在反应器中加入某些微生物菌种、维持降解活性的基质和 H_2O_2，结果表明处理出水中阿特拉津浓度低于 $10\mu g/L$。

（2）土壤泥浆反应器。土壤泥浆反应器是将被污染的固体与液体在反应体系中进行稳定混合再处理的方法。在一个反应器中，将受污染的土壤与 3～5 倍的水混合，使之成为泥浆状，同时控制微生物、氧气、搅拌程度等，另外，可以添加表面活性剂以提高疏水性有机污染物在泥浆中的浓度。在寒冷季节，某些微生物降解缓慢或可能停止，因此，土壤泥浆反应器必须维持在适宜快速生物降解的温度范围。操作可以采用批式运行方式，当土壤、水、营养、菌种、表面活性剂等物质在第 1 单元形成含 20%～25% 的土壤混合相后，进入第 2 单元进行初步处理以完成大部分的生物降解，最后在第 3 单元进行深度处理。

4. 白腐真菌在土壤污染治理中的应用

（1）白腐真菌及其降解能力。20 世纪 80 年代初，Science 期刊首次报道了白腐真菌（Phanerochaetechrysosporium）对有机污染物的降解作用，随后对白腐真菌生物学特性、降解规律、生化原理、酶学、分子生物学、工业化生产及环境工程实际应用等方面进行了广泛的研究。白腐真菌是指一类能够分解木质素大分子的丝状真菌，白腐真菌大约有 2000 种，其中，大都为担子菌纲。白腐真菌菌丝体为多核、少有隔膜、无锁状联合体，多核的分生孢子常为异核，但孢子却是同核体。凡有木材存放和使用的地方，几乎都有白腐真菌的存在。

白腐真菌在污染物治理方面具有广泛的应用前景，它在降解反应中产生极活泼的中间体并发生链式反应，能使许多有机物化学键发生断裂并降解为 CO_2 和 H_2O，故其能够降解多种有机物（Mori，Kondo，2002）。例如，目前国内外研究最多的典型种金孢展齿革菌（Phanero chaetechrysosporium），其降解的有机污染物有 PAHs、氯化芳烃化合物、农药、染料、军火等，白腐真菌除可以分解一些易降解的有机污染物外，还对许多 POPs 具有降解作用。

（2）白腐真菌的降解机理。白腐真菌降解污染物的机理非常复杂，是生物学机理和一般化学过程的有机结合，分为细胞内和细胞外两个过程，其中细胞外的氧化过程起主要降解作用。

在细胞内过程中，主要合成降解污染物需要的一系列酶。首先是细胞内葡萄糖酶和细胞外乙二醛氧化酶，它们在分子氧（外界曝气供给）参与下氧化污染物并形成 H_2O_2，激活过氧化物酶而启动酶的催化循环。细胞外的木质素过氧化物酶 LiP 和锰过氧化物酶 MnP 以 H_2O_2 为初始底物进行催化氧化，其中非酚类芳香族化合物依赖于 LiP，而酚类、胺类及染料等依赖于 MnP。木质素过氧化物酶作为一种高效催化剂参与反应，先形成高活性的酶中间体将化学物质 RH 氧化成自由基 R·，继而以链反应形式产生许多不同的自由基促使底物氧化。这种自由基反应是高度非特异性和无立体选择性的，对污染物的降解呈现广谱特性；并且细胞定位学表明，白腐真菌降解有机污染物的过程发生在细胞外。这种细胞外降解系统为巨大的、不可水解的、异质的、结构复杂乃至有毒的污染物提供了一个更易被处置的调节环境，而且降解对象（污染物）不需进入细胞内代谢，微生物不易受到有毒物质的侵害，故白腐真菌对毒性较大的污染物有很强的耐受力。

二、重金属污染土壤的生物修复

（一）土壤中的重金属

重金属元素广泛分布于岩石、土壤、动植物组织中，通常情况下，它们在正常活组织中的浓度很低，并能维持在一定浓度范围内。在化学中，重金属一般是指密度大于 $4.5g/cm^3$（也有说 $4.0g/cm^3$ 或者 $5.0g/cm^3$）的金属，这样的金属在元素周期表上大约有 50 种。在环境科学领域，早期发现的、对环境毒害比较大的金属大部分密度都比较大，故在环境污染中涉及的重金属通常是指密度较大的重金属。可是，对环境有污染作用的不仅仅是密度较大的重金属，铝和铁等轻金属对环境也有毒性；另外，砷和硒等非金属元素对环境也有很强的毒害作用，而且其致毒机理与金属的毒害作用相似，因此，通常列为重金属类来考虑。这样，在土壤环境学领域，重金属不是以元素的密度来划分的，主要包括汞、铬、镉、铅、铜、钴、锌、镍、硒、砷、锡等。

（二）土壤中重金属的形态

在土壤中重金属通常以不同的形态存在，并表现出不同的化学性质，对环境的污染行为也不相同。一般来说，元素形态包括价态、化合态、结合态和结构态等四个方面。其中，价态是指原子得失电子的数目；化合态是指原子以非零价态化合物的形式存在；结合态是指原子与其他原子结合成官能团；结构态是指原子与其他原子更为紧密地结合在一起，形成一个更加稳定的结构。例如，在环境中，铬一般以三价 Cr 和六价 Cr 两种形态存在，其中，三价 Cr 是维持生物体内葡萄糖、脂肪和蛋白质代谢的必需元素，而六价 Cr 则是强致癌物质。另外，元素存在的物理状态也会影响元素的性质，如易溶于水的元素其毒性和迁移性都相对较大，而那些不易溶于水的元素则迁移转化都比较缓慢，其毒性也会小一些。

目前，土壤环境中重金属形态判定的较为简单通用的方法是用 $0.45\mu m$ 微孔滤膜把水样中的重金属先分为溶解态和悬浮态（颗粒态），而后再进一步分离为不同金属形态。土壤中重金属的颗粒态一般采用 Tessler 提出的逐级分离程序。该方法采用各种化学试剂作为提取剂，连续逐级分离出悬浮或沉积物中不同形态的金属，主要包括可交换态、可还原态、可氧化态、碳酸盐化合物以及残余态等，不同形态的重金属组成不同、性质不同。在颗粒态分离过程中，需要使用一定的提取试剂以及根据一定的提取顺序进行分离。在溶解态中，重金属形态逐级提取可以先分离为可移动态和束缚态。在溶解态中，不同形态重金属主要包括简单水合金属离子、简单无机络合物、简单有机络合物、稳定无机络合物、稳定有机络合物、无机胶体吸附物和有机胶体吸附物等。在研究土壤中重金属的形态时，也可以用不同的浸提剂连续抽提来划分土壤环境中重金属的赋存形态，例如，可以在酸性条件下，将水样分别通过阴、阳离子交换树脂，使阴离子交换树脂吸附 Cr^{6+}，阳离子交换树脂吸附 Cr^{3+}，从而使这两种形态的 Cr 元素分离。

（三）土壤重金属污染特点

在土壤环境中，重金属污染的特点一般体现在两方面：一是土壤环境中重金属自身的特点，二是区别于水体和大气等介质中重金属的特点。

1. 形态变化较为复杂

重金属多数为过渡元素，有着较多的变化价态，并且随土壤环境中 E_h、pH、配位体的不同而呈现不同的价态、化合态和结合态。重金属形态不同其毒性也不同。例如，Cr^{3+} 是维持生物体内葡萄糖平衡以及脂肪蛋白质代谢的必需元素之一，而 Cr^{6+} 是水体中的重要污染物。水中二价 Cu 的毒性形态有 Cu^{2+}、$Cu(OH)^+$、$Cu(OH)_2$，而 $CuHCO_3$、CuEDTA 等是无毒的。通常，重金属在离子态时的毒性比络合态时大，络合物越稳定毒性越低。故在对重金属进入土壤环境后进行污染情况评价时，首先要了解其存在形态。

2. 有机态毒性比无机态大

对于重金属来说，其有机态化合物常常比无机化合物或者单质的毒性大。例如，甲基氯化汞的毒性大于氯化汞，二甲基镉的毒性大于氯化镉，四乙基铅、四乙基锡的毒性分别大于二氧化铅和二氧化锡，酒石酸锌、柠檬酸锌的毒性分别大于硫酸锌和氯化锌。

3. 毒性与价态跟化合物的种类有关

重金属的价态和化合物类型与其化学性质有着极为密切的关系，化合物类型不同则毒性也不同。例如，二价铜的毒性大于铜单质，亚砷酸盐的毒性大于砷酸盐，砷酸铅的毒性大于氯化铅，氧化铅的毒性大于碳酸铅等。

4. 环境中的迁移转化形式多样化

在环境中重金属的迁移转化形式几乎囊括了所有的污染物迁移转化形式，其复杂和多样性是显而易见的。重金属在环境中的物理和化学过程往往是可逆的，随环境中物理和化学条件的变化而改变，然而，在特定的环境下也会表现出相对的稳定性。

5. 产生生物毒性效应的浓度较低

重金属毒性较强，一般在 1～10mg 就可能会产生毒性，镉和汞等剧毒金属在 0.001～0.01mg 左右浓度时就可以产生毒性。

6. 在生物体内积累和富集

一般生物都有对重金属的积累能力，而且从低等生物到高等生物积累的浓度依次升高。如海水中如果含有 1×10^{-10} 的汞，在经浮游生物、小虾、小鱼、大鱼食物链传递后再被人类食用可以被浓缩 1 万～5 万倍。

7. 在土壤环境中不易被察觉

在水体中，一些污染一旦发生几乎立刻可以从水体的颜色、气味等物理性状上发现，而土壤中的重金属污染并不容易察觉，常常需要等到生长在污染土壤环境中的植物长势和产量等性状特征发生变化或对人体健康产生危害后才被发现。

8. 在环境中不会降解和消除

在环境中，重金属是不会被降解的，它们只可能从一个地点迁移到另一个地点，或者从一种形态变化为另一种形态。由于土壤本身的性质，土壤重金属往往与土壤颗粒结合紧密，并且保持一种比较稳定的化学性质和物理性质，所以用物理和化学的方法都很难将其从土壤中消除。

9. 在人体中呈慢性毒性过程

一些金属元素是人体必需的元素，这些元素进入人体可以起到维持人体正常新陈代谢的作用，但是这些元素的过量摄入也会造成金属元素中毒。重金属元素进入人体之后，在浓度较低时没有明显的毒理表现；随着重金属浓度的逐步升高，通过化合、置换、络合、氧化、还原、协同或拮抗等反应影响代谢过程或酶系统，重金属毒性往往经过几年或者几十年的时间才显示出来。

10. 土壤环境分布呈现区域性

在土壤环境中，重金属浓度往往与该地区的岩性和土壤类型有关，如该地区有重金属矿产则其土壤中重金属浓度就会比较高；与该地区的工业类型也有显著关系，如果该地区有大型的化工、印染、冶炼、电镀等行业，就可能导致该区域内土壤中重金属含量较高。

（四）土壤重金属污染的生物修复

当前，关于土壤重金属的生物修复，主要集中在植物修复和微生物修复两大方面。

1. 植物修复

植物修复是指用植物吸收、富集、转化土壤重金属，最终达到清除土壤重金属的技术，植物修复技术也称绿色修复技术。与物理、化学土壤污染治理的技术相比，植物修复技术具有如下优点：① 成本低；②不破坏土壤生态环境；③不易造成二次污染。

应用于植物修复技术的植物主要有野生草、蕨以及人工栽培树木、草和农作物。通常，修复植物应具备下列特征：具有一定生物量和较快生长速率；具有一定的重金属耐性；植物地上部分对重金属有一定的积累量；植物易于种植、便于人工或机械操作。

目前，重金属污染植物修复强化措施主要包括：通过农艺措施及田间管理来提高超积累植物的生物量或改善高产植物重金属吸收性能；应用基因工程和生物育种等方法把生长缓慢、生物量低的超积累植物培育成生长速度快、生物量大的植物品种，或把重金属超积累特征基因引入到生长速度快、生物量高的植物中；利用物理、化学、微生物等方法提高土壤重金属有效性，进而提高植物吸收量。而近年来，转基因改良植物技术和螯合诱导技术作为改良植物、提高植物对重金属累积能力和增加土壤重金属有效性、强化植物吸收重金属的两种强化技术备受关注。

（1）转基因技术。

1）目标基因植物。具有目标基因的植物主要有排异植物和超积累植物。排异植物能够在重金属含量高的污染土壤中正常生长，且体内特别是地上部分重金属含量很低。例如，生活在铜污染严重的土壤中的 *Trachypogon spicatus*，其通过自身或根际圈的作用将重金属限制在根部、阻止重金属向地上部分运输，铜大部分富集于根部，含量高达 $1200 \sim 2600 \text{mg/kg}$，而叶片中铜的含量仅 $2 \sim 16 \text{mg/kg}$。另外，某些农作物也具有功能性调节或存在特殊阻碍机制，可以在重金属污染的土壤中正常生长且重金属含量不超标或者检测不出。而超积累植物对重金属具有超级富集作用，但超积累植物通常生物量小、生长慢。为实现超积累植物修复重金属的目标，可以应用转基因技术提高超积累植物的生物量和生长速率，或提高高产植物的重金属富集量或忍耐力。植物的高产性状是由多种基因所控制的数量性状，而超累积性状可能只由少数几个关键基因控制，因此，可以利用超累积基因技术对高产植物进行改良。

2）转基因技术。植物转基因改良可以分为两种情况：① 对于生物量高和生长快的普通植物，重点是提高其重金属的累积量和忍耐力，达到用于生态恢复的超累积植物改良目标；② 对于作为主要食物来源的农作物，则要通过基因工程技术减少毒性重金属在其可食部位累积，提高它们对毒性重金属的抵抗力，使其正常生长且产量品质不受影响。

运用转基因技术发展植物修复主要有两大途径：一是通过大量表达关键酶来提高植物的超积累能力；二是运用各种基因工程手段将与修复相关的外源基因转入体内，从而在植物体内引入一条自身原本不具有的反应通路。植物进行转基因改良，首先要寻找到适合排异植物和超积累植物的性状基因，通过与同品系的低重金属耐性且富集量小的植物进行对比，应用生物化学和分子生物学等方法鉴别出控制这些性状的基因，然后分离或克隆性状基因并导入目标植物受体细胞，使受体细胞获得新的遗传特性。最后，再将转基因植物进行大田测试，确定这种基因应用在生物中的可行性。

随着分子生物学技术的发展，越来越多的重金属抗性或积累基因正从植物、微生物和动物中陆续分离出来，这些基因的发现和克隆不但为清晰、准确地了解重金属污染物代谢的生物化学机制创造了基本条件，也为重金属形态的生物学控制提供了科学基础，同时极大地促进了植物修复的发展。下面将简要介绍有关转基因技术在修复土壤重金属方面的应用。

① 汞污染方面的应用。汞广泛应用于化学工业、造纸业、采矿业和国防工业，是土壤、水和空气重金属污染的主要元素之一。汞在自然环境中主要表现为单质汞、离子汞和有机汞（甲基汞）3 种形态，其中甲基汞毒性数千倍于单质汞，且容易通过食物链引起生物富集。

在汞污染土壤中，存在一种可以转化甲基汞的优势细菌。在细菌中，存在两种控制基因 $merB$ 和 $merA$，其中 $merB$ 基因编码的甲基汞还原酶可以把甲基汞还原为 Hg^{2+}，而 $merA$ 基因编码的汞离子还原酶可以将 Hg^{2+} 还原为汞而挥发到空气中。

利用基因工程技术，可以培育出具有将有机汞和离子汞转化为气态汞能力的植物，培育植物的方法有两种：一是在植物中同时导入 $merA$ 和 $merB$ 两个基因；二是将 $merA$ 转基因植株和 $merB$ 转基因植株杂交，其后代的染色体组同时具有这两个基因。例如，在鹅掌楸（*Liriodendron tulipifera*）和印度大麻（*Cannabis SativaL. var. indicalLamarck*）中转入 $merA$ 和 $merB$，转基因植物均表现出汞抗性的增强；在拟南芥中分别转入 $merB$ 和 $merA$，得到了单独表达这两个基因的植株，而后以它们作为父母本杂交，获得可表达 $merB$ 和 $merA$ 两个基因的植株，两种方法获得的植物均可以表现出将有机汞和离子汞转化为气态汞的能力。

对于修复植物来说，个体很小的拟南芥不适宜用于大规模的植物修复，烟草可能是一种比较理想的植物。例如，2002 年田吉林等培育的表达 $merA$ 和 $merB$ 基因的烟草具有转化汞的能力，在 10 μmol/L $HgCl_2$ 琼脂培养基上，转基因植株每天约以 1 μg/ g 的速率转化单质 Hg 组织（田吉林等，2002）。树木作为改良受体可能更具优势，1998 年 Rugh 等将 $merA$ 导入了黄白杨（*Liriodendron tulipifera*），获得的转基因植株转化单质 Hg 能力提高了 10 倍以上（Rugh et al.，1998）。

② 砷污染方面的应用。砷是一种对人体健康具有严重危害的环境污染物，具有氧化（AsO_4^{3-}）和还原（AsO_3^{3-}）两种形态，在污染土壤和水体中多以氧化态存在。还原态砷对植物的毒性强于氧化态，但由于其和植物蛋白中的巯基螯合而使其毒性大大降低。培育修复砷污染的转基因植物的原则是植物可以将氧化态砷转化为还原态砷，同时可提供足够的巯基多肽物质与之螯合。

从细菌中可以分离出将 AsO_4^{3-} 还原为 AsO_3^{3-} 的砷酸还原酶（*Arsenate reductase*，*arsC*）；从印度盖菜中可以分离出谷氨酰半胱氨酸合成酶（*γ-glu tamylcysteines synthetase*，*γ-ECS*）基因。2002 年 Dhankher 等将砷酸还原酶基因（*arsC*）转入拟南芥并使其只在拟南芥的叶部表达（Dhankher et al.，2002）；在此基础上再将 *γ-ECS* 基因转入已经表达 *arsC* 基因的拟南芥中，叶部产生的大量巯基肽配基可以紧紧地螯合亚砷酸盐，极大地提高植物体内砷的累积量。同时表达 *arsC* 和 *γ-ECS* 的拟南芥表现了对砷的高耐受力和累积量，其能够耐受 $250\mu mol/L$ 的砷酸盐，培养 3 周的植物叶部砷的累积量与对照相比提高了 3～4 倍。此外，*arsC* 和 *γ-ECS* 具有广泛适用性，可以将其转入根系庞大、生物量高的棉白杨（cottonwood）等植物，转基因的成功将对砷污染土壤的植物修复发挥重要作用。

此外，对于修复 Zn、Cu、Pb、Cd 等污染的转基因植物，也可以植入表达关键酶的基因以提高 GSH、γ-Glu-Cys、MTs、PCs 等含量，使转基因植物能够吸收和累积更多的重金属污染物。2000 年冯斌等把中国仓鼠中的排异基因转入十字花科作物芜菁（*Brassica rapaL.*）体内（冯斌等，2000），培养出可以在根部富集大量镉、而植物茎和叶中镉含量很低的植物。

（2）螯合诱导技术。

1）螯合诱导概述。1974 年，Wallace 首先发现向土壤中添加螯合剂如 EDTA、NTA 等可以强化植物对重金属的吸收，自此，螯合诱导植物修复成为重金属污染土壤植物修复研究的一个热点。螯合诱导技术，即通过施用螯合剂迫使土壤中的重金属释放，从而增加土壤溶液重金属浓度，大幅度提高植物对金属的吸收和积累能力，达到提高植物修复效率的目的。

1996 年 Huang 和 Cunningham 研究发现，HEDTA 和 EDTA 能将植物嫩芽中的 Pb 含量提高 100 倍以上，而在多种重金属共存的情况下，效果将降低（Huang & Cunningham，1996）。2003 年 Grcman 研究了 EDTA 和 EDDS 对植物（*Brassica rapa*）吸收 Pb 的影响，结果发现施加 EDTA 及 EDDS 植物吸收量与对照相比分别增加 158 倍和 89 倍（Grcman，2003）。还有研究表明：在用复合 EDTA 改良液处理土壤后，烟草对重金属 Cd、Cu、Zn 等的吸收量增加了 20%～72%；燕麦草（*Arrhenatherum elatins*）在添加 EDTA 后，导致了植物铅吸收量的大幅增加，达到植物干重的 2.5%。

另外，在重金属植物修复中，很多无机和有机小分子螯合剂也得到大量应用。例如，硫氰化铵可作为螯合剂诱导印度盖菜超积累作用；施加柠檬酸可以使植物 *Brassica juncea* 和 *Brassica chineasin* 枝叶的铀含量从 5mg/kg 增加到 5000mg/kg。

然而，螯合诱导修复的环境效应，尤其是对地下水的潜在威胁，已愈来愈引起人们的关注。1998 年 Kedziorek 等室内模拟试验表明，加入 EDTA 后的污染土壤中，Pb、Cd 淋溶加强（Kedziorek et al.，1998）。2001 年 Vogeler 等发现在铜污染土壤中加入 EDTA7d 后，

Cu 开始淋溶迁移，16d 后 Cu 迁移量达到最大。由于 EDTA 的活化作用，可以使 Cu 向下迁移达到 700cm（Vogeler et al.，2001）。另外，螯合剂不易被生物降解，对环境也存在潜在威胁。例如，好氧条件下土壤微生物在 5～8 周内对 EDTA 的降解率仅为 8% 左右；在以醋酸钠作为碳源的条件下，72d 内废水中 EDTA 基本没有被微生物降解。因此，人们在提高植物积累重金属效率的同时开始降低螯合剂的施用量，人们还通过改变土壤 pH、E_h 或施用其他改良剂来配合或代替螯合诱导修复，使螯合剂对环境负面影响减小。

2）应用中应注意的问题。目前螯合植物诱导技术在实际应用中应注意如下问题。① 螯合剂可使土壤中大多数重金属的溶解性提高，而超积累植物一般只对一种或少数几种金属有作用，因此，可能造成重金属流失和渗漏，进而污染地下水及周边环境。② 螯合诱导植物修复技术可能对土壤生态造成较大影响。EDTA、HEDTA 等螯合剂可以导致植株生物量的下降达 50% 以上；螯合剂也会影响土壤中微生物和微型动物数量，从而可能影响土壤生态系统平衡；稳定金属螯合物则很难被生物所降解，有沿食物链向下级生物传递的可能。③ 另外，由于螯合剂一般比较昂贵，它的使用必然增加植物修复成本，从而减弱与其他土壤修复方法的比较优势。

（3）菌根技术。在 1981 年 Bradley 首次报道石楠菌根能够降低植物对过量重金属铜和锌的吸收（Bradley，1981）。自此，人们开始研究菌根对重金属修复的作用，许多国家的研究人员开始将菌根真菌作为重金属污染修复剂进行研究。菌根对于重金属植物修复的作用主要体现在以下几个方面：① 菌根真菌的分泌物改变了植物根际环境，改变了重金属的存在状态，也降低了重金属毒性；② 菌根能影响菌根植物对重金属的积累和分配，提高植物对重金属积累的效果；③ 菌根可以向宿主植物传递营养，提高植物幼苗成活率，使宿主植物抗逆性增强、生长加快，间接地促进植物对重金属的修复作用；④ 菌根的形成也同时影响植物根际微生物的种类和数量，许多微生物与重金属有较强的结合性，可以使有毒重金属储存于细胞的不同部位或被结合到胞外基质中，从而降低重金属毒性。

由此可见，菌根在植物修复中可以发挥相当大的作用，同时菌根的作用是一种综合作用的表达。

2. 微生物修复

微生物修复是指重金属通过在微生物细胞外的络合、沉淀和细胞内积累而被储存在细胞不同部位或结合到细胞外基质上，通过代谢过程使这些离子沉淀或被生物多聚物螯合，从而降低了重金属离子的生物有效性或毒性，达到修复的目的。

微生物积累重金属的能力与微生物体内的金属结合蛋白以及具有特殊作用的酶有关。例如，某些细菌可以还原和结合 Cd、Co、Ni、Mn、Zn、Pb 和 Cu 等重金属，柠檬酸杆菌能使 U、Pb 和 Cd 形成难溶性磷酸盐，革兰氏阳性菌可吸收 Cd、Cu、Ni 和 Pb 等，细菌、放线菌比真菌对重金属更敏感。

微生物能够改变金属的氧化还原形态，随着金属价态的改变，金属的稳定性也随之发生变化。微生物作用下的氧化还原是最有价值的有毒废物生物修复系统，如在厌氧条件下，某些微生物可以以 As^{5+} 作为电子受体将其还原成 As^{3+}，从而促进砷的淋溶能力；在好氧或厌氧条件下，某些异养微生物可催化 Cr^{6+} 还原成 Cr^{3+}，从而降低其毒性；某些铁还原细菌可以把 Co^{3+}-EDTA 中的 Co^{3+} 还原成 Co^{2+} 而降低钴的移动性。

有些微生物可以通过分泌物与金属离子发生沉淀作用或络合作用。某些微生物可使重金属发生甲基化和脱甲基化，这些作用使金属形态发生改变进而影响其毒性。甲基汞的毒性大于 Hg^{2+}，甲基砷的毒性大于亚砷酸盐，有机锡毒性大于无机锡，但甲基硒的毒性低于无机硒化物。某些细菌可以对汞产生抗性，归结于它可以产生汞还原酶和有机汞裂解酶这两种诱导酶。Manning 用体外培养法，在含 $25\mu g$ 甲基汞的三角瓶中接种假单胞菌，经 5d 培养后的三角瓶内甲基汞减少 50%，且三角瓶上部空气中有甲烷和汞蒸气生成。Frankenberger 等以硒生物甲基化为基础进行土壤原位生物修复，通过优化管理和施加添加剂等辅助手段来加速硒生物甲基化，并使其挥发以清除美国西部灌溉农业中的硒污染。

微生物可通过改变金属的化学或物理特性而影响其在环境中的迁移与转化。微生物金属修复的主要生物机理包括细胞代谢（专一性的代谢途径可使金属生物沉淀或通过生物转化使其低毒或易于回收）、表面生物大分子吸收转运、生物吸附（利用活细胞、无生命的生物量、金属结合蛋白、多肽或生物多聚体作为生物吸附剂）、空泡吞饮、沉淀和氧化还原反应等。尽管重金属的微生物修复引起人们的极大重视，但大多数技术仍局限在科研和实验室水平，少有微生物重金属修复的实例报道。

由于传统的微生物修复技术常常不能满足环境污染治理的要求，随着现代分子生物学的发展，人们开始借助于微生物基因工程技术研制含有重金属高效结合肽的微生物工程菌。

自 1985 年 Smith 在 *Science* 期刊上首次提出噬菌体基因技术开始（Smith，1985），微生物基因技术作为一种技术平台日趋成熟。微生物基因技术是将编码目标肽的 DNA 片段通过基因重组的方法构建和表达在噬菌体、细菌或酵母等微生物表面，从而使微生物体每个颗粒或细胞只表现一种多肽。基因技术的一个重要特征是靶分子肽与其编码 DNA 存在于一个细胞中，这样可以通过 DNA 模板制备和序列测定来确定 DNA 序列，进而推断所编码的靶分子结合肽的氨基酸组成，实现基因型与表现型的统一。

在重金属污染治理中，有时需要使用高亲和力和专一性的金属吸附剂，微生物基因技术可以满足这一要求。通过生物分子在微生物表面的展示，不仅可增进微生物对金属的富集，而且菌体周围金属浓度的提高有利于金属离子与其他细菌结构成分的作用，增强不同系统中微生物的金属结合。金属与蛋白质或多肽的结合是通过肽链上的组氨酸和半胱氨酸等氨基酸残基实现的，六聚组氨酸多肽可以通过细胞表面展示而用于重金属离子修复。将六聚组氨酸多肽构造在 *E. coli* 的外膜 LamB 蛋白表面，其对 Cd^{2+} 的吸附和富集比对照 *E. coli* 大 11 倍，但对 Cd^{2+} 的耐受性没有增强；而且六聚组氨酸多肽也可结合 Zn^{2+}、Cu^{2+}、Ni^{2+} 等重金属。

通过将金属高效结合肽的筛选和微生物展示用于基因构建，微生物基因技术为环境重金属污染的防治提供了一条崭新的途径。随着基因技术的不断成熟与完善，金属与蛋白质、多肽表面相互作用的解析和计算机的结构模拟及分析，以及各种微生物基因组测序的完成和功能基因组计划的深入进行，基于微生物的基因工程菌重金属生物修复技术和环境生物技术将显示越来越大的作用。

参 考 文 献

[6-1] 黄昌勇. 土壤学[M]. 北京：中国农业出版社，2000.

[6-2] Downey D C, Firshmuth R A, Archabal R S. Use in situ bioventing tominimize soil vapor extraction-cost: in situ aeration: air sparging, bioventing, and related remediation processes[M]. Ohio: Batelle Press, 1995: 391-399.

[6-3] 黄国强等. 地下水有机污染的原位生物修复进展[J]. 化工进展，2001，10：13-16.

[6-4] 沈德中. 环境污染的生物修复[M]. 北京：化学工业出版社，2002.

[6-5] 王红旗等. 土壤环境学[M]. 北京：高等教育出版社，2007.

[6-6] Mori T，Kondo R. Oxidation of chlorinated dibenzo-p-dioxin and dibenzofuran by white-rot fungus，Phlebia lindtneri[J]. FEMS Microbiol Lett. ，2002，216(2)：223-227.

[6-7] 田吉林等. merB 基因的序列修饰及转基因烟草对有机汞的高抗作用[J]. 科学通报，2002，47(23)：1815-1819.

[6-8] Rugh C L，et al. Development of transgenic yellow poplar for mercury phytoremediation[J]. Nat Biotechnol，1998，16：925-928.

[6-9] Dhankher OP，et al. . Engineering tolerance and hyperaccumulation of arsenic in plants by combining arsenate reductase and gamma-glutamylcysteine synthetase expression[J]. Nature Biotechnology，2002，20：1140-1145.

[6-10] 冯斌，等. 基因工程技术[M]. 北京：化学工业出版社，2002.

[6-11] Huang J W，Cunningham J D. Lead phytoextraction：species variation in lead uptake and translocation[J]. New Phytol. ，1996，134：75-84.

[6-12] Grcman H，et al. Ethylenediaminedissuccinate as a new chelate for environmentally safe enhanced lead phytoextraction[J]. Journal of environmental quality，2003：500-506.

[6-13] Kedziork M A M，et al. . Leaching of Cb and Pb from a polluted soil during the percolation of EDTA：Laboratory column experiments modeled with a non-equilibrium solubilization step[J]. Environmental science and technology，1998，32(11)：1609-1614.

[6-14] Vogeler I，et al. . Contaminant transport in the root zone：Trace elements in soils：bioavailability，fluxes and transfer[M]. Lewis，Boca Raton，FL，2001：175-197.

[6-15] Bradley，et al. . Mycorrhizal infection and resistance to heavy metal toxicity in Calluna vulgar[J]. Nature，1981，292：336-337.

[6-16] Smith G P. Filamentous fusion phage：novel expression vectors that display cloned antigens on the virion surface[J]. Science，1985，228(4705)：1315-1317.

第七章

■■ 生物修复工程设计 ■■

第一节 生物修复工程设计原理

生物修复是一项系统工程，它需要依靠工程学、环境学、生物学、生态学、微生物学、地质学、水文学、化学等多学科合作。为了确定生物修复技术是否适用于某一受污染环境和某种污染物，需要进行生物修复的工程设计。

一、场地信息收集

调查包括以下五个方面。

（1）污染物的种类和化学性质、在土壤中的分布和浓度、受污染的时间。

（2）当地正常情况下和受污染后微生物的种类、数量和活性以及在土壤中的分布，分离鉴定微生物的属种，检测微生物的代谢活性，从而确定该地是否存在适于完成生物修复的微生物种群。具体的方法包括镜检（染色和切片）、生物化学法测生物量（测ATP）和酶活性以及平板技术等。

（3）土壤特征，如温度、孔隙度、渗透率。

（4）受污染现场的地理、水力地质和气象条件以及空间因素（如可用的土地面积和沟渠）。

（5）根据相应的管理法规确立修复目标。

二、技术查询

在掌握当地信息后，应向有关单位（信息中心、信息网站、大专院校、科研院所等）咨询是否在相似的情况下进行过生物修复处理，以便采用或移植他人经验。例如，在美国要向"新处理技术信息中心"（Alternative Treatment Technology Information Center，ATTI）提出技术查询。

三、技术路线选择

根据场地信息，对包括生物修复在内的各种修复技术以及它们可能的组合进行全面客观的评价，列出可行的方案，并确定最佳技术。

四、可处理性试验

假如生物技术可行，就要设计小试和中试，从中获取有关污染物毒性、温度、营养和溶解氧等限制性因素的资料，为工程的具体实施提供基本工艺参数。

小试和中试可以在实验室也可以在现场进行。在进行可处理性试验时，应选择先进的取样方法和分析手段来取得翔实的数据，以证明结果是可信的。进行中试时，不能忽视规模因素，否则根据中试数据推出的现场规模的设备能力和处理费用可能会与实际大相径庭。

五、修复效果评价

在可行性研究的基础上，对所选方案进行技术经济评价。技术效果评价为

$$原生污染物去除 = \frac{原有浓度-现存浓度}{原有浓度} \times 100\%$$

$$次生污染物增加率 = \frac{现存浓度-原有浓度}{原有浓度} \times 100\%$$

$$污染物毒性增加率 = \frac{现存浓度-原有浓度}{原有浓度} \times 100\%$$

经济效果评价包括修复的一次性基建投资与服役期的运行成本。

六、实际工程设计

如果小试和中试表明生物修复技术在技术和经济上可行，就可以开始生物修复计划的具体设计，包括处理设备、井位和井深、营养物和氧源或其他电子受体等。

第二节　生物修复工程设计案例

一、污染水体的生物修复工程

案例1　长春市南湖公园水体生物修复

长春市南湖公园湖水在20世纪60年代以前，南湖水质良好，70年代中期开始恶化，1980年和1989年南湖局部水面发生水华。南湖的治理经历了80年代截污、90年代生态工程治理，但水体富营养化没有得到根本改善。为治理南湖的富营养化，长春市政府决定采用静水吸泥式环保清淤方法对南湖实施底泥清淤工程治理。工程于2000年开始实施至2004年全部完成，工程清除底泥83.8万 m^3，占南湖淤泥总量的72%。南湖底泥清淤工程使南湖水质有所改善。清淤后数年间，南湖水生生态系统有了较好的恢复，但总氮仍有超标，而且 COD_{Cr} 居高不下。原因之一在于，外源污染没有截断，南湖南部仍有点源污染水流入。据调查，南湖西南有污水口没有彻底截流，平均每天进污水 $3000 m^3$，年进污水约100万 m^3，据此，在进一步控制南湖水体遭受外来污染的同时，采取生物修复技术进行南湖水体的污染控制。

微生物治理过程及方法如下。

2007年开始，每年5月份将EM微生物活性液以湖面喷洒的形式投放到湖水中。每隔 $10\sim15d$ 投放1次。夏季藻类高发期一周前向湖面喷洒EM微生物活性液。EM是日本琉球大学比嘉照夫教授等于20世纪80年代初期研制出来的一种新型复合微生物制剂，它是基于头领效应的微生物群体生存理论和抗氧化学说，以光合细菌为中心，与固氮菌并存、繁殖，采用适当的比例和独特的发酵工艺把经过仔细筛选出的好气性和嫌气性微生物加以混合后培养出的多种多样的微生物群落。EM含有10个属80多种微生物，其中主要的代表性微生物有光合细菌、乳酸菌、酵母菌和放线菌四类。各种微生物在其生长过程中产生的有用物质及其分泌物质，成为微生物群体生长的基质和原料，通过相互间的这种共生增殖关系，形成了一个复杂而稳定的微生物系统，并发挥多种功能。

植物治理过程及方法如下。

1. 水葫芦种植

从辽宁省葫芦岛购置水葫芦，5月中旬在游泳区 $40 m^2$ 面积处撒满水葫芦。水葫芦学名

Eichharnia crassipes，属雨久花科、凤眼莲属，也称凤眼莲，因它浮于水面生长，又称水浮莲。主要分布在中国南方，由于北方河流有冻结期，水葫芦无法在自然状态下生存。凤眼莲茎叶悬垂于水上，蘖枝匍匐于水面。花为多棱喇叭状，花色艳丽美观。叶色翠绿偏深。叶全缘，光滑有质感。须根发达，分蘖繁殖快，管理粗放，是美化环境、净化水质的良好植物。水葫芦的吸污能力在所有的水草中，被认为是最强的。能够有效吸收氮、磷。但由于水葫芦繁殖能力很强，容易覆盖在整个湖面，使得水中的其他植物不能进行光合作用，而使水中的动物不能得到充分的空气与食物，不能够维持水中的生态平衡。所以在应用过程中，应控制水葫芦区域生长量，避免在湖面大面积繁殖。

2. 蒲棒种植

5 月中旬在南湖大桥南面，南湖宾馆外墙处 45m² 面积处种植蒲棒。蒲棒种植在水里，可以有效地吸收底泥中的氮、磷。

3. 荷花补种

在南湖曲桥附近设有荷花池，定期检查补种。

在南湖布设四个采样点，采样时间为每年的 5 月末到 9 月末，各点各采样 1 次，进行水质相关参数动态变化规律研究。结果表明采用微生物-植物联合生物修复技术进行富营养化水体水质控制后，南湖水体质量的各项指标均有所下降，与以往同期水质相比南湖水体环境呈现良性发展趋势。采用生物修复效果显著。

案例 2　生物操纵防治水库富营养化

2001~2004 年，水利部、中国科学院水工程生态研究所在深圳开展了"利用生物操纵技术治理茜坑水库水污染的研究与示范"课题研究。该研究以生物操纵的理念和环境生态学的理论为指导，遵循生态修复的整体合理性、生物多样性、生态经济性和群落生态演替等基本原则，基于茜坑水库水污染现状和富营养化程度，以提高水库水环境承载力为出发点，利用几种不同类型的生物操纵措施协同实施，研究茜坑水库水质污染及富营养化的成因、机理和规律，探讨这类水库富营养化的生物操纵控制技术，建立水库水质实时监测分析及管理系统，维持水库生态系统的平衡和稳定。课题研究情况如下。

1. 水库基本情况

茜坑水库位于深圳市宝安区观澜、龙华镇，主要功能是为两镇提供生活水源。水库集雨面积 4.98km²，总库容 1982 万 m³，正常库容 1900 万 m³。由于集雨面积小，来水量不足，水库主要依靠泵站从观澜河引水，即在每年的汛期（4~10 月）拦截观澜河的洪水引提至水库。观澜河在水闸上游的集雨面积为 100km²，属雨源型河流。观澜河流域近年来人口增长很快、生活污染物增多，小型企业兴起、工业污染增加，加之化肥农药的大量输入，河水污染严重。污染的河水引入茜坑水库后，引起库水氨氮、溶解氧、凯氏氮、化学需氧量等化学指标超标（梁少娟等，2001）。根据 Wetzel 的水体营养分类标准，茜坑水库的水质已达中富营养化水平。

从水库生态系统营养级关系分析水库水质富营养化的原因，主要有两个。一是从观澜河引水给水库带入了大量营养物质，这些营养物质通过食物网的上行效应，使水体产生大量藻类；二是水库中能够净化水质和控制藻类的生物种群（如浮游动物等）优势不明显，由于传统渔业利用方式使顶级消费者缺失或种群发展受到限制，小型鱼类种群扩大化，浮游动物受大量小型鱼类的摄食压力过大，致使下行效应不显著。

2．技术路线

根据对实际状况的分析，治理水库富营养化的相应对策主要有两个方面：一是围绕减少污染物输入开展相关工作，如控制观澜河流域污染、开辟清洁水源工程、实施闸泵生态调度、加强宏观管理等；二是在水库实施生物操纵，调整水库生态系统的结构和功能，对受损的水库生态系统进行修复，提高水库环境的承载能力。

根据生物操纵原理，结合茜坑水库由引水带入的营养物过多、水库顶级消费者缺乏和能够大量控制藻类的生物种群优势不足等状况，在茜坑水库实施的生物操纵技术包括营养级串联效应、营养物生物过滤和营养物生物吸收的组合措施，并通过这三类生物操纵技术的协调集成与配套，来治理水质污染和水体富营养化。

（1）营养级串联式生物操纵，投放食鱼性鱼类以间接控藻的生物操纵类型。利用鱼类的生物能量学模型，通过放养顶级消费者——食鱼性鱼类来清除水体中主要以大型浮游动物为食的小型鱼类，使水体中浮游动物（主要是枝角类和桡足类）的生物量增加并大量摄食水体中的浮游植物，从而减少水体中浮游植物的生物量，降低水体中的氮、磷等营养负荷，提高水体的透明度，从而改善水质。

（2）营养物生物过滤式生物操纵，投放蚌类以直接控藻的生物操纵类型。通过笼式分层集约化挂蚌方式在水库下游和供水区附近设置滤水动物（三角帆蚌）的生物过滤带，通过河蚌直接过滤、吸收、利用浮游植物及悬浮有机碎屑，减少水体中浮游植物的现存量，进而消耗水体自身的营养盐类，增加水体的透明度，从而达到水质净化的目的。

（3）营养物生物吸收式生物操纵，人工调控水生植被的生物操纵类型。在水库肥水区种植快速生长的大型漂浮水生植物，通过漂浮植物吸收水体中的营养物，减少水体中的氮、磷含量；并通过漂浮水生植物对营养物和光能的竞争抑制浮游植物的生长，从而降低水体中浮游植物的现存量和氮、磷含量，达到改善水质的目的。同时，漂浮植物也为微生物分解作用提供良好的介质，为浮游动物提供良好的庇护场所。

3．生物操纵的具体措施

（1）水库功能区划分及总体布局。根据水库运行特点，将水库分为几个技术实施区。营养物生物吸收区，布置在水库上游进水口附近，以漂浮植物为主，辅之以少量的底播贝类。营养物生物过滤区，设置在水库中游和下游出水口附近，以滤水动物（三角帆蚌）的笼式集约化生物过滤技术为主。微生物营养分解区，布置在营养物生物吸收区和营养物生物过滤区之中，吸收区和过滤区同时又是微生物分解区。营养级串联效应区布置在全库，以投放食鱼性鱼类为主来调控水库生态系统结构和功能。

（2）水库水质及生物参数监测。根据水库库形和水流态等特点，共设置采样点6个，在2001～2004年的试验期间，水库常规采样测定频率为每月两次。

1）水质监测指标：水温、色度、透明度（SD）、pH、溶解氧（DO）、化学耗氧量（COD_{Mn}）、总氮（TN）、总磷（TP）、氨氮（NH_3-N）等。

2）水生生物参数：浮游植物、浮游动物（原生动物、轮虫、枝角类、桡足类）现存量（数量和生物量）。

3）河蚌生长参数。固定选择5串河蚌作为生长检测对象，测定河蚌的体重、壳高、壳长、壳宽及存活率（每月监测1次）。

4）鱼类生长指标。鱼类常规生长指标及小型鱼类群落结构监测（不定期）。

（3）调整渔业利用方式。调整原则是将传统的渔业利用方式调整为环保型渔业利用方式。主要措施是调整放养品种结构，降低常规鱼类放养强度，弱化食鱼性鱼类的捕捞，强化浮游动物食性鱼类及小型鱼类的捕捞，将摄食浮游动物的鱼类种群压缩控制到最小。通过鱼类种群结构的调整，使水库鱼类群落朝有利于保护浮游动物资源的方向发展，从而控制浮游植物的繁衍，提高水体生物净化能力。

（4）引进投放顶级消费者。营养级串联效应生物操纵主要通过投放顶级消费者——鲌和鳜来实现。

针对水库顶级消费者——鱼食性鱼类种群数量不足的现状，通过调查水库小型野杂鱼类种群生产力，根据顶级消费者的生物能量学模型及顶级消费者摄食小型野杂鱼的能量关系，确定顶级消费者的品种及其合理的投放量，并投放足够的顶级消费者苗种。2001～2003年分批增加引进中下层顶级消费者鳜鱼和中上层顶级消费者鲌鱼，共向水库投放鳜鱼和鲌鱼苗种 2.4 万余尾。

（5）引进投放滤水动物（三角帆蚌），如图 7-1 所示。选择优良淡水贝类三角帆蚌作为滤水动物投入水库，采取笼式分层集约化挂蚌方式吊养，吊养工具为塑料箱和聚乙烯吊笼，每 5 层塑料箱或吊笼为一串，层间距 40cm，每层放置河蚌 30 个，每串 150 个，每串上方有一个浮球固定。分别在水库中游及出水口前方各设置河蚌吊置方阵区。10～15 串连成一行，行间距 5～10m。2001～2002 年共计引进三角帆蚌 14.2 万只，其中 2001 年引进 8.2 万只（小规格蚌 6 万只，3.6g/只；1 龄蚌 2.2 万只，36.8g/只），2002 年引进 6 万只（3.6g/只）。共悬挂河蚌 940 串，并适当在浅水处撒播一部分。

图 7-1 滤水动物三角帆蚌（左）及笼式分层挂蚌方式（右）

（6）水生漂浮植物的箱栏培植。考虑到水库水位变动幅度大，种植水生植物难度大的特点，选择水蕹菜和伊乐藻作为漂浮植物在水库进水口附近肥水区进行种植试验。浮式箱栏种植水蕹菜和伊乐藻共 200m²。

4. 生物操纵综合技术实施的初步效果

（1）营养级串联式生物操纵技术的效果。

1）顶级消费者的生长效果。经过监测分析，引进水库的顶级消费者——鳜和鲴生长状况良好，个体一般达 0.5～1kg。按成活率、存库量推算，水库鳜、鲌、鲶等总量可达 5t，年消费小型野杂鱼可达 20t，基本上可以控制水库小型鱼类的种群繁衍，从而达到保护浮游动物、调整水库生态系统结构和功能的目的。

2）小型鱼类对水质的影响及其控制效果。经过对水库餐条、罗非鱼和鲮鱼的摄食与排泄分析，餐条为杂食性，日均摄食率 2.4%，食物消化时间为 44h，日粮为体重的 1.1%，主要摄食浮游动物，在6月对枝角类的摄食数量较多。从排泄量分析，餐条对氮、磷排泄量皆最大。因此，为了保护浮游动物和水质，应对餐条的种群数量严加控制。从对水库餐条种群实际控制情况看，其种群数量已大为减少。

3）浮游甲壳动物现存量变化及对水质改善的作用。经每月两次的连续测定，水库浮游甲壳动物现存量有较大增加。从生产量分析，试验期最后一年浮游甲壳动物的年生产量为39t，年吸收的氮、磷可以提高10.16t和1.11t，是原来的3倍多。这些监测及分析结果说明，所实施的技术基本达到了预期效果。

（2）营养物生物过滤式生物操纵技术的效果。

1）笼式挂置河蚌的生长效果。三角帆蚌成活和生长状况良好，按河蚌生长测定的数据测算，至2004年4月底水库河蚌总产量为18.56t。

2）河蚌的食性和摄食率。经在水库现场对三角帆蚌食性及摄食率进行的测定表明，河蚌的食物与水体中浮游植物和悬浮物的组成相一致。监测到的食物种类主要有蓝藻门的颤藻、平裂藻、小席藻，绿藻门的小空星藻、栅藻、十字藻、纤维藻、四棘鼓藻、盘星藻、角星鼓藻，硅藻门的针杆藻、舟行藻等浮游植物以及有机碎屑（朱爱民，2006）。稍大点的藻类规格有针杆藻(25~60)μm×(2.5~7.5)μm，平裂藻(群)(7.5~55)μm×(5~20)μm。

3）河蚌原位围隔试验结果。经河蚌原位围隔处理后，总磷与氨氮明显下降，透明度大幅度提高，浮游植物生物量明显降低，同时大型浮游动物的数量提高。

4）河蚌对水质的净化作用。通过三角帆蚌对浮游植物，颗粒有机碎屑的过滤模型及氮、磷利用模型估算，试验结束的2004年水库三角帆蚌年滤水量为2170万m^3，每天的滤水量为5.9万m^3。三角帆蚌年均对浮游植物的过滤量为47.3t，通过浮游植物和有机碎屑从水体中所消耗的氮、磷量分别为8786kg、930kg。

（3）营养物生物吸收式生物操纵技术的效果。在水库采取箱栏条播方式种植的水蕹菜和利用网箱培植的伊乐藻，皆能成活并生长。

（4）浮游生物监测分析结果。

1）浮游植物。共检出浮游植物6门，86种。其中绿藻门51种，占59.3%；蓝藻门12种，占14.0%；硅藻门15种，占17.4%；裸藻门4种，占4.7%；甲藻门3种，占3.5%；金藻门1种，占1.2%。优势种类有针杆藻、栅藻、十字藻、角星鼓藻、纤维藻、舟形藻和银灰平列藻。其中针杆藻、栅藻为最耐污染的指示藻属，针杆藻密度占硅藻门密度比例平均值为85.46%~90.68%，栅藻占绿藻门密度比例也在20%以上。

2）原生动物和轮虫。共检出原生动物63属（种），其中鞭毛虫1种、肉足虫13种、纤毛虫49种，原生动物以纤毛虫为主，占总数的77.8%，密度变幅为840~22 600ind/L。轮虫11科62种，其中旋轮科2种、猪吻轮科2种、臂尾轮科19种、腔轮科2种、晶囊轮科3种、锥轮科5种、腹尾轮科2种、鼠轮科15种、疣毛轮科4种、镜轮科6种、聚花轮科2种。

3）浮游甲壳动物。共采集到浮游甲壳动物9科17属26种，其中枝角类6科12属21种，桡足类2科7属9种。枝角类中的颈沟基合溞、短尾秀体溞、微型裸腹溞和桡足类中的舌状叶镖水溞、蒙古温剑水溞、台湾温剑水溞为优势种类。

（5）水质理化指标的监测结果。

1）水库氮、磷迁移途径。茜坑水库氮、磷输入的主要途径为引水、降水和地表径流，氮在三个主要来源中分别占 78.8%、15.0%、6.2%，磷分别占 87.90%、9.0%、3.1%。经测算，氮、磷迁移的主要途径有供水输出、生物沉积、自然沉积，在试验研究第三个年度，这三个主要迁移途径中，氮分别占 46.75%、25.73%、97.52%，磷分别占 21.60%、45.20%、33.20%。

2）生物操纵措施对水质净化的贡献。以第三年为例，总氮滞留率为 49.52%，比上年度高出 15.5 个百分点。总磷滞留率为 63.67%，比上年度高出 25.6 个百分点。在水库氮的沉积中，自然沉积占 51.68%，生物作用沉积占 48.32%。在水库磷的沉积中，自然沉积占 42.3%，生物作用沉积占 57.7%。在生物作用去除氮、磷中，投放鱼食性鱼类新增甲壳动物的贡献为 53.08%、37.50%，河蚌的贡献为 32.58%、30.17%。

3）水库水质变化。从 2001 年 5 月到 2004 年 4 月，累计共采集水质样本 1800 余号，其中大库采集分析水样 1400 余号，围隔水样 400 余号，取得了大量水质分析基础资料。通过分析水质数据资料可知，随着生物操纵措施的实施，水体富营养状态有明显好转的趋势。

①常规指标削减分析：比较实施生物操纵技术期间主要水质指标的变化幅度，将其在年际间的差值视为实施生物操纵引起的变化，则最高的削减值为，氨氮 23.03%、总氮 41.47%、总磷 31.38%、高锰酸钾指数 11.37%、透明度提高 36.7%。

②水质指标考核：在课题考核指标中，要求课题结束前引水一个月后水库水质的富营养化指标大幅度下降，并按《地表水环境质量标准》（GB 3838—2002）的 II 类水标准基本达标。经课题组监测，水库实际指标为，pH7.1，溶解氧 6.49mg/L，高锰酸盐指数 2.6mg/L，氨氮 0.22mg/L，总磷 0.025mg/L，总氮 1.72mg/L。经与 GB 3838—2002 中的 II 类水标准对照分析，水质基本达到了课题下达的要求。

③水质达标情况：经国家城市供水水质监测网深圳监测站监测，并与 GB 3838—2002 中的 II 类水标准进行对比，各项指标除石油类稍高外，其余各项指标均在 II 类水质标准范围内。

（6）实施效果小结。生物操纵技术强化了水库生态系统中关键生物要素的量度和净化功能，针对影响富营养化形成的不同关键环节采取相应的关键措施，通过人为正向干预措施，建立合理的水生生态系统，通过生物操纵技术实施后的跟踪监测和分析，表明效果良好。

从水库生态系统优化情况看，通过调整渔业利用方式，引进顶级消费者，较大规模地引进笼式集约化分层挂养河蚌，引进水生漂浮植物，使水库生物群落的组成结构得到优化，水库生态系统的生物净化功能得到加强。由于水库顶级消费者——鳜和鲌生物种群的扩大，小型野杂鱼类种群得到了有效控制，从而使水库浮游动物特别是枝角类和桡足类的种群得以壮大，浮游植物生物量下降。此外，通过较大规模河蚌的引进及其种群量的扩大，浮游植物的发展得到有效遏制，富营养化程度明显缓解，达到了调整水库生态系统结构和功能以及改善水质的目的。

从浮游植物减少和氮、磷吸收情况看，经计算分析，引进顶级消费者后试验期的最后一年浮游甲壳动物的年生产量约为 40t，年吸收的氮、磷约可以提高 10t 和 1.1t，是原来的 3 倍多；笼式集约化分层挂养河蚌后，至 2004 年 4 月底水库河蚌总产量为 18.56t。通过三角帆蚌对浮游植物、颗粒有机碎屑的过滤模型及氮、磷利用模型估算，三角帆蚌年均对浮游植物的过滤量为 47.3t，消耗水体的氮、磷量分别为 8786kg、930kg，试验显示了河蚌较强的生物净化作用。在氮、磷去除的比例方面，生物作用沉积氮占水体总氮的 18.32%，生物作用沉积磷占 57.7%。在生物作用去除氮、磷中，投放鱼食性鱼类新增甲壳动物的贡献为 53.08%、37.50%，河蚌的贡献为 32.58%、30.17%。

从对水质指标改善的效果看，将项目结束前及停止引水一个月后的水质月平均值及国家城市供水水质监测网深圳监测站监测的水质检验结果与 GB 3838—2002 中的Ⅱ类水标准进行对比，除石油类指标稍高外，其余 28 项指标均在Ⅱ类水质标准范围内。

该项目的主要创新点：将三角帆蚌用于水库富营养化治理，提出了河蚌笼式分层养殖的生物过滤工艺及技术模式；尝试了适合我国水库富营养化治理的投放顶级消费者鳜鱼和鲌鱼的生物操纵技术；针对供水型水库富营养化实际，实施了营养级串联效应、营养物生物过滤和生物吸收等措施优化集成的组合技术；建立了茜坑水库生态模型；制定了供水型水库富营养化治理的生物操纵技术规程，对水库富营养化治理技术具有创新性贡献，达到了国际先进水平，建议将该项科技成果在适宜类似水体进行推广应用。

案例 3　美国基西米河的生态恢复

基西米河（Kissimmee River）的生态恢复工程是美国迄今为止规模最大的河流恢复工程，它是按照生态系统整体恢复理念设计的工程。从 20 世纪 70 年代开始，科学工作者就对基西米河渠道化工程引起生态系统的退化进行了长期的观测研究，同时组织了论证与评估，研究如何采取工程措施和管理措施对河流生态系统进行修复。自 1984 年开始进行试验性建设，1998 年正式开工，工程延续到 2010 年结束。

1. 改造前基西米河的自然状况

美国基西米河位于佛罗里达州中部，由基西米湖流出，向南注入美国第二大淡水湖——奥基乔比湖。全长 166km，流域面积 7800km²。流域内包括 26 个湖泊；河流洪泛区长90km，宽 1.5～3km，还有 20 个支流沼泽，流域内湿地面积 18 000hm²。

历史上的基西米河地貌形态多样。从纵向看，河流的纵坡降为 0.000 07，是一条辫状蜿蜒型的河流。从横断面形状看，无论是冲刷河段还是淤积河段，河流横断面都具有不同的形状。在蜿蜒段内侧形成沙洲或死水潭和泥沼等，这些水潭和泥沼内的大量有机淤积物成为生物良好的生境条件。原有自然河流提供的湿地生境，其能力可支持 300 多种鱼类和野生动物种群栖息。这些生物资源的多样性是由流域水文条件和河流地貌多样性导致的。

在 20 世纪 50 年代建设堤防以前，由于平原地貌特征及没有沿河的天然河滩阶地，河道与洪泛区（包括泥沼、死水潭和湿地）之间具有良好的水流侧向连通性。洪泛区是鱼类和无脊椎动物良好的栖息地，是产卵、觅食和幼鱼成长的场所。在汛期，干流洪水漫溢到洪泛区，干流与河汊、水潭和泥沼相互连通，小鱼游到洪泛区避难。小鱼、无脊椎动物在退水时从洪泛区进入干流。另外，原有河道植被茂盛，植被的遮阴对于溶解氧的温度效应起缓冲作用。

在对河流进行人工改造之前，河流的水文条件基本上是自然状态的。年内的水量丰枯变化形成了脉冲式的生境条件。据水文资料统计，平均流量从上游的 33m³/s 到河口的54m³/s。历史记录最大洪水为 487m³/s，平均流速为 0.42m/s。在流量达到 40～57m³/s 河流溢流漫滩时，流速不超过 0.6m/s。

在人工改造前，洪水在通过茂密的湿地植被时流速变缓，又由于纵坡缓加之蜿蜒性河道等因素，导致行洪缓慢。退水时水流归槽的时间也相应延长。在历史记录中有 76% 的年份中，有 77% 面积的洪泛区被淹没。退水时水位下降速率较慢，小于 0.03m/d。每年的洪水期，各种淡水生物有足够的时间和机会进行物质交换和能量传递。洪水漫溢后，各种有机物随着泥沙沉淀在洪泛区里，为生物留下了丰富的养分。

由于河流地貌形态的多样性和近于自然的水文条件，为河流生物群落多样性提供了基本条件。

2. 水利工程对生态系统的胁迫

为促进佛罗里达州农业的发展，1962～1971 年期间在基西米河流上兴建了一批水利工程，如图 7-2 所示。这些工程的目的：一是通过兴建泄洪新河及构筑堤防提高流域的防洪能力；二是通过排水工程开发耕地。工程包括挖掘了一条 90km 长的 C-38 号泄洪运河以代替天然河流，运河为直线型，横断面为梯形，深 9m、宽 64～105m。运河设计过流能力为 672m³/s。另外，建设了 6 座水闸以控制水流。同时，大约 2/3 的洪泛区湿地经排水改造。这样，直线型的人工运河取代了原来 109km 具有蜿蜒性的自然河道。连续的基西米河就被分割为若干非连续的阶梯水库，同时，农田面积的扩大造成湿地面积的缩小。

图 7-2　1961 年渠道化之前的基西米河

从 1976～1983 年，进行了历时 7 年的研究。在此基础上对水利工程对基西米河生态系统的影响进行了重新评估。评估结果认为水利工程对生物栖息地造成了严重破坏。主要表现在以下方面。

（1）自然河流的渠道化使生境单调化。直线型的人工运河取代了原来具有蜿蜒性的自然河道，人工运河的横断面为简单的梯形断面。原来由深潭与沙洲相间，急流与缓流交错的多样格局，可以支持多样化的生物群落。渠道化以后河流的生境变得单调，生物群落种类明显减少。新开挖的人工运河把河流变成了相对静止的、具有稳定水位的水库，水库的水深加大，出现温度分层现象，深层水的光合作用微弱，生物生产力下降。

（2）水流侧向连通性受到阻隔。建设了人工运河后，堤防又把水流完全限定在运河以内，洪水漫溢到滩区已经没有可能性。运河的兴建切断了河流与洪泛区的侧向水流连通性，隔断了干流与河汊、滩区和死水潭的联系，使得河流附近水流旁路湿地的营养物质过滤和吸收过程受到阻碍。这主要表现为，一是鱼类和无脊椎动物失去了产卵、觅食和避难的环境；二是干流携带的有机物无法淤积在洪泛区，而这些物质正是淡水生物所不可缺少的养分。新建的运河行洪能力强，减少了行洪时间，平均从 11.4d 减少到 1.1d。这不仅使淡水食物网中能量传递和物质交换的机会减少，而且急剧的退水速率会造成大量鱼类因水中溶解氧缺乏而死亡。

（3）溶解氧模式变化造成生物退化。由于运河为宽深式渠道，其表面积与体积之比要小，曝气率低。运河水深加大，出现分层现象，水深大于1m处溶解氧明显降低。原有河道植被茂密具有遮阴功能，对于溶解氧的温度效应起缓冲作用。而人工运河完全暴露在阳光下，水中溶解氧含量低。另外，人工运河为直线型，水流平顺，对水流的干扰和掺混作用能力弱。这些因素都使运河的溶解氧含量下降。溶解氧含量低的水体会使水生生物"窒息而死"。

（4）通过水闸人工调节，使流量均一化，改变了原来脉冲式的自然水文周期变化。自然状态的水文条件随年周期循环变化，河流廊道湿地也呈周期变化。在洪水季节水生植物种群占优势。水位下降后，水生植物让位给湿生植物种群，是一种脉冲式的生物群落化模式，显示出多样性的特点。而流量均一化使生境条件单调。

（5）原有河道的退化。渠道化显著地改变了水位和水流特点，使得2100hm² 的洪泛区湿地消失，严重影响了鱼类和野生群落。原来自然河道虽然被保存下来，但是由于主流转入人工运河，使得原有河道流量大幅度减少，引起河床退化。大量水生植物如睡莲、莴苣、水葫芦等阻塞了这些自然河段。

以上这些结果表明生境质量的大幅度降低。据统计，保存下来的天然河道的鱼类和野生动物栖息地数量减少了40%。人工开挖的C-38运河，其栖息地数量比历史自然河道减少了67%。其结果是生物群落多样性的大幅度下降。据调查，过冬水鸟减少了92%，鱼类种群数量也大幅度下降。

3. 河流恢复工程

基西米河被渠道化建成以后引起的河流生态系统退化的现象引起了社会的普遍关注。自1976年开始，对于重建河道生物栖息地进行了规划和评估，经过7年的研究，提出了基西米河被渠道化的河道的恢复工程规划报告，并经佛罗里达州议会作为法案审查批准。图7-3为美国基西米河生态恢复工程规划布置图，该规划提出的工程任务是重建自然河道和恢复自然水文过程，将恢复包括宽叶林沼泽地、草地和湿地等多种生物栖息地，最终目的是恢复洪泛平原的整个生态系统。为实施工程做准备，1983年州政府征购了河流洪泛平原的大部分私人土地。

在工程的预备阶段，于1984～1989年开展了科研工作，重点是研究回填人工运河的稳定性以及对于满足地方水资源需求的问题，采用一维及二维数学模型分析和模型试验相结合的研究方法。模型试验采用的模型为0.6m 和3.7m 宽的水槽，垂直比尺为1：40，水平比尺为1：60，为定床试验。模拟范围为人工运河、原有保留河道和洪泛平原。模型试验结果与现场河道控制泄流试验（最大流量为280m³/s）的实测数据相对照。

（1）试验工程。1984～1989年开展的试验工程为一条长19.5km 的渠道化运河。重点工程是在人工运河中建设一座钢板桩堰，将运河拦腰截断，迫使水流重新流入原自然河道（图7-4）。示范工程还包括重建水流季节性波动变化，以及重建洪泛平原的排水系统。同时还布置了生物监测系统，以评估恢复工程对于生物资源的影响。

对于钢板桩堰运行情况进行了观测。观测资料表明，一方面水流重新流入原来自然河道达9km，使河流地貌发生了一定程度的有利变化。但是，钢板桩堰建成后，附近河道水力

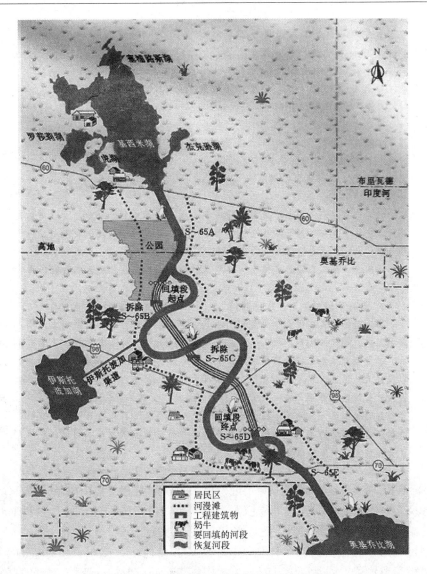

图 7-3 美国基西米河生态恢复工程规划布置图

梯度比历史记录值高 5 倍,在大流量泄流期间,测量的流速为 0.9m/s,这样的高能量水流对河床具有较强的冲蚀能力。另外,在示范工程区域内,退水时水位每天下降的速率超过 0.2m/d,淹没的洪泛区排水时间为 2~7d,地表水和地下水急剧回流,水中的溶解氧水平很低,导致大量鱼类因缺氧而死亡。为此又进行了模型试验研究,最后的结论:仅仅用钢板桩堰拦断人工运河还是不够的,需要连续长距离回填人工运河。最终方案是连续回填 C-38 号运河共 38km,拆除 2 座水闸,重新开挖 14km 原有河道。回填材料用原来疏浚的材料,运河回填高度为恢复到运河建设前的地面高程。同时重新连接 24km 原有河流,恢复 35 000hm² 原有洪泛区,实施新的水源放水制度,恢复季节性水流波动和重建类似自然河流的水文条件。

(2) 第一期工程。从 1998 年开始第一期主体工程,包括连续回填 C-38 号运河共 38km。重建类似于历史的水文条件,扩大蓄滞洪区,减轻洪水灾害。至 2001 年 2 月由地方管区和

图 7-4　钢板桩堰

美国陆军工程师团已经完成了第一阶段的重建工程。在运河回填后，开挖了新的河道以重新连接原有自然河道。这些新开挖的河道完全复制原有河道的形态，包括长度、断面面积、断面形状、纵坡降、河湾数目、河湾半径、自然坡度控制以及河岸形状。建设中又加强了干流与洪泛区的连通性。为鱼类和野生动物提供了丰富的栖息地。2001 年 6 月恢复了河流的连通性，随着自然河流的恢复，水流在干旱季节流入弯曲的主河道，在多雨季节则溢流进入洪泛区。恢复的河流将季节性地淹没洪泛区，恢复了基西米河湿地。这些措施已引起河道洪泛区栖息地物理、化学和生物的重大变化，提高了溶解氧水平，改善了鱼类生存条件。重建宽叶林沼泽栖息地，使涉水禽和水鸟可以充分利用洪泛区湿地。

（3）第二期工程。在 21 世纪前 10 年进行更大规模的生态工程，重新开挖 14.4km 的河道和恢复 300 多种野生生物的栖息地。恢复 10 360hm² 的洪泛区和沼泽地，过滤营养物质，为奥基乔比湖和下游河口及沼泽地生态系统提供优质水质。

（4）河流廊道生态恢复监测与评估。在工程的预备阶段，就布置了完整的生物监测系统：在收集大量监测资料的基础上，对于生态恢复工程的成效进行评估，目的是判断达到期望目标的程度。该项工程制定了评估的定量标准。以 60 分为期望值，各个因子分别为栖息地特性（含地貌、水文和水质）占 12 分，湿地植物占 10 分，基础食物（含浮游植物、水生附着物和无脊椎动物等）占 13 分，鱼类和野生动物占 25 分。随着自然河流的恢复，水流在干旱季节流入弯曲的主河道，在多雨季节水流漫溢进入洪泛区。恢复的河流将季节性地淹没洪泛区，恢复了基西米河湿地，许多鱼类、鸟类和两栖动物重新回到原来居住的家园。近年来的监测结果表明，原有自然河道中过度繁殖的植物得到控制，新沙洲有所发展，创造了多样的栖息地。水中溶解氧水平得到提高，恢复了洪泛区阔叶林沼泽地，扩大了死水区。许多已经匿迹的鸟类又重新返回基西米河。科学家已证实该地区鸟类数量增长了 3 倍，水质得到了明显改善。

二、污染大气的生物修复工程

案例

二战后，东京经济进入了高速增长期，"经济高增长"成为东京政府的唯一目标，而污染则被视为资本积累过程中的必然结果。随着钢铁、汽车、煤炭、电力等行业的大力推进，生产大规模扩张造成的工业污染使东京城市上空的烟雾增多，空气质量急剧恶化。与此同时，随着汽车的迅速普及，氮氧化物和碳氢化合物等污染物的排放量日趋增长，严重影响了东京的空气质量，引发了多起光化学烟雾事件。大气污染不仅严重破坏了城市环境，影响了居民身体健康，还带来严重的经济损失，这使人们逐步认识到"经济发展不能以牺牲环境为代价"。

面对日益严峻的大气污染问题，东京政府将环境保护列为重要的施政纲领，采取多种行之有效的政策措施和技术手段持之以恒地治理大气污染，终于使东京成为世界上最清洁的大都市之一和世界上能源利用率较高的城市。这些措施除了控制工业企业污染、治理汽车尾气污染、削减温室气体排放之外，还提出大力加强城市绿化建设，建立治理大气污染的长效机制。这一措施有效地抑制了空气质量的继续恶化。

由于城市植被能吸附灰尘、吸收有害气体、调节二氧化碳和氧气比例，因此能很好地净化城市空气。城市公园、行道树、庭院中的树木和草坪能通过叶片来吸纳烟灰和粉尘。一般而言，绿化地区上空的飘尘浓度较非绿化地区少 $10\%\sim50\%$。树木和草坪还拥有"有害气体净化场"的美称，具备吸收大气中的悬浮颗粒物、二氧化硫、氟化氢和氯气等有害物质的功能，如 $1hm^2$ 的柳杉每月大约可以吸收二氧化硫 $60kg$。尤其当树木进行光合作用时就会通过吸收二氧化碳，放出人类生存必需的氧气，来调节二氧化碳和氧气比例。通常 $1hm^2$ 的阔叶树林，在生长季节每天可以吸收 $1t$ 二氧化碳，放出 $570kg$ 氧气。

东京政府将城市绿化建设视为控制城市大气污染的既经济又有效的措施之一，陆续制定了一系列条例和计划来改善城市环境。例如，《城市规划法》规定，从东京市内的任何一点向东西南北方向延伸 $250m$ 的范围内，必须见到公园，否则就属于违法，将会受到严厉的处罚。

近几年，随着城市建设的快速发展，在拥挤的城市中心区域开发新的空地来建造绿地以防止扬尘，已经变得越来越困难。人为造成的大城市中心地区局部高温现象称为热岛现象，而城市中心区的屋顶绿化不仅可以缓解城市热岛效应，还可以吸附大量的空中粉尘。据测算，$1000m^2$ 的屋顶绿地年滞留粉尘约 $160\sim220kg$，可降低大气中的含尘量 25% 左右。修建屋顶花园可以防止建筑物出现裂纹，减少紫外线辐射，延缓防水层老化，还有调节温度和湿度、改善气候、净化大气等效果。因此，东京政府大力鼓励和支持屋顶绿化，东京出现了兴建屋顶花园和墙上"草坪"的热潮。许多业主在设计大楼时都考虑在屋顶修建花园，而在高层楼上的餐厅、饭馆也不甘落后，积极在凉台上修建微型庭院。为普及屋顶绿化，东京政府出台了补助金等一系列优惠政策。东京城市建设管理部门规定，在新建大型建筑设施时必须有一定比例的绿化面积，屋顶花园可以作为绿化面积使用。作为远期目标，《绿色的东京规划（2001～2015 年）》提出，2015 年的东京屋顶绿化面积要达到 $1200hm^2$。

三、污染土壤的生物修复工程
案例

西北地处降雨稀少、生态环境脆弱的干旱半干旱地区。近十几年来，石油勘探、生产、运输和使用中所产生的落地原油和采油废水等不仅造成大面积井场及周边土地污染，而且通过降雨径流、包气带直接渗入或降雨淋溶带入地下水体，造成地表水和地下水污染，使区域水土失去了经济功能进而成为影响人类健康与生存的主要因素。石油进入土壤后，对土壤微生物总代谢活性及分布产生影响，产生难降解有机物，对植物生理生化、生长性状、籽粒品质产生影响。

污染土壤植物-微生物联合修复的核心是利用植物本身的吸收、固定、转化与积累功能以及植物根际圈与土壤微生物或外源细菌、真菌的共生关系，提高土著微生物活性，改善外源微生物的生长环境，加速污染物降解速度的一种协同修复技术。

污染土壤的植物-微生物原位修复，首先要对污染现场及周边的土壤、水体和环境开展污染强度、污染物组成和分布、土著微生物群落分布、污染因子的特性、现场区域应用历史和环境特征等方面的调查，掌握污染现状和修复区域环境特征的第一手资料。根据调查结果结合修复区未来的用途与功能对污染现场进行风险评估，明确修复的意义，确定修复的预期目标和修复周期。在污染现状调查的基础上，根据风险评估的结果，选择适宜、有效的修复工艺。要确定如在植物-微生物修复之前是否需要对特殊污染区进行物理或化学预处理，要达到预期的修复目标是否需要施加外源微生物进行强化修复，外源菌的筛选与菌剂选择，适宜修复植物与种植方式（种植或移栽）的选择等一系列工艺环节。在确定了修复工艺之后，要根据工艺要求制定详细的修复方案，制定修复过程每一个环节的技术方法、考察指标和检测手段。依据修复工艺所制定的修复方案和工程设计要求对污染现场实施修复，定期跟踪、检测修复区不同层面各项目标参数的变化。修复试验或工程结束后对所获参数进行处理分析，依据预期修复基准对修复效果进行初步评估。考虑到修复过程的复杂性，在修复工程结束后的一段时间内要对修复区进行进一步的跟踪监测，了解修复效果的稳定性和安全性，依据后期跟踪监测结果对修复效果做出综合评估。

依据石油污染土壤生物修复的基本原理，结合生态效应、高效石油降解菌的分离筛选等方面所取得的研究成果，选取适宜陕北气候、土壤环境特点，生物量较大，根系发达，抗逆性强且符合该地区农业种植特点的玉米（corn）、向日葵（sunflower）、大豆（soybean）和苜蓿（alfalfa）为供试植物，以自主分离获得的高效石油烃降解菌——节细菌（DX-9）、芽孢杆菌属（DX-6）、假单胞菌属（WX-2）、节杆菌属（DX-10）、微杆菌属（DX-1）为外源微生物，开展石油污染土壤的植物及植物-外源菌-土著微生物联合原位修复技术研究。

以植物生长性状、土壤动物数量、土壤理化性质、土壤呼吸强度及有益菌的菌群分布等为评价指标，对植物-外源微生物联合修复田间试验的跟踪研究表明：初始石油烃质量浓度为 10 000mg/kg 的污染土壤，经过连续两年的植物-微生物联合修复，石油烃对土壤性质与功能、微生物群落分布、植物生长与植物籽粒品质的影响完全消除，污染土壤恢复健康状态，外源菌的存在对土壤无不良影响。4 种植物与筛选的外源强化微生物所建立的联合修复技术，是一种安全、有效的修复技术，可应用于面源石油污染土壤的修复。

四、公路边坡修复工程

在公路建设中，经常要开挖大量边坡，这样就会破坏原有的植被覆盖，导致出现大量的次生裸地及严重的水土流失现象。传统的护坡方式（如现浇混凝土、预制混凝土六面体、三合土灰面护坡以及浆砌、干砌块石护坡等）施工强度高、绿化效果和生态效益差，在这种情况下，生态护坡技术应运而生。生态护坡是利用土工材料与植物的结合，在坡面构筑一个具有自生长能力的功能系统，在土工材料的辅助下，通过植物的根系固土，植物的叶、茎和表皮蒸腾排水，以防止冲蚀和入渗，控制雨水和风对边坡的侵蚀，增加土体的抗剪强度，减小孔隙水压力和土体自重，提高边坡的稳定性和抗冲刷能力，达到护坡的目的。生态护坡是工程措施与生物措施相辅相成的综合措施。

（一）生态护坡的原理

1. 植被对边坡的力学效应

植被对边坡的力学效应表现为深根的锚固作用和浅根的加筋作用。植被的垂直根系穿过坡体浅层的松散分化层，锚固到稳定层，起到锚固作用。在土壤表层及下部风化残积层中盘根错结的根系，可视为三维加筋材料，并与三位生态土工格网一起抵抗土体坡面承受的拉剪应力，约束土体变形，增加土体凝聚力，同时因根系对土体侧向变形的约束力，增加了土体的侧向应力。通过植被的生长活动达到根系加筋的效果，可以提高坡面营养土体的黏聚力，提高坡面破碎岩石的整体性，从而增加岩土体的抗滑力。

2. 植被对边坡的水文效应

植被的吸水和蒸腾排水作用通过其根系对边坡进行泵吸和水平排水，可减小营养土体的孔隙水压力和破碎岩体的缝隙水压力，并减少土体自重，这种排水功能有利于边坡稳定，并极大程度地增加坡面介质的稳定性。植被对暴雨有截留作用，使雨水在到达坡面前经过消能处理，从而削弱雨水对土体的溅蚀。由于增加了地表的粗糙度，植被可抑制地表径流。

3. 植被对边坡的生物及生态作用

植被根系在土壤中形成网络并分泌分解胶结产物，吸收坡面土壤养分，有助于各类土壤微生物大量繁殖，使边坡自然恢复，调节边坡环境应力场。

（二）生态护坡的影响因素

1. 植被坡面稳定性分析

对于岩石边坡上的植被，可用无限坡模型进行计算。而对于土坡上的植被，植被对土坡的加固作用可通过提高土坡表面的强度参数获得。

2. 活性土壤设计

植被生长需要矿物质、有机质、水分、空气及肥料，生态护坡往往是在土质贫瘠的坡地或岩坡上进行，一般需对边坡土壤进行活性塑造。创造适合于植物生长的人工活性土壤是高边坡、岩质边坡生态防护技术的关键。一般采用薄层基材或厚层基材喷射固坡技术，创造以根系为桥架的喷射物与边坡体相融的最佳方式，极大地促进植物根系向岩土、岩石裂隙的下伸，增强根系的锚固护坡能力，同时降低工程成本。

3. 排水、保水、保肥措施

植被边坡应采取适宜的排水措施，除在顶部设截水沟外，对坡内和坡面也需进行排水处理；为利于植物生长，还需进行保水、保肥处理；保水处理可采用地膜、保水剂、兼顾保水的排水盲沟等。

4. 护坡特征

对护坡的地形特征、环境特征进行分析，包括坡度、坡长、坡向、坡形对边坡植被的影响。设计时应充分考虑边坡的自然特征要素。

5. 植被设计

考虑地形、环境特征及土质等进行植物搭配，根据不同植被的特性合理选择植被组合。

边坡植被建设工程主要有种草护坡、造林护坡、综合护坡三种。

（1）种草护坡。对坡度小于 1.0∶1.5 的、土层较薄的沙质或土质坡面，可采取种草护坡工程，可有效防止面蚀和细沟状侵蚀。应符合下列规定。

1）种草护坡应先将坡面进行整治，并选用生长快、耐旱、耐瘠薄、抗高温、根系发达、固土作用大的低矮匍匐型草种。

2）种草护坡应根据不同的坡面情况，采取不同的方法。一般土质坡面采用直接播种法；密实的土质边坡上，采取坑植法；在风沙区坡面，应先设沙障固定流沙，再播种草籽。

3）种草后1～2年内，进行必要的封禁和抚育措施，图7-5为公路边坡生态修复示例。

图7-5　公路边坡的生态修复示例

（2）造林护坡。对坡度适宜、有一定土层、立地条件较好的地方，应采用造林护坡。应符合下列规定。

1）护坡造林采用深根性与浅根性相结合的乔灌木混交方式，同时选用适应当地条件、速生、耐旱、耐瘠薄的乔木和灌木树种。

2）在坡面的坡度、坡向和土质较复杂的地方，将造林护坡和种草护坡结合起来，实行乔、灌、草相结合的植物或用藤本植物护坡。

3）坡面采用植苗造林时，应选择优质苗木栽植；在立地条件极差的地方，苗木宜带土栽植，并应适当密植。

（3）综合护坡。综合护坡措施是在布置有拦挡工程的坡面或工程措施间隙上种植植物，不仅具有增加坡面工程强度，提高边坡稳定性的作用，而且具有绿化、美化的功能。综合护坡措施是植物和工程有效结合的护坡措施，适宜于条件较为复杂的不稳定坡段。

综合护坡主要有砌石草皮护坡和格状框条护坡。

　　砌石草皮护坡：在坡度缓于 1.0∶1.0，高度小于 4m，坡面有涌水（下湿地）的坡段，应采用砌石草皮护坡；坡面的 1/3～1/2 以下应采取浆砌石护坡，上部采取草皮护坡，在坡面从上到下，每隔 3～5m 沿等高线修一条宽 20～30cm 砌石条带，条带间的坡面种植草皮。

　　格状框条护坡：位于路旁或人口聚居地的土质或沙土质边坡，宜采用格状框条护坡；应在（框条）网格内种植草（灌）。框架网格护坡和拱形护坡如图 7-6 所示。

(a)

(b)

(c)

(d)

图 7-6　框架网格护坡和拱形护坡

（a）、（b）、（c）框架网格护坡；（d）拱形护坡

案例　兰家梁至淖尔壕公路环境恢复工程

1. 项目概况

兰家梁至淖尔壕公路位于鄂尔多斯市伊金霍洛旗，公路工程主线长 51.195km，沿线经

过的地貌类型为覆沙丘陵区，土壤类型以风沙土为主；地带性植被为干旱草原植被类型，植被盖度为23％～30％。据伊金霍洛旗气象站多年观测资料，公路所在区域气候为中温带大陆性季风气候，年平均降水量为357.4mm，年平均气温为6.2℃，蒸发量为2492.1mm，大于等于10℃积温为2754.5℃。年平均风速为3.2m/s，最大风速为24m/s，无霜期均为154d，主导风向均为WNW，最大冻土深1.50m。公路工程沿线水土流失类型以水力侵蚀为主，间有季节性风力侵蚀。

2. 水土流失防治措施体系和总体布局

针对建设施工活动引发水土流失的特点和造成危害的程度，采取有效的水土流失防治措施，把水土保持工程与植物措施、永久性防护措施和临时性防护措施有机结合起来，合理确定水土保持措施的总体布局，形成完整、科学的水土流失防治体系。

（1）路基及两侧防治区。路基两侧在施工建设期间，由于机械的碾压及人为践踏，开挖和堆垫破坏了原有地表植被和土壤结构，不可避免地加大了沿线的水土流失强度。

采取的措施如下。①路基剥离表土、绿化覆土工程。②路基两侧设置急流槽、溢水池、挡水埝、边沟。③路堤边坡高度大于3m的采用混凝土人形骨架护坡，骨架内栽种灌草进行防护；高度小于等于3m的沙柳网格护坡及其内栽种灌草防护。路堑边坡深度大于6m的采用混凝土人形骨架护坡，骨架内栽种灌草进行防护；深度小于等于6m的沙柳网格护坡及其内栽种灌草防护。④路基两侧设防护林。⑤路基剥离表土的临时挡护措施设计。⑥桥梁施工区种草。

（2）桥涵防治区。

①桥梁草袋围堰拆除后土地平整；②互通沙柳网格内栽种灌草防护，空地绿化，路基两侧建防护林。

（3）服务区防治区。施工期间土方平整、机械碾压及设施建设、硬化等施工引起地表裸露，易产生风蚀、水蚀。采取措施：①服务区剥离表土、绿化覆土、灌溉工程；②服务区空地绿化。

（4）取、弃土场防治区。取、弃土场由于取、弃土造成原地貌破坏，改变了原地貌的蓄水保土能力，形成新的侵蚀面。采取措施：①弃土场坡脚挡土围堰；②弃土场截水沟；③弃土场平台种植灌木防护；④弃土场边坡沙柳网格护坡及其内种植灌木和种草防护；⑤取土场周边设置截水沟；⑥截水沟土埝穴播柠条；⑦取土场边坡、坑底平整覆土栽植灌木；⑧取、弃土场剥离表土及临时挡护措施。

（5）施工便道防治区。采取的措施：施工便道主要是车辆碾压引起的原地表的破坏，施工结束后需要恢复植被。

（6）临时施工场地防治区。施工场地主要是建筑材料的堆放引起的原地表破坏。采取措施：施工结束后施工场地恢复植被。

（7）供电线路防治区。供电线路主要由杆基架设和架线的施工引起地表扰动，杆基施工主要以"点"式破坏为主，施工便道主要是车辆碾压对地表的线性扰动破坏。采取措施：供电线路施工区及施工便道种草恢复植被。

以路基及两侧防治措施为例介绍水土流失防治的具体工程和生物措施。

3. 路基及两侧防治措施设计

（1）工程措施设计。路基表土剥离及覆土设计时，路基表土剥离厚度为30cm，主线路基剥离长度为 13km，对小于 3m、小于 6m 的路堤、路堑进行全部剥离，剥离长度为 12.11km，对大于等于 3m 的路堤、路堑进行部分剥离，深路堑不进行剥离，剥离长度为 16.54km。剥离面积为 184.30hm²，剥离表土量为 55.29 万 m³。主线路基边坡绿化面积为 51.90hm²，表土回覆 30cm，表土回覆量为 15.57 万 m³，连接线路基边坡绿化面积为 11.05hm²，表土回覆 30cm，表土回覆量为 3.32 万 m³。

（2）植物措施设计。

1）路堤边坡造林设计。覆盖路基剥离表土 30cm，路堤高度 $H \leqslant 3m$ 的边坡为土质边坡，在沙柳网格内人工种植小叶锦鸡儿和种草；路堤高度 $H > 3m$ 的边坡采用混凝土人形骨架护坡，主线在人形骨架内人工栽植小叶锦鸡儿和种草；连接线在人形骨架内人工栽植小叶锦鸡儿和种草，选用小叶锦鸡儿实生苗单植。

2）路堑边坡造林设计。路堑边坡覆盖表土 30cm，路堑高度 $H \leqslant 6m$ 边坡为土质边坡，在沙柳网格内人工种植小叶锦鸡儿和种草。路堑高度 $H > 6m$ 边坡采用浆砌石人形骨架护坡，主线人形骨架内栽植小叶锦鸡儿和种草，连接线人形骨架内栽植小叶锦鸡儿和种草，实生苗单植。

3）路基两侧防护林设计。公路路基（不包括桥涵）两侧，土层厚度大于 50cm，路堑两侧各 3m，路堤坡脚两侧各 3m，造林。

4）路基两侧挡水埝种草设计。全线填方路基两侧设置挡水埝，全部为土质埝；为防风蚀，设计人工种草防护。

（3）临时防护措施设计。

公路工程路基施工时，先剥离表土，清除树根杂草根系后再填筑路基，设计表土剥离厚度为 0.3m，集中堆放在路基两侧征地界内，采取临时防护措施。施工结束后及时回填利用。

公路路基剥离表土设立临时堆土场，临时堆土场两侧长 86 000m、宽 3m，堆高 1.2m，临时堆土位于路基绿化带和施工便道占地范围内，不需要增加征地。裸露面撒草木樨籽边拍实，然后用密目网进行防护。路基工程施工完成后，及时把剥离的表层熟土回填，用于路基边坡植物覆土及弃土场覆土，以提高绿化植物的成活率。

除此之外，公路的环境恢复工程还包括桥涵工程防治措施设计，服务区及养护站防治措施设计，取、弃土场防治措施设计，施工便道防治措施设计，供电线路防治措施设计等，在此不一一赘述。

五、矿山的环境恢复工程

对煤矸石山、露天矿排土场、含金属废弃物的堆置场、粉煤灰堆置场（储灰场）和民用、工用建筑场地等首先需进行土地整治和土壤改良，包括有毒物质处理、平整、覆土。如排土场利用粉煤灰改良土壤，最直接的方法是施有机肥。

经土壤改良后，在植物的配置与种植上，可选用具有较强适应能力、能固氮、根系发达、易成活的树种或草种栽植。北方宜采用刺槐、新疆杨、山杏、火炬树、枸杞、柠条、沙棘、冰草、沙打旺、红豆草等。配置方式以保持水土、改良土壤为主要目的，多在梯化平整、设置排水沟后栽植，尽量做到乔灌草相结合。例如，黄土高原露天矿排土场，梯化平台可种农作物，边埂和排水沟侧种杨树，斜坡上则种植刺槐、沙棘混交林。种植时应采用良种壮苗，提前挖坑，注重客土，细致种植，加强排灌和施肥。

案例1 内蒙古鄂托克旗宏斌煤矿（露天0.90Mt/a）环境恢复工程

内蒙古鄂托克旗宏斌煤矿位于内蒙古鄂尔多斯市鄂托克旗棋盘井镇与内蒙古乌海市接壤处，行政区划隶属棋盘井镇。其地理坐标：E106°56′13″～106°57′48″，N39°26′29″～39°27′12″。开采方式为露天开采，煤矿生产规模为0.90Mt/a。

1. 项目区自然概况

（1）地形、地貌。宏斌煤矿位于鄂尔多斯市鄂托克旗西部边缘，地势起伏不大，为比高不大的低丘陵高原地貌。海拔高度在1279～1375m之间。地表有基岩出露，但大部分固结黄土、风积砂和残坡积沙土碎石覆盖。地貌属低山丘陵区。

（2）气候特征。属中温带干旱大陆性气候，冬季寒冷，多西北风；夏季炎热，多东南风。多年平均气温9.8℃，多年平均降水量157.9mm，多年平均蒸发量3249.0mm，年平均风速2.7m/s，年平均大风日数19.9d，年沙尘暴日数15.3d，历年最大风速23.0m/s，最多风向SSE，最大冻土深度1.21m。全年日照时数3135.4h，无霜期为132d。

（3）土壤。项目区主要土壤类型为灰漠土和风沙土，土壤质地为壤质砂土，无结构、松散，土壤养分含量低，局部表土厚度为40cm。

风沙土为本区隐域性土壤，分布面积较广。风沙土主要是在强大的西北季风影响下，大量细沙被搬运堆积起来而形成的，质地较粗，结构松散。风沙土的主要形态特征是剖面分化不明显、无层次，腐殖层不明显，腐殖质积累甚微，通体为沙质土。有机质含量平均在0.1%，土壤养分含量贫乏。

（4）植被。

项目区植被类型属草原向荒漠过渡的地带性植被，植物呈现明显的旱生形态，植株矮小，地下部分粗壮，根系发达。代表植物有沙冬青、霸王、红沙、珍珠柴、白刺等旱生植物。区域植被盖度为15%。

2. 施工工艺

（1）开采工艺。鄂托克旗宏斌煤矿技术改造项目设计采用单斗-汽车开采工艺。采用4.0m³单斗挖掘机采装，由32t自卸汽车运输。剥离方式采用全段高端工作面、之字走行、水平装车作业方式，20m采掘带一次采掘完成。

（2）排弃工艺。剥离物由32t自卸汽车运至排土场各分水平排土工作面后，靠近台阶坡顶线安全线以内翻卸，由于季节气候及排弃土岩种类的不同，春、秋、冬季大约有70%剥离物由汽车自动翻卸到台阶坡顶线以下，剩余30%由320HP履带排土机推下坡面。夏季由于降雨影响，排土台阶土质松软，自卸汽车在距台阶坡顶线10m内翻卸，预计有50%剥离物卸载到台阶坡面以下，剩余50%由320HP履带推土机推下坡面。

鄂托克旗宏斌煤矿采用内外排相结合的排土方式。

外排土场：根据排土场选择的原则，选择在本矿北部广远露天矿采场内。该处采坑近期结束，广远露天矿采坑容积大约5000万m³。由于本矿推进长度较短，首采区岩量需要全部外排，二采区岩量可排在首采区采坑内，需排入排土场的土岩石方量6471.2万m³。广远露天矿采坑排满后，地面以上排土场容积约1471.2万m³，最大排弃高度60m，台阶高度20m，排土场最终占地面积47.80hm²。主要排弃物为初期基建工程废弃物、前期剥离物和生产期上部剥离物，剥离物由20t自卸卡车运输。

内排土场：首采区结束后，二采区岩量排在首采区采坑内。

3. 水土流失现状

项目区地处鄂尔多斯高原，水土流失形式主要表现为风、水交错侵蚀，且以风力侵蚀为主。根据工程施工进度、建设特点及地形条件，露天煤矿工程建设造成的水土流失有以下特点：①风蚀和水蚀并存；②不同功能区的水土流失存在着显著的差异；③排土场的排弃物质组成不均一，水力、风力、重力侵蚀形式多样；④水土流失分布表现为分散型。

（1）外排土场。外排土场是人为形成的台阶式塔状巨大岩土松散堆积体，土壤结构、植被、地貌形态和组成物质同原地貌迥然不同，因此成为矿区水土流失的主要发生地。外排土场具有特殊的物质构成和存在形态，植被覆盖度小，排土场平台在秋冬、春季主要以风蚀为主，在夏季还易遭受水蚀，以击溅、层次面蚀和沉陷侵蚀为主；排土场边坡主要以沟蚀和重力侵蚀为主并间有风蚀，易发生泻溜与土砂流泻、坡面泥石流、崩塌和滑坡等。

（2）采掘场。在采掘场剥离上覆地层过程中，形成面积较大的松散裸露面。进入运行阶段后，则形成低于周边原地貌几十米至上百米的巨大采坑。面蚀、沟蚀和重力侵蚀主要发生在采掘场边坡和工作平台上，以内部搬移和沉积为主，其水土流失主要存在于内部。采掘场周边被开挖切断的原地面汇水沟系可能将外部大量径流汇入采掘场，这对采掘场的危害比本身的径流要大得多。采掘场由于低于原地面，经常处于逆温和内部环流状态，以扬尘为主。

（3）场内运输道路。场内运输道路包括露天采掘场至外排土场道路、采掘场至生产区道路和生产区至公路道路。在修筑路基过程中由于路基地表清基，形成表土剥离堆土带；路基形成带状堆垫地貌，产生人工边坡，土壤裸露，结构疏松，在强降雨和大风的作用下加剧原地貌的水蚀和风蚀。其风、水蚀量因施工的位置、路基堆垫的高度、临时堆土和弃土量的大小而不同。路面侵蚀类型主要以风蚀为主，间有水蚀；路基两侧侵蚀类型为风水复合侵蚀。

露天煤矿所处地区由于区域气候干旱、多风，生态环境较为脆弱，近年来草场退化比较严重。再加上由于矿区的建设，采掘场的开挖，排土场的形成，工业场地及其附属设施的建设，使得大量的土地被征占和使用，导致地表原生地形、地貌被扰动、损坏。随着露天煤矿生产规模的扩大，大量弃土、弃石、弃渣的排放，造成矿区新增水土流失显著增加，外排土场地表逐渐形成松散的土石堆体，由于其特殊的地形条件和土体结构，极易发生水蚀和风蚀，对周边构成威胁。其危害主要表现在以下几方面：①为沙尘暴、扬沙天气提供物质源；②损坏土地资源；③降低地下水位；④恶化水资源环境；⑤破坏草原生态；⑥增加河道输沙量，影响河道行洪；⑦对当地农牧业生产造成影响。

因此，开发该露天煤矿时，要积极采取科学、合理的水土保持措施，因地制宜、因害设防，与生产、开发、建设相衔接，尽快恢复地面植被，保护生态环境，实现区域经济的可持续发展。

4. 防治措施

（1）外排土场防治措施。

1）外排土场工程防治措施。露天矿外排土场位于采掘场北部，外排土场总容量6692万m³，计划排弃量6471.2万m³，总占地面积47.8hm²。排土总高度60m，设3个排土台阶，每个台阶高度为20m。

①外排土场排弃方式要求。按照水土保持设计要求，尽量减少排土工作面，降低排土过程中的水土流失及扬尘污染。其排土方式应采用分条块排弃，每个条块宽度为100m左右。当排土达到设计标高后，应及时进行覆土。在平台复垦前要对平台进行平整，具体做法：使

用推土机或整平机平整台面，为减少工程量，整个平台按堆土现状分块平整。

②外排土场周边拦挡措施设计。外排土场松散的剥离土在暴雨径流冲刷下存在潜在的滑坡和坍塌危险，易引发水土流失，给周边地区带来危害，按照水土保持"先拦后弃"的防治原则，需采取拦挡措施。即在外排土场外围先修筑挡土围埂，然后在挡土围埂内弃土，以减轻排土滑落对行洪通道和周边的扰动。

围埂断面形式采用梯形，顶宽取 2.00m，内外坡率均为 1.5∶1，为了防止坡面泥沙淤积，围埂与边坡预留 2.0m 的蓄水空间，且每隔 10m 布设一横挡，防止水流集中。周边挡土围埂总长度为 2800m，全部在建设期修筑。

③外排土场平台防治措施。

a. 外排土场平台挡水围埂设计。外排土场平台面积较大，由于排土时采用重型机械层层夯实碾压，使平台的密实度加大，不利于暴雨的入渗，增大了产汇流量。如不修筑平台周边挡水围埂拦蓄平台径流，极有可能冲刷排土边坡，形成侵蚀冲沟。因此，设计在外排土场最终平台和台阶平台周边修筑挡水围埂，不仅保护了边坡安全，而且拦蓄的径流可为平台植被恢复提供水分条件。平台周边挡水围埂设计标准按防御 20 年一遇 24h 暴雨计算。

b. 排土平台网格围埂设计。外排土场顶部最终平台占地面积较大，需结合畦田整地修筑网格围埂，将平台分割成 30m 宽、100m 长的条块。将平台 20 年一遇 24h 暴雨量产生的径流化整为零就地拦蓄，为植被恢复创造条件。

④外排土场覆土设计。外排土场按采、排计划应将剥离物分层排弃、分层压实，表土需单独堆放。主体工程设计在形成排土场稳定的平台与边坡的同时，及时完成表层的覆土工作，以尽快恢复植被。

外排土场覆土总面积为 47.80hm²。根据采掘场剥离表土情况进行覆土，设计平均覆土厚 0.5m。覆土来源为采掘场的剥离表土，覆土工程投资列入主体工程。

2）外排土场植物防护措施。

①外排土场周边防护林。外排土场在排土过程中，产生扬尘，在风力的作用下，对周边特别是主风向下侧造成一定影响，本工程在排土场周边栽植灌木防护林，树种选择沙棘和小叶锦鸡儿。

②外排土场永久边坡沙障内造林种草。

a. 沙障设计。外排土场永久边坡造林和种草前应先设沙障，沙障施工时应先开挖沟槽，挖沟深 50～60cm，形成 2.0m×2.0m 的网格。早春土壤解冻后，但芽苞未放开前或秋季落叶后，选 1～2 年生及以上的沙柳枝条（平均直径在 0.5cm 以上），截成 70cm 以上的插条，随截随插，沙柳条埋入地下 50cm，两侧培土，地上部分露出 20cm，扶正塌实，柳条株距为 4cm。形成网格后在其内造林和种草。

b. 沙障内造林种草设计。外排土场永久边坡土质疏松，含水量低，造林种草主要选择耐旱的本地种：沙棘（*Hippophae rhamnoides*）、小叶锦鸡儿（*Caragana microphylla*）、沙打旺（*Astragalus adsurgens*）、草木樨（*Melilotus suavelns*）、沙蒿（*Arternisia ordosica*）。

③外排土场台阶平台造林。经整平、覆土后的外排土场台阶平台，土质疏松，含水量低，造林种草主要选择耐旱的本地种：沙棘、小叶锦鸡儿、沙打旺、草木樨、沙蒿。

④外排土场最终平台造林种草。

经整平、覆土后的外排土场最终平台，造林种草主要选择耐旱的本地种：沙棘、小叶锦鸡儿、沙打旺、草木樨、沙蒿。

3）外排土场临时防护措施。外排土场的弃土有机质含量极低，植物很难成活。为了尽快恢复排土场的植被，主体工程利用采掘场的剥离表土进行覆土改造。根据开采计划，采掘场分期累计剥离表土量为 74.6 万 m^3。其中将采掘场剥离的 23.9 万 m^3 表土集中堆放在外排土场东侧未堆土区，用于终期外排土场覆土。

设计剥离表土堆放高度为 5.0m，占地 5.13hm^2，长 250m，宽 250m。待外排土场形成稳定平台和边坡时即可覆土。由于表层堆放时间较长，剥离土结构松散，在水力、风力及重力的作用下，易发生滑落及塌陷等水土流失。设计采用人工拍实和撒播草木樨防护，撒播量为 15kg/hm^2。

（2）采掘场防治措施。

1）采掘场工程措施设计。采掘场内排土场覆土设计。主体工程设计内排土场在形成稳定平台的同时，及时完成表层的覆土工作，以尽快恢复植被。主体工程计划在 2015 年实现部分内排，2017 年内排完毕，内排土场实现全部内排后开始分期覆土，至 2017 年覆土总面积 101.4hm^2，其中内排土场最终平台覆土面积 81.12hm^2，内排土场最终边坡覆土面积 20.28hm^2。根据采掘场剥离表土情况进行覆土，设计平均覆土厚 0.5m。覆土来源为采掘场运行期的剥离表土。

内排土平台网格围埝设计。内排土场顶部最终平台占地面积较大，需结合畦田整地修筑网格围埝，将平台分割成 30m 宽、100m 长的条块。围埝高度按防御 20 年—遇 24h 暴雨量设计。将平台 20 年—遇 24h 暴雨量产生的径流化整为零就地拦蓄，蓄水最大高度仅为 0.20m，加安全超高 0.3m，设计围埝高度为 0.5m，顶宽 0.5m，内外坡比 1∶1，为植被恢复创造条件。

2）采掘场植物措施设计。

①采坑固定帮造林设计。采掘场固定帮长度 4000m，设计防护林带宽 10m，防护林造林面积 4.0hm^2，土壤为灰漠土，树种选择小叶锦鸡儿和沙棘。

②内排土场最终平台造林种草设计。经整平、覆土后的内排土场最终平台，造林种草面积 81.12hm^2。造林种草主要选择耐旱的本地种：沙棘、小叶锦鸡儿、沙打旺、草木樨、沙蒿。

③内排土场边坡沙障内造林种草设计。

a. 沙障设计。内排土场永久边坡造林和种草前先设沙障，沙障施工时先开挖沟槽，挖沟深 50～60cm，形成 2.0m×2.0m 的网格。早春土壤解冻后，但芽苞未放开前或秋季落叶后，选 1～2 年生以上的沙柳枝条（平均直径在 0.5cm 以上），截成 70cm 以上的插条，随截随插，沙柳条埋入地下 50cm，两侧培土，地上部分露出 20cm，扶正塌实，柳条株距为 4cm。形成网格后在其内造林和种草。沙障面积为 20.28hm^2。

b. 沙障内造林种草设计。内排土场边坡，土质疏松，含水量低，造林种草面积 20.28hm^2。主要植物类群为：沙棘、小叶锦鸡儿、沙打旺、草木樨、沙蒿。

3）采掘场临时防护措施设计。内排土场的弃土有机质含量极低，植物很难成活。为了尽快恢复排土场的植被，主体工程设计利用采掘场的剥离表土进行覆土改造。根据开采计划，采掘场 2011～2017 年分期累计剥离表土量为 74.6 万 m^3。其中将采掘场分期剥离的

50.7万 m³ 表土分期、分地块堆放在采掘场,用于内排土场分期覆土。

设计剥离表土堆放高度为 5.0m,每处占地 5.13hm²（长 250m,宽 250m）,共设置 2 处。待内排土场形成稳定平台时即可覆土。由于表层堆放时间较长,剥离土结构松散,在水力、风力及重力的作用下,易发生滑落及塌陷等水土流失。设计采用人工拍实和撒播草木樨防护,撒播量为 15kg/hm²。

（3）场内运输道路防治措施设计。

1）场内运输道路工程措施。表土回覆利用设计。为给路基施工扰动区植被恢复创造条件,将路基清基剥离表土回覆利用,覆土厚度 20cm,采掘场至外排土场道路表土回覆利用量为 2520m³,采掘场至生产区道路表土回覆利用量为 1260m³,生产区至棋千公路道路表土回覆利用量为 140m³。

2）场内运输道路植物措施。

①场内运输道路防护林设计。土壤为扰动后的灰漠土,每侧栽植 1 行小叶锦鸡儿,道路长度分别为 1200m、600m、70m,折合造林面积分别为 0.72hm²、0.36hm²、0.04hm²。

②场内运输道路植被恢复设计。场内运输道路包括采掘场至外排土场道路,采掘场至生产区道路,生产区至棋千公路道路。路基覆土后造林,土壤为灰漠土,树种选择小叶锦鸡儿。

3）场内运输道路临时措施。露天煤矿采掘完毕后,为给路基植被恢复创造条件,将采掘场至外排土场道路、采掘场至生产区道路和生产区至棋千公路道路路基清基剥离表土,在道路附近集中堆放,为植被恢复时回覆利用。设计对临时堆放的土堆均采用台体形,边坡为 1∶1,人工拍实和撒播草木樨防护,撒播量为 15kg/hm²。

案例 2　内蒙古鄂尔多斯市准格尔旗黑岱沟露天煤矿环境恢复工程

1. 自然地理概况

黑岱沟露天煤矿隶属神华准格尔能源有限责任公司,是国家"八五"计划期间重点项目准格尔项目一期工程三大主体工程之一,是我国自行设计、自行施工的特大型露天煤矿。位于内蒙古自治区鄂尔多斯市准格尔旗东部准格尔煤田中部,地处黄河西岸,黑岱沟与龙王沟之间,地理坐标东经 111°13′～111°20′,北纬 39°43′～39°49′,海拔在 1025～1302m 之间,面积达 52.11km²,属于晋、陕、内蒙古接壤黄土地区的一部分。

矿区气候属于中温带半干旱大陆性气候,年均温 7.2℃,极端最高气温 38.3℃,极端最低气温－30.9℃,大于等于 10℃年积温 3350℃。年总降水量为 231～459.5mm,平均为 404.1mm,降水多集中在 7～9 月份,约占全年降水量的 60%～70%。年蒸发量为 2082.2mm,日照 3119.3h。四季分明,冬春气候寒冷、干燥,多大风,夏季雨量集中,秋季凉爽、短促。

该地区主要有 4 种土壤类型。以砒砂岩为母质的栗钙土面积最大,以风积沙为母质的风沙土次之,以冲积物为母质的洪淤土占第三;以黄土为母质的黄绵土面积最小。因受强烈侵蚀的影响,矿区内地带性土壤不明显,黄绵土广泛分布。微碱性,肥力低下。排土场台阶上的土壤均为复填土,因排土车辆碾压较紧密。

该地区地带性植被为本氏针茅（*Stipa bungeana*）草原。然而,自古以来人们开垦、放牧,再加上水蚀、风蚀,致使该地区沟壑纵横、残破不堪,多数坡面就地起沙,天然植被破坏殆尽,大多数情况下,被旱生耐风蚀和耐践踏的百里香（*Thymus serpyllum*）群落所代替。群落类型以百里香群系为主，局部地区分布着本氏针茅群落。群落建群种为本氏针茅和百里香，共建种有糙隐子草（*Cleistogenes squarrosa*）、短花针茅（*S. breviflora*）、小针茅（*S. clements*）。常见种以小半灌木为主，如达乌里胡枝子（*Lespedeza davurica*）、草木樨状黄芪（*Astragalus melilotoides*）；伴生种为多年生杂类草，如阿尔泰狗娃花（*Heteropappus altaicus*）、细叶远志（*Polygala tenuifolia*）、丝叶山苦荬（*Ixerischinensis var. graminifolia*）、糙叶黄芪（*Astragalus scaberrimus*）等。

矿区内地带性植被属暖温型草原带，植被稀疏低矮，盖度一般在30%以下，天然植被已全遭破坏。目前以人工植被占主导地位，天然植被呈零散分布。人工乔木林主要有杨树（*Populus* sp.）林、油松（*Pinus tabulaeformis*）林，人工灌木林以柠条（*Caragana intermedia*）为主，局部地区种植沙棘（*Hippophae rhamnoides*）。少数人工草地上种植着草木樨（*Melilotus suavelns*）、沙打旺（*Astragalus adsurgens*）、紫花苜蓿（*Medicago sativa*）等牧草。

2. 黑岱沟露天煤矿排土场生态恢复植被现状

黑岱沟露天煤矿是我国20世纪90年代建设的四大露天矿之一。1996年建成开始生产，露天煤矿开工建设以来，由于基建工程的大面积开挖，土地受到严重破坏，且矿区又处在生态非常脆弱的黄土高原地区，生态重建问题引起了各方面的高度重视。

黑岱沟露天煤矿从1992年开始就积极着手将被开挖占用的土地改良或恢复到可以利用的状态，即开始了土地复垦工程。相继回填了刘四沟、倒蒜沟、马莲沟，形成了较大面积的工业广场，再加上其他工业建筑，形成了大面积的无土壤结构、无地表植被的工业场地。目前共有6个排土场，分别为北排土场、东排土场、西排土场、内排土场、东沿帮排土场、阴湾排土场。北排土场、东排土场、西排土场、东沿帮排土场已基本完成生态恢复；内排土场完成部分生态恢复。

在植被恢复中，坡面主要以防止水土流失为目标，以乔-灌-草混交型为主，乔木主要有杨树、油松等，灌木主要有沙棘、柠条、紫穗槐、香花槐、柠条等，牧草有沙打旺、苜蓿、草木樨等禾本科植物。平台主要以土壤熟化为目的，多植豆科类牧草、沙棘。

（1）北排土场。北排土场是面积最大的排土场，该排土场恢复时间较长（1993～2005年），物种、植物群落类型多样（29个类型），景观类型丰富。该排土场草本植物群落发达、密度较大、生产力较高，部分地段的一些灌木（如沙棘、柠条等）死亡，该现象系群落自然演替结果，属正常现象。北排土场物种配置较为合理，通过长期的群落演替，形成了比较稳定的系统结构和功能。坡面为灌丛＋草本类型，盖度较高，没有土壤侵蚀与水土流失现象。北排土场生态恢复比较成功。

（2）东排土场。东排土场面积较大，恢复大约12年（从1997开始）。该排土场物种、植物群落也比较多（11个群落类型），景观类型比较复杂。草本植物密度较高，但是类型单一，尤其在欧李、油松、女贞等群落中，赖草生长旺盛，影响了灌木的正常生长；人工甘草群落经过多年的群落演替，已经基本退出群落，多见杂草，群落的稳定性受到一定影响；香花槐群落密度较高，有死亡现象；人工苜蓿群落长势良好，群落中能够见到地带性植物本氏针茅，说明系统正向自然生态系统的演替轨迹发展。东排土场坡面植被长势良好，没有明显的水土流失、土壤侵蚀现象。

（3）西排土场。西排土场为2008年恢复建设，类型主要包括5类，景观类型复杂性不明显。该排土场植被盖度相对较小，灌木长势良好。周边种植乔木-杨树和人工苜蓿、沙打旺等，形成较为科学合理的空间格局。坡面沙棘群落长势良好、盖度较高，但是由于恢复时间较短，草本植物群落不发达，还需要一段时间才能够充分发挥其在群落中的功能。西排土场地势平坦，没有明显的水土流失和土壤侵蚀迹象。

（4）东沿帮排土场。东沿帮排土场地形复杂，建植时间为5年，群落类型相对复杂（9类），景观类型多样，空间格局合理。草本植物群落的恢复还处于初级阶段，地面覆盖度相对较低；部分斑块出现杨树断枝或死亡现象；平台灌木长势良好；坡面灌木长势旺盛，无明显水土流失、土壤侵蚀。

（5）内排土场。内排土场建植较晚（2008年开始），群落类型相对简单，空间格局科学合理。群落中草本植物不发达，地表植被盖度相对较低。平台上灌木和乔木长势良好，护坡植物沙棘密度较高，没有明显的水土流失和土壤侵蚀痕迹。

3. 黑岱沟露天煤矿排土场生态恢复土壤现状

通过对该地区土壤主要理化指标的测定和分析发现，较自然生态系统而言，排土场土壤容重较大，一般该地区自然生态系统的土壤容重在1.4左右，而取样结果分析显示，多数在1.5～1.7之间。这说明其紧实度较高，与排土、碾压等有关系。从土壤养分来看，恢复时间较长的区域，有机质含量显著增加，土壤中氮的含量变化不明显。

4. 黑岱沟露天煤矿排土场生态恢复管理建议

根据调查分析结果，针对当前黑岱沟露天煤矿排土场生态恢复的状况，提出如下建议。

（1）重视草本植物群落的建植。排土场大都为裸地，土壤相对贫瘠，紧实度高，水分条件相对较差，土壤种子库贫乏。从目前的恢复工程来看，多以人工建植灌木、乔木为主，个别区域虽然种植了人工牧草，但系统向原生群落演替的轨迹发展不明显。建议以科学的恢复生态学理论为基础，加强对周边没有破坏地区的自然生态系统的研究，重视草本植物群落的恢复，增加群落覆盖度，减少土壤的风蚀和水蚀。

（2）重视本地种在恢复中的作用。生态恢复既要达到美观效果，又要长时期实现系统的结构维持与功能稳定，并促进退化的或被破坏的系统逐步朝着原生群落的轨迹发展。因此，注重具有较强生命力的乡土种在生态恢复工程的使用，不但可以节省成本，增加成活率，而且还可以防止植物入侵等带来的潜在不利影响。

（3）重视土壤的恢复。土壤在生态系统中具有重要的作用，注重生态因子——土壤的恢复是十分关键的。调查发现，排土场土壤紧实、营养贫瘠，所以，应该适当加强土壤的保护和恢复建设。

（4）重视适当增加人为干扰。中度干扰理论表明，适度干扰能够促进系统生物多样性增加，进而维持系统的功能和稳定性。目前，黑岱沟露天煤矿的植被恢复良好，但是，由于一些区域没有适度的干扰，造成系统的活力下降。建议对东排土场大面积的赖草进行人为干扰处理；对部分人工苜蓿地进行适度利用，从而促进其生长，以维持系统活力。

（5）重视加强试验研究和系统监测与管理。目前，黑岱沟露天煤矿排土场生态恢复（图7-7）的面积较大，恢复年限较长。北排土场作为较为成功的恢复案例，应该进行深入的试验研究，以期获得更多的理论与实践知识，从而指导其他排土场或与该区域相似系统的生态恢复与重建；同时，加强对已恢复排土场的监测，实时监控系统恢复过程中出现的问题，利用积累的经验和知识，及时做出调整、补救措施，以解决实践中出现的各类问题。

图 7-7　准格尔黑岱沟露天矿排土场植被恢复

（a）准格尔黑岱沟露天矿排土场梯化平台——（台阶平台）种植紫花苜蓿；
（b）准格尔黑岱沟露天矿排土场最终平台治理效果——覆膜栽植香花槐；
（c）准格尔黑岱沟露天矿排土场最终平台治理效果——栽植经济灌木欧李；
（d）准格尔黑岱沟露天矿排土场边坡沙棘、山杏治理效果

六、小流域水土流失的环境恢复工程

水土流失是指在陆地表面上外营力引起的水土资源和土地生产力的损失和破坏。水土保持是防治水土流失，保护、改良与合理利用（山区、丘陵区和风沙区的）水土资源，保持和提高土地生产力，以利于充分发挥水土资源的经济效益、生态效益和社会效益的综合性科学技术。我国水土流失治理经验表明，以小流域为单元进行水土流失治理是加快水土流失治理速度、提高治理质量、巩固和发展治理成果的有效途径。黄土丘陵沟壑区是指年均降水为250～600mm，干燥度为1.50～3.99，地表切割破碎，沟壑纵横且密度较大，植被覆盖度较小，水土流失严重的黄土低山区（魏强、柴春山，2007）。以黄土丘陵沟壑区为例，通过对该区域小流域水土流失现状的了解，提出一种易实施、水土保持见效快、切实可行的措施。

（一）工程措施

1. 坡面治理工程

（1）集流场技术。集流场是汇集雨水的场所，设计时应充分利用荒山坡地作为集流面，并按要求修建截水沟和输水沟，把水引入蓄水设施。集流面的材料有很多种，如混凝土、片（块）石、瓦、塑料薄膜、沥青、天然土及化学材料。

（2）梯田工程。梯田是山区坡面治理效果最理想的一种水土保持工程措施，是指在山地丘陵区的坡地上筑坝平土，修建成许多高低不等、形状不规则的半月形田块，上下相接像阶梯一样，是有效防止水土流失和提高土地产出率的一种工程措施，是黄土丘陵沟壑区农田基本建设的主要形式。通过修筑梯田，可以减缓农耕地的坡度，减小坡长，把以前跑水、跑土、跑肥的土地变为了保水、保土、保肥的坡耕地。一般情况下，坡度在 20°以下且土层较厚的坡耕地，均应修成梯田。根据纵坡的不同，梯田可分为水平梯田、隔坡梯田、坡式梯田和反坡梯田。

水平梯田是梯田的田面呈水平，各块梯田将坡面分成整齐的台阶，属于高标准的基本农田，可以种植任何农作物、果树等，在黄土丘陵沟壑区应该提倡修建水平梯田，其作物产量明显提高，而且景观效果理想；隔坡梯田是在坡面上将 $1/3 \sim 1/2$ 面积保留为坡地，$1/2 \sim 2/3$ 面积修成水平梯田，形成坡梯相间的台阶形式，这样从坡面流失的水土可被截留于隔坡梯田上，有利于农作物生长，梯田上部坡地种植牧草和灌木，形成草粮间种、农牧结合的方式，修建隔坡梯田较水平梯田省工 $50\% \sim 75\%$；坡式梯田是顺坡向每隔一定间距等高线修筑地埂而成的梯田，依靠逐年翻耕、径流冲淤并加高地埂，使田面坡度逐渐减缓，终成水平梯田，所以也可以说是一种水平梯田的过渡形式；反坡梯田的田面微向内侧倾斜，反坡一般可增加田面的蓄水量，并使暴雨过多的径流由梯田内侧安全排走，适宜种植旱作与果树。

（3）沟头防护工程。沟头防护工程包括截水沟埂和排水沟埂两种，可以保护沟头，避免坡面径流冲刷引起溯源侵蚀。截水沟在较完整的沟头坡面上，适宜于修建连续式沟埂；不完整的破碎沟头坡面应修建断续式沟埂。排水沟埂是在沟头破碎、没有条件拦蓄径流的情况下所采用的一种疏导措施。一般有斜埂排水、悬臂排水和多级排水三种方式。

水平沟。一般布设在坡耕地和基本农田上方、土层相对比较厚的坡耕地，坡度应在 25°以下沿等高线环山修筑。其主要作用是拦蓄降雨产生的坡面径流，减少降雨对土壤的冲刷，其间距大小应根据径流流量和地表植被需水量来确定。

鱼鳞坑。鱼鳞坑主要布设在较陡的梁脊和支离破碎的坡面上，沿等高线自上而下挖成月牙形，形成弧形土埂，围绕山坡的流水方向垂直布置；坑的尺寸和密度可以按当地的径流量和林木需水量要求来确定。

2. 沟道治理工程

（1）谷坊工程。谷坊的作用是把沟底变成一级一级的水平台阶，分散水势，拦截泥沙，防止沟底下切和沟岸的扩张，可大大减少泥沙的下泄量。

谷坊按建筑材料不同，分为土谷坊、干砌石谷坊、梢树谷坊、柳谷坊、浆砌石谷坊、竹笼装石谷坊、混凝土谷坊、钢筑混凝土谷坊。依据黄土丘陵沟壑区区域的不同，需要采取不同的谷坊类型，较为常用的是土谷坊和石谷坊两种。

土石谷坊一般设在支毛沟中地质条件较好、工程量小、拦蓄径流泥沙较多的地方，修建谷坊群，可以拦泥淤地，改造"V"形支毛沟破碎地貌，利于农业生产。梢树谷坊属于植物谷坊，应设置在坡度较缓、土层较厚且较湿润的沟道内。对于那些沟深、坡大的沟道来说，一般修建石谷坊进行治沟工程。石谷坊一般高5m，顶宽2m，内外坡1：1.5，只起到拦泥作用，不具有蓄水功能。柳谷坊是一种常见的兼具工程和生物两方面特点的谷坊工程，既具有除淤、缓流抬高侵蚀基底的作用，又具有植树造林、增加生产能力的效果，适宜修建在支毛沟中上游比降较小的、沟底宽平的侵蚀沟道。

谷坊作为水保设施的基础，在不脱离当地居民利益的前提下要不断研究新坝型、新结构，以适应新的水土环境。广濑隆浩认为谷坊建设的核心问题是既要满足坝体的机能要求，又要满足成本要求。

（2）淤地坝工程。淤地坝是一种既能拦截泥沙、保持水土、减少入黄泥沙、改善生态环境，又能淤地造田、增产粮食、发展区域经济的水土保持工程措施。淤地坝建设是治理黄土高原丘陵沟壑区水土流失的主要措施之一。黄土高原地区现已建成大、中、小型淤地坝11万余座，淤成坝地30多万hm²，累计拦泥210多亿t，保护川台地1.87万hm²，减少黄河年输沙量3亿t，表7-1表明了各省区淤地坝的分布情况。

表7-1　　　　　　　　黄土丘陵沟壑区内各省区淤地坝分布情况

省区	大型淤地坝		中小型淤地坝		合计	
	数量	比例(%)	数量	比例(%)	数量	比例(%)
青海	37	2.5	1577	1.4	1614	1.4
甘肃	164	11.1	17 129	15.3	17 293	15.2
宁夏	83	5.6	3279	2.9	3362	3.0
内蒙古	324	21.9	13 875	12.4	14 199	12.5
陕西	443	29.9	44 664	39.9	45 107	39.7
陕西	392	26.5	30 113	26.9	30 505	26.9
河南	37	2.5	1408	1.3	1445	1.3
合计	1480	100.0	112 045	100.0	113 525	100.0

淤地坝的主要目的在于拦泥、淤地，一般不长期蓄水，其下游也不需要灌溉。一般情况是由坝体、溢洪道、放水建筑物三个部分组成。溢洪道是排泄洪水的建筑物，当淤地坝的洪水位超过设计高度时，就由溢洪道排除，以保证坝体的安全。放水建筑物多采用竖井式和卧管式，沟道内长流水，库内清水可以通过排水设备排泄到下游，还设有反滤排水设备，是为了排除坝内的地下水、增加坝坡的稳定性而设置的。淤地坝的作用主要是拦泥而非蓄水，故比水库大坝设计洪水标准低，对地质要求低，坝基、岸坡处理和背水坡脚排水设施简单。一般不考虑坝基渗漏和放水骤降的问题。

淤地坝具有很多的作用。首先，淤地坝封堵了向下游流动泥沙的通道，形成了一道道人工屏障，不仅能够拦蓄坡面汇入沟道内的径流泥沙，而且能够固定沟床，抬高侵蚀基准面，稳定沟坡，制止沟岸扩张、沟底下切和沟头前进，减轻沟道侵蚀。其次，它还具有明显的增地作用，使原来贫瘠的土壤肥力增强，淤地坝的土壤含氮量是坡地的1.2倍，含磷量是坡地的4倍，含钾量是坡地的5.2倍，有机质含量是坡地的1.25倍，土壤含水量是坡地的2.5

倍。每淤 666.7m² 坝地，大型淤地坝平均可拦泥 8000t，中型淤地坝平均拦泥 6000t，小型淤地坝平均拦泥 3000t。淤地坝建设还解决了农民的基本粮食需求，为优化土地利用结构和调整农村产业结构、促进退耕还林还草、发展多种经营创造了条件。最后，它还具有较强的削峰、滞洪能力和上拦下保作用，能有效地防止洪水泥沙对沟道下游造成的危害。

3. 小型蓄水工程

小型蓄水工程主要包括小水库、蓄水池、水窖等。小型水库的库容一般为（10～1000）×10⁴m³。蓄水池的容量一般根据上部径流确定，规模在 100～1000m³，通常用来满足自流灌溉的要求。对于水窖来说，要因地适宜，使水窖来水量、蓄水量和用水量三者一致。对于黄土丘陵沟壑区来说，水窖有井窖和窑窖两种，以井窖最为普遍。

4. 坝库联蓄工程

坝库联蓄系统是"淤地坝与蓄水库联合拦泥淤地与蓄水供水系统"的简称（秦伟等，2008）。它是将原本单独修建、运用且同属既拦泥又蓄水的淤地坝、蓄水库等工程设施优化配套建设在同一支流的沟（河）道系统，并按"上游沟道淤地坝以滞洪拦泥淤地为主、下游河道蓄水库以储清供水为主"的方式联合运用，以确保充分发挥淤地坝、蓄水库各自功能与作用的系统工程措施。坝库联蓄是依据天然雨洪产流特点和输移特性，将以拦泥淤地为主的淤地坝与以储水、供水为主的蓄水库两类拦蓄工程修建于同一支流的上游沟道和下游河道（图 7-8），并通过上下联合运用方式实现有效调控天然雨洪泥沙和优化利用坝地、坝水的目的。

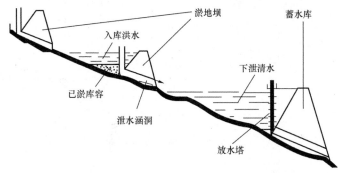

图 7-8　坝库联蓄系统

依据不同水系流域规模、系统作用及当地实际情况，把坝库联蓄系统分为小型坝库联蓄系统、中型坝库联蓄系统、大型坝库联蓄系统。通过不同的坝库联蓄系统可实现对黄土丘陵沟壑区内大大小小的沟（河）道雨洪的全程控制，很大程度地消除了泥沙对水库及下游区域的冲淤。该系统具有因地制宜、灵活多变的特点，可以多坝一库，也可一坝多库进行设置，减轻了该区域内河流汛期的防洪压力，充分地实现了上游淤地拦泥、下游蓄水供水的功能。

（二）生物措施

1. 封禁自然恢复

封禁自然恢复是利用现有生态系统的自我恢复功能，实行封山、草地等，禁止垦荒、放牧、砍柴等人为活动，以恢复生态系统朝着正常方向发展。

焦菊英等通过对黄土丘陵沟壑区的典型地区——吴旗县为研究区，对不同恢复方式下的植被样方调查采样，运用典范变量分析不同恢复方式下植物群落的土壤养分和水分差异，结果表明封禁自然恢复的植物群落土壤水分、有机质、全氮、有效氮、全磷和速效钾含量相对较高。而其他恢复方式如无管理下的自然恢复、人工造林、人工种草等不仅消耗了大量的水资源，而且还造成了土壤干层的形成，导致降雨不能入渗补给地下水，可能出现人工种植植被变回荒山秃坡的危险。由此得出，封禁下的自然恢复是黄土丘陵沟壑区植被恢复中最有效的措施之一。

杨光等则是从封禁植物群落土壤容重变化和保肥效益两个方面分析，得出封禁后乔木、灌木、草地的土壤容重较封禁前小，土壤保水、保肥能力增强。

封禁时一般采用在封禁区使用混凝土桩刺铁丝围栏，在山口、沟口及主要路口等地方设置标志性碑牌，制定法律法规及严格的禁牧制度，在封禁山区组成看管队进行常年管理看护，查处放牧和破坏围栏设施等行为，保证封禁的顺利进行。

封禁下的自然恢复投资少且见效快，是一项有效的防治措施。今后对有残存的林草植被，水热条件能满足自然恢复植被需要的荒山荒坡与残林、疏林地，都应实行封禁保护。

2. 退耕还林（草）

在我国加大对西部开发力度的形势下，退耕还林还草对黄土丘陵沟壑区的生态建设具有重要的意义。然而，退化生态系统的林草恢复是一个复杂的问题，既要考虑到恢复区的植被自然演替规律，在遵循演替规律的前提下，采取因地制宜的恢复方法，选择适合当地的林草植被恢复模式，又要注重林草植被的可持续恢复，防止出现一边通过大量的退耕还林还草恢复建设来改善水土流失现状，另一边则出现土壤干层，大量林草死亡，威胁着黄土丘陵沟壑区的生态恢复建设。因此要从退耕地恢复植物群落土壤入手，选择合适的耐旱抗旱植物作为还林还草主要物种。

秦伟等依据对吴起县 60 多个样方的退耕地植被调查数据进行研究，应用时空替代的方法，得出了以下结果：黄土丘陵沟壑区的退耕地植被自然恢复阶段可分为迅速恢复时期、初级更替期、高级更替期、缓慢恢复期四个时期。第一阶段主要以藜科杂草和其他一年生草本植物为主，第二阶段主要以达乌里胡枝子等豆科及铁杆蒿等菊科多年生草本植物为主，第三阶段是多年生草本群落向白羊草草原群落的过渡阶段，第四阶段是地带性草本植物群落。要使退耕地在短期内得以恢复仅仅依靠其自然恢复是行不通的，必须按适地适树的原则，通过引入演替后期的物种、人工种植灌木或乔木树种来加快植被的恢复（杨光，2006）。

马祥华等选择具有代表性的安塞县作为研究地点，针对该县境内的纸坊沟、县南沟、西沟、郭阳湾等不同流域、不同地形、不同植被类型和不同恢复方式，研究了在植被恢复过程中土壤水分的变化规律。研究结果表明：随着退耕时间的推移，深层土壤水分含量逐渐降低；不同地形的土壤含水量变化趋势为由阴坡到阳坡含水量下降，由坡下到坡上含水量下降，并且坡度越大，土壤含水量越低；在草地、灌木地、林地三种植被类型中，草地的土壤含水量最高，灌木地次之，林地的含水量最低；从恢复方式来看，自然恢复的土壤含水量较高，人工恢复较低，自然结合人工恢复的方式介于两者之间。

基于以上研究结果，对于退耕地的植被恢复要遵循植被演替规律，把自然恢复作为基础，结合人工林草工程对不同地形采用不同恢复方式，确保退耕地植被恢复的有效进行。

以安塞县为例，该县的退耕还林还草工程启动于 1999 年，截至 2005 年，共完成退耕还林还草面积 39 906.67hm²，其中生态林 31 206.67hm²，经济林 3546.67hm²，草地 4853.33hm²，其中主要乔木树种为刺槐、油松等，灌木林为山杏、山桃、沙棘、柠条等，

草种以沙打旺和紫花苜蓿为主。退耕还林的 7 年中，该县的植被覆盖率已由 1998 年的 17.7%
提高到 30.6%，土壤侵蚀模数由 1998 年的 12 000t/(km² · a)下降到 8000 t/(km² · a)，已达到
较好的生态效益。

退耕地的植被恢复过程是与土壤相互作用的过程，土壤水分与养分的变化影响植被变
化，随着植被的恢复与演替，土壤有机质与养分含量提高，增强了土壤的抗侵蚀性，进而减
少水土流失。根据植被演替规律，土壤的抗侵蚀性随着植被的正向演替而增强，无论在阳坡
或者阴坡，土壤抗侵蚀性表现出从一、二年生草本植物群落阶段、多年生草本群落阶段、到
灌木群落阶段逐渐增强的趋势。以上结论为退耕还林还草工程的植被选择提供了理论依据。
根据刘志超、杜英等对安塞县退耕还林还草工程的分析总结出适合黄土丘陵沟壑区植被恢复
的模式，确定为如下 8 种模式。

（1）刺槐＋柠条模式，选择在中上坡位的阳坡，坡度一般为 25°左右，实行株间混交的
配置模式，一般种植密度为刺槐 450，柠条 450。

（2）沙棘＋刺槐模式，选择在中上坡位的半阳坡，坡度 25°左右，实行株间混交配置模
式，种植密度为沙棘 500，刺槐 500。

（3）三叶草＋苹果模式，在坡度为 20°的阳坡中下坡位，实行行带混交的配置方式，一
般苹果密度为 160。

（4）山杏＋山桃＋柠条模式，选择坡度为 25°阳坡的中度坡位，采用带状混交的模式，
种植密度为柠条 450，山杏 120，山桃 80。

（5）沙棘＋侧柏＋柠条模式，选择在 25°阳坡的中上坡位进行种植，采用带状混交的配
置模式，种植密度为刺槐 450，侧柏 450，柠条 200。

（6）沙棘＋小叶杨＋苜蓿模式，选择在 30°的半阳坡中坡坡位上种植，实行行带混交的
配置模式，种植密度为沙棘 500，小叶杨 500，苜蓿实行散播。

（7）沙棘＋刺槐＋苜蓿模式，种植在坡度为 30°的半阳坡的中坡坡位上，实行行带混交
的配置模式，种植密度一般为沙棘 500，刺槐 140，苜蓿散播。

（8）柠条＋侧柏＋苜蓿模式，选择在 25°的半阳坡中坡坡位种植，采用行带混交的配置
模式，种植密度一般为侧柏 450，柠条 200，苜蓿散播。

从以上 8 种模式可以看出柠条在退耕还林还草工程中的重要性。研究表明，柠条林不仅
具有水土保持功能，还能够改善土壤肥力，对于黄土丘陵沟壑区还林还草工程具有重大的
意义。

沙棘也可以作为主要的建群种进行植物修复。自 1985 年以来，全国共营造人工沙棘林
2000 多万亩，平均每年 120 万亩。截至 2001 年底，全国沙棘总面积达到 3000 多万亩，我
国已经成为世界头号沙棘种植大国。沙棘种植的快速推进，加快了水土流失的防治速度，改
善了生态环境。沙棘耐干旱、耐瘠薄，根蘖能力强，且有固氮作用，可将人不可及的陡坡险
面地段绿化。而在沟道上，它不怕沙埋，抗冲刷性强，可阻拦洪水下泻、拦截泥沙，因而成
为无可争议的"先锋树种"。许多侵蚀剧烈的沟道、河川被沙棘固定，区域生态环境明显
改善。

黄土丘陵沟壑区生态重建不可能依靠自然恢复，形成自然生态系统。对于小流域综合治
理来讲，需坚持生物、工程技术相互协调、共同发挥作用的原则。小流域综合治理措施是黄
土丘陵沟壑区实施可持续发展的最佳选择。

参 考 文 献

[7-1] 陈玉成. 污染环境的生物修复[M]. 北京：化学工业出版社，2003.

[7-2] 姚军. 长春市富营养化公园水体水质调查与生物修复技术研究[D]. 吉林大学硕士学位论文，2009.

[7-3] 李春荣. 石油污染土壤的生态效应及生物修复研究[D]. 长安大学博士学位论文，2009.

[7-4] 广濑隆浩. 混凝土谷坊(坝)的机能设计[J]. 水土保持科技情报，2001，5：17-19.

[7-5] 畅春辉. 黄土高原地区淤地坝建设前景展望[J]. 山西水土保持科技.2011，1：32.

[7-6] 杨爱民，王浩等. 黄土高原节水生态型淤地坝建设的方法与措施[J]. 中国水土保持科学.2005，3(3)：95.

[7-7] 陈智汉，张鉴，等. 黄土高原地区坝库联蓄系统技术研究[J]. 人民黄河，2006，28(10)：57-58.

[7-8] 秦伟，朱清科，等. 黄土丘陵沟壑区退耕地植被自然演替系列及其植物物种多样性特征[J]. 干旱区研究，2008，25(4)：507-512.

[7-9] 杨光. 黄土丘陵沟壑区退耕还林的水土保持效益研究[J]. 水土保持通报，2006，26(2)：88-90.

[7-10] 焦菊英，等. 黄土丘陵沟壑区不同恢复方式下植物群落的土壤水分和养分特征[J]. 植物营养与肥料学报，2006，12(5)：667-674.

[7-11] 聂瑞林. 晋中太行山区生态修复模式及其相关指标研究[J]. 中国水土保持，2007，10：50-51.

[7-12] 马祥华. 黄土丘陵沟壑区退耕地植被恢复中的土壤水分变化研究[J]. 水土保持通报，2004，24(5)：19-23.

[7-13] 韩鲁艳，等. 黄土丘陵沟壑区植被恢复过程中的土壤抗蚀与细沟侵蚀演变[J]. 土壤，2009，41(3)：483-489.

[7-14] 刘志超，等. 黄土丘陵沟壑区退耕还林(草)工程的经济效应[J]. 生态学报，2008，28(4)：1476-1482.

[7-15] 张振国，黄建成，等. 黄土丘陵沟壑区退耕地人工柠条林土壤养分特征及其空间变异[J]，水土保持通报，2007，27(5)：114-120.